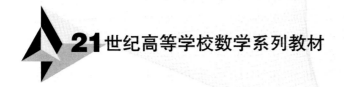

21世纪高等学校数学系列教材

U0383714

新编高等数学

■ 主　编　连保胜

■ 副主编　王文波　鄂学壮　胡　松

WUHAN UNIVERSITY PRESS

武汉大学出版社

图书在版编目(CIP)数据

新编高等数学/连保胜主编.—武汉:武汉大学出版社,2019.8(2024.1 重印)
21 世纪高等学校数学系列教材
ISBN 978-7-307-20714-1

Ⅰ.新…　Ⅱ.连…　Ⅲ. 高等数学—高等学校—教材　Ⅳ.O13

中国版本图书馆 CIP 数据核字(2019)第 022285 号

责任编辑:杨晓露　　责任校对:汪欣怡　　版式设计:马　佳

出版发行:**武汉大学出版社**　(430072　武昌　珞珈山)
(电子邮箱:cbs22@ whu.edu.cn 网址:www.wdp.com.cn)
印刷:武汉邮科印务有限公司
开本:787×1092　1/16　印张:15　字数:362 千字　插页:1
版次:2019 年 8 月第 1 版　　2024 年 1 月第 2 次印刷
ISBN 978-7-307-20714-1　　定价:33.00 元

前　言

新编高等数学的目的，是引导学生从一个完全技术的角度重新认识和理解这门课. 一个最基本的目的是试图从最简单的角度让读者感受和接受数学最基础的内容和方法，学会用自己的方法去理解和把握高等数学的学习和应用.

本书中有大量编者对高等数学最通俗的理解和把握，从某些层面上而言是简单的，但是是有效的. 我们编写这本书的目的不是期许读者做多少题目，完成多少练习，恰恰相反，我们的愿望是希望读者在阅读的过程中，在记忆的基础上，可以充分发挥自己的能力，少做题，甚至不做题，却可以感悟高等数学的本质，这才是我们最深层的愿望.

此书大胆打破了传统高等数学教学中的板块分割，按照一种内在的联系重新编排了高等数学的一些内容，限于教学的方便，我们在某些方面依然做出了一些分割，希望读者在阅读的过程中，可以自己加以适当的连接，实现知识系统的网络化.

本书在保留传统教材优点的基础上，对教材内容布局做了适当的调整与优化，全书以极限理论为工具，研究了五大类基本函数，以及变限函数的微运算和无穷次运算架构.

本书分四大部分：第一部分介绍高等数学的初等基础，主要介绍函数相关基础以及空间向量相关知识，同时介绍高等数学的高等工具，极限以及相关问题，包括各类极限的求法规范；第二部分是微商运算与微分运算方面的知识总结，提出我们特有的公式加口诀模式；第三部分集中介绍各类积分的联系与差异，总结提高学生对积分运算的总体规则的把握，提高学生对无穷次加法的理解；第四部分简单介绍离散变量数学的代表级数相关知识，级数的学习和相关核心问题以及方法综述.

本书由连保胜任主编，王文波、鄂学壮和胡松任副主编，连保胜提出编写思路和编写提纲，并进行统稿和定稿. 其中第一部分、第二部分由鄂学壮和胡松编写，第三部分、第四部分由连保胜和王文波编写.

特别感谢武汉科技大学理学院和教务处对本书的大力支持！

由于编者的水平局限，书中存在一些不妥之处，希望专家、同行、读者批评指正，以便将来不断完善.

目　录

第一部分　高等数学基础

第一章　初等函数基础 …… 3
1.1　集合、区间、区域 …… 3
1.1.1　集合 …… 3
1.1.2　区间、区域 …… 4
1.2　二阶三阶行列式的计算 …… 6
1.3　五大类基本初等函数 …… 7
1.3.1　学习初等函数的基本口诀 …… 7
1.3.2　五大类基本函数 …… 7
1.4　抽象函数基本问题 …… 11
1.4.1　函数的定义域和值域 …… 11
1.4.2　函数的单调性 …… 12
1.4.3　函数的周期性 …… 12
1.4.4　函数的反函数 …… 13
1.4.5　函数的表达式 …… 13
1.4.6　函数图像的对称、平移和旋转 …… 14
1.4.7　函数的有界性 …… 16
1.5　分段函数 …… 16
1.6　幂指函数 …… 16
1.7　空间解析几何(图像与方程) …… 16
1.8　向量代数基础 …… 17
1.8.1　向量代数的本质 …… 17
1.8.2　向量运算 …… 17
1.9　空间解析几何 …… 20
1.10　曲线方程、曲面方程、体 …… 20
1.11　空间直线方程 …… 21
1.12　空间平面方程 …… 22
1.13　旋转曲面方程和柱面方程 …… 23
1.14　空间曲线在坐标平面上的投影 …… 23
1.15　离散数列基础 …… 26
练习一 …… 26

第二章 高等数学的基本工具 …… 28
2.1 极限的定义与其基本性质 …… 28
2.1.1 数列极限 …… 28
2.1.2 数列极限的性质与法则 …… 29
2.1.3 一元函数的极限 …… 29
2.1.4 二元函数的极限 …… 30
2.1.5 多元函数的极限的三个基本问题 …… 31
2.2 极限和连续以及间断的分类 …… 32
2.2.1 连续的定义 …… 32
2.2.2 间断与其分类 …… 33
2.2.3 函数间断的核心问题 …… 34
2.2.4 连续函数的性质 …… 36
2.3 极限的计算方法概论 …… 36
2.3.1 无穷大(小)的阶 …… 37
2.3.2 未定式的极限求法 …… 38
练习二 …… 56

第二部分 微分学

第三章 导数 …… 61
3.1 导数的定义与基本性质 …… 61
3.1.1 一元函数的导数定义 …… 61
3.1.2 二元函数偏导数的定义 …… 63
3.1.3 方向导数 …… 63
3.1.4 梯度 …… 64
3.1.5 导数的运算结构 …… 65
3.1.6 可微、可导和连续的关系 …… 65
3.2 导数符号的再认识 …… 67
3.2.1 一元函数导数符号的两重特性及其应用 …… 67
3.2.2 高阶导数的求导公式 …… 68
3.2.3 高阶导数的具体问题 …… 69
3.2.4 偏导数符号系统 …… 70
3.3 基本求导步骤和口诀 …… 71
3.4 微分中值定理 …… 78
3.4.1 费马定理 …… 78
3.4.2 罗尔定理 …… 79
3.4.3 拉格朗日定理 …… 79
3.4.4 柯西中值定理 …… 79
3.5 泰勒展式(高阶微分中值定理) …… 81
练习三 …… 87

第四章　导数的基本应用 …… 90
4.1　曲线的切线和法平面、曲面的切平面和法线 …… 90
4.1.1　求平面曲线的切线 …… 90
4.1.2　空间曲线的切线、法平面方程和空间曲面的切平面、法线方程 …… 91
4.2　通过一阶导数看原函数的单调性(简称“一阶单调”) …… 93
4.2.1　驻点、极值、最值、不等式的证明、零点的个数问题 …… 93
4.2.2　导数与单调性 …… 94
4.2.3　导数与最值、极值 …… 95
4.2.4　导数与方程根的个数 …… 96
4.2.5　证明不等式 …… 97
4.3　通过二阶导数看函数的凸凹性与拐点 …… 97
4.4　条件极值与非条件极值 …… 98
4.4.1　多元函数的无条件极值 …… 98
4.4.2　条件极值的拉格朗日乘数法 …… 99
4.5　函数的渐近线 …… 99
4.6　函数作图的基本流程 …… 100
4.7　曲线曲率 …… 100
练习四 …… 101

第三部分　积分学

第五章　不定积分(微分的逆运算) …… 105
5.1　全微分与不定积分的定义 …… 105
5.1.1　两种差运算符号 Δ 与 d …… 105
5.1.2　微分公式推导 …… 105
5.1.3　多元函数的全微分 …… 106
5.1.4　微分和积分互为逆运算 …… 107
5.2　不定积分 …… 108
5.2.1　不定积分计算基本视角 …… 108
5.2.2　不定积分的计算思路 …… 108
5.2.3　不定积分计算 …… 109
练习五 …… 120

第六章　定积分 …… 121
6.1　定积分的符号系统与其含义 …… 121
6.1.1　定积分的定义 …… 121
6.1.2　$\int_a^b f(x)\mathrm{d}x$ 的符号含义 …… 121
6.2　微积分基本定理 …… 123
6.3　积分中值定理 …… 125

6.4 积分函数的性质研究 …… 125
6.5 定积分计算的“三大绝招” …… 126
6.6 定积分的应用 …… 132
6.6.1 几何应用 …… 132
6.6.2 物理应用 …… 134
6.7 反常积分 …… 135
6.7.1 无穷限积分 …… 135
6.7.2 无穷界积分(瑕积分) …… 135
6.8 参变微积分 …… 136
6.9 重积分的符号意义 …… 137
6.10 二重积分的计算方法 …… 138
6.11 切割法与积分换序 …… 138
6.12 外微分与坐标换元法 …… 141
6.12.1 外微分 …… 141
6.12.2 换元法 …… 141
6.13 三重积分的基本算法 …… 143
6.13.1 切割法 …… 143
6.13.2 坐标换元法 …… 145
6.14 重积分的相关问题 …… 146
6.14.1 积分换次序与化重积分为累次积分 …… 146
6.14.2 坐标变换求重积分 …… 148
6.14.3 有关等式的证明 …… 148
6.14.4 重积分不等式的证明 …… 149
6.14.5 化一重积分为二重积分的反向应用 …… 150
6.14.6 对称区间、对称函数的积分 …… 151
6.15 关于积分(重)计算的基本方法 …… 151
练习六 …… 152

第七章 曲线积分与曲面积分 …… 154
7.1 沿曲线和曲面积分计算的基本方法 …… 154
7.1.1 基本计算方法综述 …… 154
7.1.2 曲线积分和曲面积分计算的核心套路 …… 154
7.1.3 沿曲线积分和曲面积分算法的基本步骤 …… 155
7.2 曲线积分的符号系统与其含义 …… 155
7.3 各类曲线积分的具体算法 …… 156
7.3.1 第一类曲线积分的算法模式 …… 156
7.3.2 第二类曲线积分的算法模式 …… 157
7.4 全微分与路径无关性 …… 161
7.4.1 全微分与路径无关 …… 161

7.4.2　路径无关性的判断 …… 161
7.5　曲面积分的符号系统与其含义 …… 163
7.5.1　第一类曲面积分 $\iint\limits_{\Sigma}\rho(x, y, z)\mathrm{d}S$ …… 163
7.5.2　第二类曲面积分 $\iint\limits_{\Sigma}P(x, y, z)\mathrm{d}x\mathrm{d}y$ …… 163
7.6　曲面积分的基本算法 …… 163
7.6.1　第一类曲面积分(对曲面面积的积分)的算法 …… 163
7.6.2　第二类曲面积分(对坐标平面的积分)的算法 …… 164
7.7　外微分与边界积分和内部积分的互相转化关系 …… 166
7.7.1　四大公式的共性 …… 166
7.7.2　用外微分对上述公式简易证明 …… 167
7.8　格林公式的应用 …… 168
7.9　定积分中微元的符号问题 …… 169
7.9.1　定积分的几类形式回顾 …… 169
7.9.2　微元符号的确定 …… 169
练习七 …… 171

第八章　常微分方程初步 …… 173
8.1　常微分方程的基本概念和关键名词 …… 173
8.2　一阶常微分方程的分类与对应方法 …… 174
8.3　二阶常微分方程的方法 …… 178
8.4　常系数微分方程的方法 …… 179
8.5　含变限积分的微分方程 …… 181
8.6　线性微分方程的解的结构 …… 182
练习八 …… 182

第四部分　离散变量数学基础

第九章　级数 …… 187
9.1　级数的概念与基本性质 …… 187
9.1.1　级数的定义 …… 187
9.1.2　三类重要级数 …… 188
9.2　级数的收敛和发散判别法 …… 189
9.2.1　正项级数的收敛和发散的判断准则 …… 189
9.2.2　三种比较方法 …… 190
9.3　另一特殊级数：交错项级数 …… 195
9.4　绝对收敛和条件收敛 …… 195
9.5　幂级数 …… 196
9.6　傅里叶级数 …… 198

9.7 级数求和与级数展开 …… 200
9.8 无穷限非正常积分与级数的关系 …… 203
9.8.1 收敛性的相通性 …… 203
9.8.2 相互转化性 …… 203
练习九 …… 204

习题答案或提示 …… 206

附录 高等数学参考公式 …… 220

第一部分　高等数学基础

高等数学的直接基础包括初等函数以及相关知识和函数数列极限的相关理论，其中初等函数以及非初等函数是高等数学的基本研究对象，而极限与它的相关理论是高等数学的研究工具.

第一章 初等函数基础

1.1 集合、区间、区域

1.1.1 集合

集合是现代数学的基本概念，它其实是一种分类方法，按照某个明确的(标准)条件，将考察对象严格地划分为两类，一类对象符合这个条件要求，这些对象属于这个集合；另一类对象不满足这个条件，它们不属于这个集合.

属于集合的对象称为该集合的元素，一般用小写字母表示，而集合用大写字母表示.

例如：对象是大一数学班的全体同学，集合的标准是年龄不小于18岁，这些同学中年龄不小于18岁的都在这个集合中，而年龄小于18岁的则不在这个集合中.

集合的定义是描述性的，满足某条件的所有对象简单地放在一起，就构成了一个集合. 对象称为集合中的元素.

集合常用的表示有以下两种方法：

列举法(枚举法)：将集合中的元素不重复、不论顺序地一一列出，此方法适用于只有有限个元素构成的集合或者集合中虽有无限个元素但元素之间有内在规律的集合. 例如：有限元素集合$\{a, b, c\}$；无限元素集合$\{1, 2, 3, \cdots, n, \cdots\}$.

描述法(解析法)：选取集合的代表元，然后使用数学方式描述代表元具备的性质. 例如：$\{y \mid y = \sqrt{x-1}, x \geqslant 1\}$.

1. 关于集合的两大核心关系

(1) 元素和集合的“属于”关系：使用数学符号 $\in$，$\notin$. 元素 $\in$ 集合，表示元素在集合内；元素 $\notin$ 集合，表示元素不在集合内.

例如，$1 \in \{y \mid y = \sqrt{x-1}, x \geqslant 1\}$，$-1 \notin \{y \mid y = \sqrt{x-1}, x \geqslant 1\}$.

(2) 集合与集合的“包含”关系：使用数学符号 $\subset$，$\supset$，$\subseteq$，$\supseteq$，$\not\subset$. 务必认清每个符号的含义.

例如，$\{x \mid y = \sqrt{x-1}\} \subset \{y \mid y = \sqrt{x-1}, x \geqslant 1\}$.

集合的包含关系构成集合的子集定义，如果一个集合的元素都属于另一个集合，则称该集合为另一集合的子集. 数学描述为：$\forall x \in A \Rightarrow x \in B$，则 $A \subseteq B$.

真子集：$\forall x \in A \Rightarrow x \in B$，$\exists x \in B \Rightarrow x \notin A$，则 $A \subset B$.

特别说明：

如果一个集合不含有任何一个元素，则这个集合称为空集.

空集是任何非空集合的真子集.

一个 n 元集合的真子集有(2^n-1)个.

2. 集合与集合的运算

首先应该明确集合与集合的运算结果依然是一个集合.

集合的基本运算为交、并、补三种运算.

(1) 交运算(俗称集合的乘法)：数学表达式为

$$C=AB=A\cap B\Leftrightarrow\forall x\in A,\ x\in B\Rightarrow x\in C,\ \ \forall x\in C\Rightarrow x\in A,\ x\in B.$$

(2) 并运算(俗称集合的加法)：数学表达式为

$$C=A+B=A\cup B\Leftrightarrow\forall x\in A\text{ 或 }x\in B\Rightarrow x\in C,\ \ \forall x\in C\Rightarrow x\in A\text{ 或 }x\in B.$$

(3) 补运算：数学表达式为

$$C_I^A=\overline{A}\Leftrightarrow\forall x\in\overline{A}\Rightarrow x\in I,\ x\notin A.$$

以上三种运算为集合运算的核心基础，也就是集合的其他运算均可以使用上述三种运算来表达或者刻画.

(4) 差运算：数学表达式为

$$C=A-B\Leftrightarrow\forall x\in A,\ x\notin B\Rightarrow x\in C,\ \ \forall x\in C\Rightarrow x\in A\text{ 且 }x\notin B.$$

(5) 对称差：数学表达式为

$$C=(A-B)\cup(B-A).$$

(6) 混合运算核心公式为狄默根律：

交的补等于补的并：$\overline{A\cap B}=\overline{A}\cup\overline{B}$；

并的补等于补的交：$\overline{A\cup B}=\overline{A}\cap\overline{B}$.

以上结论可以使用文氏图来轻松证明.

注意：以上所论述的关于集合的两大关系，三大核心运算是集合论的基本起点. 集合内部的元素之间没有什么特殊的联系，它们只是简单地放在一起，构成一个总体而已.

如果某集合的元素之间存在某种关系，或者存在某些运算，而运算的结果依然是这集合的元素，这样的集合就构成了一些特殊的群体，例如，如果集合的元素之间可以进行加法运算、乘法运算，并且运算的结果依然在这个集合内，这样的集合就构成了一些新的数学概念，形成新的数学分支. 例如，有理数集合，它的元素之间的加法，运算结果依然是有理数，在有理数这个集合内，有理数这个集合就构成了一个特殊的群体.

需特别强调的是，如果集合的任意两个元素之间的运算结果也是这个集合的元素，那么我们就称这个集合对该运算具备封闭性，具备封闭性的集合就可以构成某个空间.

可见空间并不是一个神秘的概念，它也是一个集合，且对某运算具备封闭性.

1.1.2 区间、区域

1. 常用邻域

(1) 数轴上的邻域.

点 x_0 的 δ 邻域：$U(x_0,\ \delta)=(x_0-\delta,\ x_0+\delta)=\{x:\ |x-x_0|<\delta\}$，表示在一维数轴上以 x_0 为中心，以 δ 为半径的一个开区间.

点 x_0 的 δ 去心邻域：$\mathring{U}(x_0,\delta)=(x_0-\delta,x_0)\cup(x_0,x_0+\delta)=\{x:0<|x-x_0|<\delta\}$，

表示在一维数轴上以 x_0 为中心，以 δ 为半径的一个区间，去掉中心 x_0.

(2) 平面上的邻域.

点 (x_0, y_0) 的 δ 邻域：$U((x_0, y_0), \delta)=\{(x, y): (x-x_0)^2+(y-y_0)^2<\delta^2\}$，表示在二维平面上以 (x_0, y_0) 为中心，以 δ 为半径的一个开区域(圆面不含边界).

点 (x_0, y_0) 的 δ 去心邻域：$\mathring{U}((x_0, y_0), \delta)=\{(x, y): 0<(x-x_0)^2+(y-y_0)^2<\delta^2\}$，表示在二维平面上以 (x_0, y_0) 为中心，以 δ 为半径的一个开区域，去掉中心 (x_0, y_0)(圆面不含边界，去掉圆心).

当然，平面邻域还可以是其他类型的邻域，比如方形邻域：$\{(x, y): |x-x_0|<\delta, |y-y_0|<\delta\}$，等.

读者应该熟练地画出相应的图形.

2. 几种拓扑点的概念

这些拓扑点的概念刻画了点与集合的拓扑距离关系：拓扑距离为 0，以及拓扑距离不等于 0. 注意它不同于元素与集合的"属于"关系.

(1) 内点.

如果某点的一个邻域内的所有点都在这个点集合内，该点在这个集合的内部，称此点为点集合的内点. 例如，1 表示的点是点集合 $(0, 2)$ 的内点.

数学语言：

一维(数轴上)：对于点 x_0 与点集合 A，若 $\exists U(x_0, \delta)\subset A$，则 x_0 是点集合 A 的内点；

二维(平面上)：对于点 (x_0, y_0) 与点集合 A，若 $\exists U((x_0, y_0), \delta)\subset A$，则 (x_0, y_0) 是点集合 A 的内点；

可以肯定，内点一定属于集合.

(2) 外点.

如果某点的一个邻域内的所有点都不在这个点集合内，该点就在这个点集合的外部，称此点为点集合的外点. 例如，1 表示的点是点集合 $(2, 3)$ 的外点.

数学语言：

一维(数轴上)：对于点 x_0 与点集合 A，$\exists U(x_0, \delta)\subset \bar{A}$，则 x_0 是点集合 A 的外点；

二维(平面上)：对于点 (x_0, y_0) 与点集合 A，$\exists U((x_0, y_0), \delta)\subset \bar{A}$，则 (x_0, y_0) 是点集合 A 的外点.

可以肯定，外点一定不属于集合.

(3) 边界点.

如果某点的任何一个邻域内有点在这个点集合内，也有点在这个点集合外，该点就在这个点集合的边界上，称此点为点集合的边界点.

数学语言：

一维(数轴上)：对于点 x_0 与点集合 A，$\forall\delta>0$，$\exists x_1\in U(x_0, \delta)$，$x_1\in A$，且 $\exists x_2\in U(x_0, \delta)$，$x_2\in\bar{A}$，则 x_0 是点集合 A 的边界点；

二维(平面上)：对于点 (x_0, y_0) 与点集合 A，$\forall\delta>0$，$\exists(x_1, y_1)\in U(x_0, \delta)$，

$x_1 \in A$ 且 $\exists(x_2, y_2) \in U(x_0, \delta)$, $x_2 \in \overline{A}$, 则(x_0, y_0) 是点集合 A 的边界点.

例如, 1 表示的点是点集合(1, 3) 与集合[1, 3] 的边界点.

注意: 边界点可以在这个集合内, 也可以在集合外.

例如, 由离散的点构成的集合中的每个点都是集合的边界点, 如点集合{1, 2, 3, 4, 5}, 它的每一个点都是它的边界点.

3. 按拓扑点结构对集合的分类

(1) 开集.

一个点集合内的任何一个点都是它的内点, 这个点集合称为开集.

数学表述: $\forall a \in A$, $\exists \delta > 0$, $U(a, \delta) \subset A$, 则 A 是开集.

我们通常所说的开区间就是最常见的开集, 上述的非去心邻域均为开集.

(2) 闭集.

一个点集合由它的全体内点与边界点组成, 这个点集合称为闭集.

我们通常所说的闭区间就是最常见的闭集.

(3) 连通性.

集合可能会由几个部分构成(或者由无限个部分组合而成), 连通性刻画的就是部分与部分之间的连接关系.

如果集合内的任何两个点, 存在一条连接它们的折线, 且这条折线上的点全部在集合内, 这样的集合称为连通集合(连通集).

连通的开集称为开域, 连通的闭集称为闭域.

"域" 其实就是"集" 加上"连通性".

简单开域(单连通开域): 如果集合内任意两点之间的封闭折线围成的区域内包含的所有点均在这个集合内, 则这个集合为简单开域, 通俗而言, 就是集合内部无空洞(气泡).

1.2 二阶三阶行列式的计算

二阶和三阶行列式的计算口诀是: 二阶、三阶用刀切, 二阶切两刀, 主对角线是正一刀, 副对角线是负一刀, 每刀上的元素做乘积, 结果相加.

二阶行列式: $\begin{vmatrix} ab \\ cd \end{vmatrix} = ad - bc.$

三阶行列式: $\begin{vmatrix} a & b & c \\ d & e & f \\ g & h & i \end{vmatrix} = aei + bfg + cdh - ceg - bdi - afh.$

行列式(由行与列排列而成的代数式) 是一种算法结构, 不是集合, 它的运算结果是一个代数式.

行列式的核心算法要义: 所有取自不同行、不同列的元素之积的代数和(参看线性代数书籍).

1.3 五大类基本初等函数

高等数学研究的对象主要是函数及其相关性质(微运算与无穷次运算)，高等数学中“高等”的含义不是指所研究的对象很难，不要理解为初等数学研究的函数是很简单的，而高等数学研究的函数是复杂的和困难的，而是指加、减、乘、除四则运算上的进化.

初等数学：初等数学的运算核心是对象的加、减、乘、除以及函数之间的复合，且这些四则和复合运算只进行有限次与看得见的运算，这就是初等运算的核心含义.

高等数学：高等数学与初等数学本质上有类似的地方，它也是函数对象的四则和复合运算，但与初等数学不同的地方是高等数学的运算是无限次与看不见的微运算. 进行无限次与看不见的微运算，需要新的工具，基础工具就是极限，这样以极限为基础的函数的四则运算就构成了所谓的高等数学.

但高等数学中函数的四则和复合运算在形式上仍然发生了一些变化，例如，无限次的加法有了新的形式：级数(离散)和积分(连续)；无限小的减法新的形式是微分；无限小的除法新的形式为求导，等等.

在这里，应该树立一个基本的概念，不论如何高深的数学，其本质依然是对研究对象进行四则和复合运算，只不过运算形式和运算对象与规则发生了一些变化.

回顾一下五大类基本函数是很有必要且必须的，这个是高等数学基础之中的基础.

1.3.1 学习初等函数的基本口诀

初等函数学习的口诀是：定义域是陷阱；参数是关键；图像是方法.

口诀明确告诉我们，只要看到函数，不管是涉及它的任何问题，定义域是读者应该首先明确的.

例 1 已知 $y=\sqrt{x-1}+\sqrt{1-x}$，求 y.

解：由函数的定义域知 $y=0$.

参数直接影响函数的性质，是决定函数性质的关键，也是讨论函数的核心，直接影响着两个(多个)变量之间的对应法则.

图像是函数在坐标下的直观体现，是我们对函数进行研究与认识的最有效的手段.

以上对应的问题，希望读者在回顾过去的基础上加以总结与体会.

1.3.2 五大类基本函数

在这里我们形象地将它们称为“五指山”.

1. 第一类(拇指)：幂函数

其表达式为 $y=x^a$，其中 a 为常数参数，幂函数的性质，被这个参数 a 决定，对幂函数的讨论，也是对这个参数 a 的讨论. 讨论如下：

(1) $a>0$ 的典型代表：$a=1$，$a=2$，$a=3$. $y=x^2$ 是偶函数(2 是偶数)的代表；$y=x^1$，$y=x^3$ 是奇函数(1, 3 是奇数)的代表，特别地，当 $a=1$ 时是线性函数的代表；

(2) $a<0$ 的典型代表：$a=-1$，$a=-2$. $y=x^{-2}$ 是偶函数(-2 是偶数)的代表；$y=x^{-1}$ 是奇函数(-1 是奇数)的代表；

(3) 当 $a=0$ 时，函数 $y=x^0=1(x\neq 0)$.

希望读者在同一个坐标下画出这类函数典型代表的图像，写出它们的定义域、值域、单调性(单调区间).

与幂函数相关的两类必备改写技巧：

(1) 根号和分数次幂的互相改写：$\sqrt[m]{x^n}=x^{\frac{n}{m}}$，注意这里不要随意对$\frac{n}{m}$约分，会影响函数的定义域；例如：$y=\sqrt[4]{x^2}=x^{\frac{2}{4}}$ 与 $y=\sqrt{x}=x^{\frac{1}{2}}$ 两个函数不是同一个函数.

(2) 分数幂和负指数的互相改写：$\frac{1}{a^m}=a^{-m}$. 应特别注意二者的结合.

例如：$y=\frac{1}{\sqrt[4]{x^2}}=x^{-\frac{2}{4}}$.

幂函数的核心运算公式：$a^m a^n=a^{m+n}$；$a^m\div a^n=a^{m-n}$；$(a^m)^n=a^{mn}$；$(ab)^m=a^m b^m$. 注意同底数是运算的前提和基础以及公式的正、反向使用.

2. 第二类(食指)：指数函数

其表达式为 $y=a^x(a>0,\ a\neq 1)$，其中 a 为常数参数，指数函数的性质，被这个参数 a 决定，对指数函数的讨论，也是对这个参数 a 的讨论. a 的典型取值为：$a=10$，$a=2$，$a=\frac{1}{2}$，$a=\mathrm{e}$，特别留心 $y=\mathrm{e}^x$ 这个函数. 希望读者在同一个坐标下画出这类函数这几个典型代表的图像，写出它们的定义域、值域和单调性(单调区间).

核心运算公式：$a^m a^n=a^{m+n}$；$a^m\div a^n=a^{m-n}$；$(a^m)^n=a^{mn}$；$(ab)^m=a^m b^m$. 注意同底数是运算的前提和基础以及公式的正、反向运用.

3. 第三类(中指)：对数函数

其表达式为 $y=\log_a x(a>0,\ a\neq 1)$，其中 a 为常数参数，对数函数的性质，被这个参数 a 决定，对对数函数的讨论，也是对这个参数 a 的讨论. a 的典型取值为：$a=10$，$a=2$，$a=\frac{1}{2}$，$a=\mathrm{e}$，特别留心 $y=\log_{10}x=\lg x$，$y=\log_{\mathrm{e}}x=\ln x$ 这两个函数. 希望读者在同一个坐标下画出这类函数典型代表的图像，写出它们的定义域、值域和单调性(单调区间).

核心运算公式：$\log_a mn=\log_a m+\log_a n$；$\log_a m/n=\log_a m-\log_a n$；$n\log_a m=\log_a m^n$. 注意，底数相同是运算的前提和基础.

对数运算的核心思想总结为：

(1) 对数式和指数式互化：$y=\log_a x\Leftrightarrow a^y=x$. 对数是求指数的运算，对数的结果是一个幂运算中的指数.

(2) 对数恒等式：$x=a^{\log_a x}$.

(3) 同底化的核心手段和方法有二：

① 换底公式：$\log_a b=\frac{\log_c b}{\log_c a}$，可以理解为同底数的对数的除法，特殊形式为：$\log_a b=\frac{\log_b b}{\log_b a}=\frac{1}{\log_b a}$.

② 指数超前公式：$\log_{a^m} b^n = \dfrac{n}{m}\log_a b.$

4. 第四类(无名指)：三角函数

弦函数：$y = \sin x$，$y = \cos x$；

切函数：$y = \tan x$，$y = \cot x$；

割函数：$y = \sec x$，$y = \csc x$.

(1) 三角函数的定义.

弦切割这6个三角函数在坐标系下的定义方式为：首先在角度为 x 的终边上任取一个非原点的点 $A(a, b)$，计算其模(此点到原点的长度) $r = |OA| = \sqrt{a^2 + b^2}$，此时：

纵、横坐标比模即为正、余弦：$\dfrac{b}{r} = \sin x$，$\dfrac{a}{r} = \cos x$；

纵、横坐标互比即为正、余切：$\dfrac{b}{a} = \tan x$，$\dfrac{a}{b} = \cot x$；

模比横、纵坐标即为正、余割：$\dfrac{r}{a} = \sec x$，$\dfrac{r}{b} = \csc x$.

请读者自己画出直角坐标系下的图示.

注意：横、纵坐标及模构成一个直角三角形，因此勾股定理结合三角函数的定义是解决三角函数有关问题的一个基本出发点和重要方法.

(2) 同角度的六边形关系：画一个六边形，如图 1.1 所示.

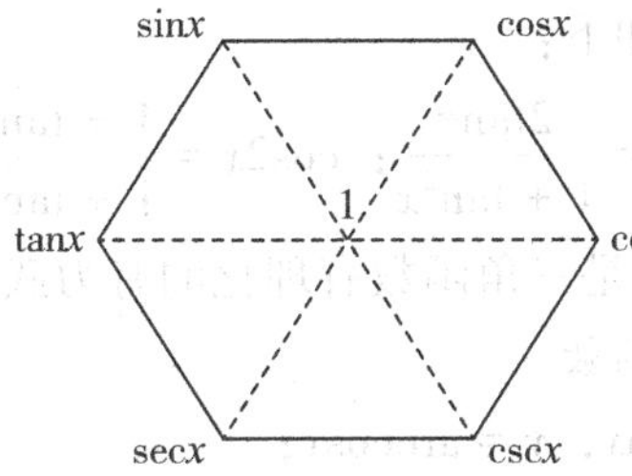

图 1.1

6个函数在正六边形6个点的位置规则：上弦，中切，下割，中心是1，左正，右余.

同角三角函数的三大类基本关系为：

①"倒立三角形" 平方和关系：

$$\sin^2 x + \cos^2 x = 1;\ 1 + \cot^2 x = \csc^2 x;\ \tan^2 x + 1 = \sec^2 x.$$

在平方关系中注意两点：其一，开方运算符号由角度终边位置决定；其二，平方和关系暗示我们，二次方所代表的偶次方是我们处理某些问题时候的一个目标形式，尤其在积分运算中.（需要记忆与体会）

②"主对角线" 商关系：

$$\sin x\csc x = 1;\ \cos x\sec x = 1;\ \tan x\cot x = 1.$$

这个公式是割函数化弦函数的主力公式.

③"顺时针(逆时针) 先等后除" 商关系：

顺时针代表：$\tan x=\dfrac{\sin x}{\cos x}$；逆时针代表：$\cot x=\dfrac{\cos x}{\sin x}$.

每个时针方向可以写出6个，总计12个公式，这两个代表是切函数化弦函数的基础公式.

(3) 角的和与差的公式：

弦公式：$\sin(x\pm y)=\sin x\cos y\pm\cos x\sin y$；$\cos(x\pm y)=\cos x\cos y\mp\sin x\sin y$.

切公式：$\tan(x\pm y)=\dfrac{\tan x\pm\tan y}{1\mp\tan x\tan y}$；$\cot(x\pm y)=\dfrac{1\mp\tan x\tan y}{\tan x\pm\tan y}$；注意某个角度为$\dfrac{\pi}{4}$时候的公式形式，读者自己写出.

(4) 倍角公式如下：

当 $x=y$ 时，上述角的和公式就是倍角公式.

弦公式：$\sin(2x)=2\sin x\cos x$；

$$\cos(2x)=\cos^2x-\sin^2x=1-2\sin^2x=2\cos^2x-1;$$

切公式：$\tan(2x)=\dfrac{2\tan x}{1-\tan^2x}$；

注意：公式的两边互相转化，它们在求导和积分中都有重要的应用.

(5) 半角公式如下：

弦：$\sin^2x=\dfrac{1-\cos2x}{2}$；$\cos^2x=\dfrac{1+\cos2x}{2}$；注意公式的两边互相转化，也就是**降次升角和降角升次**，在计算求导和积分中均有很好的应用.

(6) 万能公式(切化公式) 如下：

$$\sin2x=\frac{2\tan x}{1+\tan^2x};\ \cos2x=\frac{1-\tan^2x}{1+\tan^2x}.$$

在积分换元法运算中，上式是三角函数有理化的有力武器.

5. 第五类(小指)：反三角函数

反正、余弦函数：$y=\arcsin x$，$y=\arccos x$；

反正、余切函数：$y=\arctan x$，$y=\operatorname{arccot}x$；

反正、余割函数：$y=\operatorname{arcsec}x$，$y=\operatorname{arccsc}x$.

注意：反三角函数表述的是角度. 下面分别用一句话描绘这类函数：

反正弦函数 $y=\arcsin x$ 的含义：它是一个角度，其范围是$\left[-\dfrac{\pi}{2},\dfrac{\pi}{2}\right]$，它的正弦值是 x，即 $\sin y=\sin(\arcsin x)=x$，这是反三角函数运算的唯一方法，通常结合直角三角形的勾股定理，以及正弦函数的定义；$y=\arcsin x$ 的定义域是$[-1,1]$，是一个奇函数，单调递增.

反余弦函数 $y=\arccos x$ 的含义：它是一个角度，其范围是$[0,\pi]$，它的余弦值是 x，即 $\cos y=\cos(\arccos x)=x$，这是反三角函数运算的唯一方法，通常结合直角三角形的勾股定理，以及余弦函数的定义；$y=\arccos x$ 的定义域是$[-1,1]$，是一个单调减函数.

反正切函数 $y=\arctan x$ 的含义：它是一个角度，其范围是$\left(-\dfrac{\pi}{2},\dfrac{\pi}{2}\right)$，它的正切值是

x，即 $\tan y=\tan(\arctan x)=x$，这是反三角函数运算的唯一方法，通常结合直角三角形的勾股定理，以及正切弦函数的定义；$y=\arctan x$ 的定义域是 **R**，它是一个奇函数，单调递增.

反余切函数 $y=\text{arccot}x$ 的含义：它是一个角度，其范围是$(0,\ \pi)$，它的余切值是 x，即 $\cot y=\cot(\text{arccot}x)=x$，这是反三角函数运算的唯一方法，通常结合直角三角形的勾股定理，以及余切函数的定义；$y=\text{arccot}x$ 的定义域是 **R**，它是一个单调减函数.（这个函数通常不要求掌握）

它们的图像分别如图 1.2 所示.

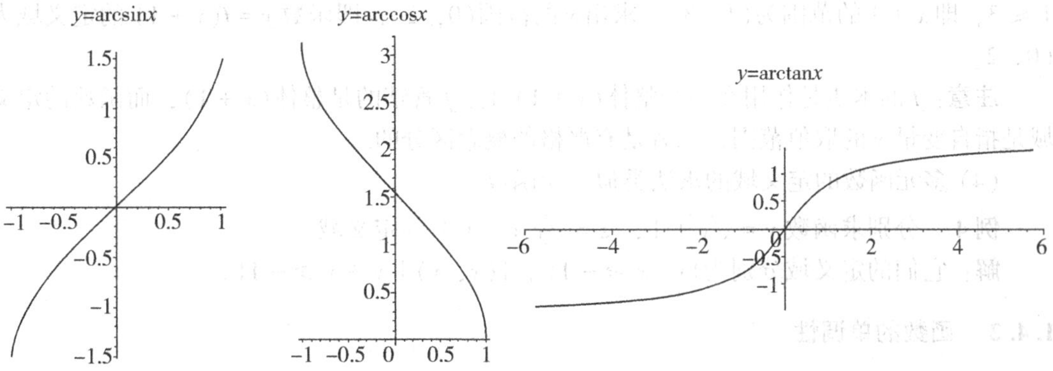

图 1.2 反三角函数的图像

反正、余割函数只需要知道它们的存在即可，不必要去认识太深入. 关于角度的任何一个公式都可以结合反三角函数出题.

例 2 求 $y=\sin(\arccos x)$.

解：画出一个直角三角形，由反余弦的定义知道 $\arccos x$ 是一个角度，它的邻边长度是 x，斜边长度是1，对边由勾股定理知为$\sqrt{1-x^2}$，故所求的 $y=\sin(\arccos x)=\sqrt{1-x^2}$. 最后说明一点的是，结果的正负号由反三角函数的范围(角的终边位置)来确定.

以上函数称为基本初等函数，而它们经过有限次的四则或者复合运算构成的函数称为初等函数.

例如，函数 $y=-x^2\sin(2x)+2e^{x^2}+1$ 就是一个初等函数，而函数 $y=|x|$却不是初等函数.

1.4 抽象函数基本问题

1.4.1 函数的定义域和值域

函数 $y=f(x)$ 的定义域，也就是自变量 x 的取值范围，分为自然定义域和假设设定的定义域：自然定义域为函数中自变量的自然有意义条件下的取值范围，它主要受到函数自身运算的约束，使得函数内部的运算结构有实际的意义. 假设设定的定义域即问题中人为规定的自变量的取值范围或者具备实际背景的问题中的自然假定，通常假设设定的定义域是自然定义域的子集.

注意：(1) 在一般的情况下，函数的定义域都是指它的自然定义域.

(2) 注意定义域和值域是指函数中自变量和因变量的取值范围，在这个形式 $y=f(x)$ 下，就是指变量 x，y 的取值范围.

(3) 注意抽象函数定义域的求法：使用对等替换的方式进行，这几乎是求抽象函数定义域唯一的方式. 注意，严格区分符号"f"的本质是作用在一个整体上，而函数只是对于自变量和因变量而言的概念.

例 3 已知函数 $y=f(2x-1)$ 的定义域为 $(1, 2]$，求函数 $y=f(x+1)$ 的定义域.

解：由函数 $y=f(2x-1)$ 的定义域为 $(1, 2]$，知 $1<x\leqslant 2$，则 f 的作用域为 $1<2x-1\leqslant 3$，即 $x+1$ 的范围为 $(1, 3]$，求出 x 的范围 $(0, 2]$，即函数 $y=f(x+1)$ 的定义域为 $(0, 2]$.

注意：f 的本质是作用在一个整体 $(x+1)$ 上，f 管辖的是整体 $(x+1)$，而函数的定义域是指自变量 x 的取值范围，二者是有严格的概念区分的.

(4) 多元函数的定义域的求法类似一元函数.

例 4 分别求函数 $y=\sqrt{x+1}$，$z=\sqrt{y+x+1}$ 的定义域.

解：它们的定义域分别为 $\{x \mid x\geqslant -1\}$，$\{(x, y) \mid y+x\geqslant -1\}$.

1.4.2 函数的单调性

函数单调性的定义：函数 $f(x)$ 在区间 I 上单调增 $\Leftrightarrow \forall x_1, x_2\in I, f(x_1)<f(x_2)$.

注意：(1) 区分函数在某个区间上单调和函数的单调区间是两个完全不同的概念，在某个区间上单调，这个区间只是单调区间的子集.

例如，函数 $y=x$ 在区间 $[1, 2]$ 上单调递增，但是区间 $[1, 2]$ 不是此函数的单调区间. 请细心体会概念之间的差异性.

(2) 两个性质相同的单调区间不一定可以合并成为一个.

例如，函数 $y=\begin{cases} x, & x>1, \\ x+1, & x\leqslant 1 \end{cases}$ 在每个分段区间上均单调增，但是在 $\mathbf{R}$ 上不具备单调性.

(3) 对于多元函数，我们很少谈论它的单调性，这是因为定义域是平面上的一个区域，不同于一元函数的定义域固定在一条数轴上，定义域内的自变量可以比较大小的，而平面上的有序实数对则不可以比较大小，所以一般而言多元函数不再讨论单调性的问题，但是可以在定义域内画出一条线，在某些直线上多元函数可能具备单调性(称为方向单调性).

举例说明上述情况，例如函数 $z=xy$ 在直线 $x=1$ 上就具备单调性，而在整个平面上不具备单调性.

1.4.3 函数的周期性

函数周期性的定义：函数 $f(x)$ 是周期为 T 的周期函数 $\Leftrightarrow \forall x, a\in \mathbf{N}, f(x+aT)=f(x)$.

注意：(1) 如果 T 是函数的某个周期，那么 T 的任何整数倍也是，所有周期中最小的那个正数称为该函数的最小正周期.

(2) 关于函数$f(x)$的周期性的基本结论：

①$\forall x_1$，$f(x_1+a)=f(x_1+b)\Rightarrow T=|a-b|$是函数$f(x)$的周期；

②$\forall x_1$，$f(x_1+a)=\dfrac{1}{f(x_1)}\Rightarrow T=2a$是函数$f(x)$的周期.

(3) 对于多元函数的周期性没有给出相关定义.

1.4.4 函数的反函数

函数的反函数的存在性：函数$y=f(x)$在某个区间上是单值对应的，也就是一个函数值y唯一对应一个自变量x，则这个函数存在反函数.

求反函数的步骤为：

(1) 通过反解求出$x=f^{-1}(y)$；(2) 交换x，y，改写为$y=f^{-1}(x)$；(3) 再写出函数$y=f^{-1}(x)$的定义域.

请注意如下相关问题与求解：反函数存在的条件；反函数的求解步骤；反函数的性质：① 反函数的定义域和值域分别是原函数的值域和定义域；② 反函数与原函数的图像关于直线$y=x$对称，也就是若点(a,b)在原函数$y=f(x)$的图像上，即$b=f(a)$，则点(b,a)在反函数$y=f^{-1}(x)$的图像上，即$a=f^{-1}(b)$；③ 反函数保持原函数统一的单调性；④ 周期函数没有反函数，但是它的局部可能存在反函数，例如，三角函数与反三角函数.

1.4.5 函数的表达式

求函数表达式的基本方法有如下几种：

(1) 整体换元.

例 5 已知$f(\sqrt{x})=x$，求$f(x)$.

解：令$t=\sqrt{x}$，则$f(\sqrt{x})=f(t)=t^2\Rightarrow f(x)=x^2$.

例 6 已知$f(x-y,x+y)=x^2-y^2$，求$f(x,y)$.

解：令$u=x-y$，$v=x+y$，则$f(x-y,x+y)=f(u,v)=uv\Rightarrow f(x,y)=xy$.

(2) 凑整体法.

例 7 已知$f(x+x^{-1})=x^2+x^{-2}$，求$f(x)$.

解：$f(x+x^{-1})=(x+x^{-1})^2-2\Rightarrow f(x)=x^2-2$.

(3) 方程组法.

例 8 已知$f(x)+2f(x^{-1})=x^2$，求$f(x)$.

解：由题意知$f(x^{-1})+2f(x)=x^{-2}$，故$f(x)=\dfrac{2x^{-2}-x^2}{3}$.

例 9 已知$f(x)+2f(-x)=x$，求$f(x)$.

解：由题意知$f(-x)+2f(x)=-x$，故$f(x)=-x$.

(4) 待定系数法.

例 10 已知$f(f(x))=4x+3$，且$f(x)$是一次函数，求$f(x)$.

解：令$f(x)=ax+b$，则$f(f(x))=a^2x+ab+b=4x+3\Rightarrow a=2$，$b=1$或者$a=-2$，

$b=-3$，故 $f(x)=2x+1$ 或 $f(x)=-2x-3$.

(5) 特殊性质猜想法.

例如，函数满足 $f(xy)=f(x)+f(y)$，猜想这个函数是对数函数等，使用令值法求解，一般令具体值为 1，-1，0 等，或者令它们是相反数、倒数关系.

1.4.6 函数图像的对称、平移和旋转

函数图像的对称、平移、旋转是函数构图的基本模式，注意以后在学习线性代数的时候，它们分别对应矩阵的变换，所以几何的最新定义是：变换群构成几何，而群是满足一定运算结构性质的集合.

1. 函数图像的对称

一元函数关于点对称：若函数 $y=f(x)$ 满足 $f(x+a)+f(-x+b)=c$，则函数 $y=f(x)$ 的图像关于点 $\left(\frac{a+b}{2},\frac{c}{2}\right)$ 对称；特别地，当参数 $a+b=0$，$c=0$ 时，函数 $y=f(x)$ 是奇函数，奇函数如果在原点有定义，则必有 $f(0)=0$.

一元函数关于直线对称：若函数 $y=f(x)$ 满足 $f(x+a)=f(-x+b)$，则函数 $y=f(x)$ 的图像关于直线 $x=\frac{a+b}{2}$ 对称；特别地，当参数 $a+b=0$ 时，函数 $y=f(x)$ 是偶函数.

当然还有关于斜线的对称，但把握两点即可：

① 点和它的对称点的连线的中点在对称直线上(中点在轴上)；

② 点和它的对称点的连线与对称直线垂直(垂直).

上述对称的两种形式可以推广到多元函数，或者推广到空间.

例 11 证明任何一个定义域关于原点对称的函数，均可以表示为一个奇函数和一个偶函数之和.

证明：$f(x)=\frac{f(-x)+f(x)}{2}+\frac{-f(-x)+f(x)}{2}$，

其中，$g(x)=\frac{f(-x)+f(x)}{2}$ 是偶函数，$p(x)=\frac{-f(-x)+f(x)}{2}$ 是奇函数.

2. 函数图像的平移与伸缩

对于函数图像的平移，其核心有两点：

① 平移是减法结构；

② 平移量直接作用在分量 x，y 上，也就是，函数 $y=f(x)$ 平移向量 (a,b) 得到：

$$y-b=f(x-a).$$

注意区分点的平移和函数图像的平移，点的平移直接在点的坐标分量上做相应的加法即可.

关于函数图像的伸缩，其核心是：

① 伸缩是除法结构；

② 伸缩量直接作用在分量 x，y 上，也就是，函数 $y=f(x)$ 的图像在 x 轴上扩大 a 倍，在 y 轴上扩大 b 倍：

$$\frac{y}{b}=f\left(\frac{x}{a}\right).$$

例 12 观察 $y=\frac{1}{2}+\frac{3}{2x-1}$ 的图像.

可以由简单图像 $y=\frac{3}{x}$ 出发，经过向右平移 1 个单位得到 $y=\frac{3}{x-1}$，将在 x 轴上坐标缩小$\frac{1}{2}$倍得到 $y=\frac{3}{2x-1}$，沿 y 轴向上移动$\frac{1}{2}$个单位得到 $y-\frac{1}{2}=\frac{3}{2x-1}$.

或者，由简单图像 $y=\frac{3}{x}$ 出发，将在 x 轴上坐标缩小$\frac{1}{2}$倍得到 $y=\frac{3}{2x}$，经过向右平移$\frac{1}{2}$个单位得到 $y=\frac{3}{2\left(x-\frac{1}{2}\right)}$，沿 y 轴向上移动$\frac{1}{2}$个单位得到 $y-\frac{1}{2}=\frac{3}{2x-1}$.

应注意先平移再伸缩与先伸缩再平移的差异.

3. 函数图像的旋转

函数图像关于轴旋转的基本结论：函数图像绕哪个轴旋转，哪个轴的坐标不改变，另外一个坐标替换为它和空间第三坐标的平方和的开方. 也就是：

函数 $y=f(x)$ 的图像绕 x 轴旋转，得到的旋转曲面的方程为：

$$y^2+z^2=f^2(x);$$

函数 $y=f(x)$ 的图像绕 y 轴旋转，得到的旋转曲面的方程为：

$$y=f(\pm\sqrt{x^2+z^2}).$$

例 13 圆锥曲线方程的旋转变化规则如下：

① 椭圆$\frac{x^2}{a^2}+\frac{y^2}{b^2}=1$.

绕 x 轴旋转，得到$\frac{x^2}{a^2}+\frac{y^2}{b^2}+\frac{z^2}{b^2}=1$，称为椭球面；

绕 y 轴旋转，得到$\frac{x^2}{a^2}+\frac{y^2}{b^2}+\frac{z^2}{a^2}=1$，称为椭球面.

② 双曲线$\frac{x^2}{a^2}-\frac{y^2}{b^2}=1$.

绕 x 轴旋转，得到$\frac{x^2}{a^2}-\frac{y^2}{b^2}-\frac{z^2}{b^2}=1$，称为双叶双曲面；

绕 y 轴旋转，得到$\frac{x^2}{a^2}-\frac{y^2}{b^2}+\frac{z^2}{a^2}=1$，称为单叶双曲面.

③ 抛物线 $y^2=2px$.

绕 x 轴旋转，得到 $y^2+z^2=2px$，称为旋转抛物面；

绕 y 轴旋转，得到 $y^4=4p^2(x^2+y^2)$.

④ 圆 $x^2+y^2=r^2$.

绕 x 轴旋转，得到 $x^2+y^2+z^2=r^2$，称为球面，简称为球.

通常所说的球，指的是球体，其表达式为 $x^2+y^2+z^2\leqslant r^2$.

注意：平方和结构意味着它是某个函数旋转而来，系数的不一致，是在旋转后坐标伸缩的结果.

例如，双曲线$\frac{x^2}{a^2}-\frac{y^2}{b^2}=1$，绕$x$轴旋转，得到$\frac{x^2}{a^2}-\frac{y^2}{b^2}-\frac{z^2}{b^2}=1$，然后$z$坐标伸缩变换，即得到双叶双曲面的一般方程$\frac{x^2}{a^2}-\frac{y^2}{b^2}-\frac{z^2}{c^2}=1$.

1.4.7 函数的有界性

函数的上有界：函数$y=f(x)$在区间I上，$\exists M$，s.t. $f(x)\leqslant M$.

函数的下有界：函数$y=f(x)$在区间I上，$\exists M$，s.t. $f(x)\leqslant M$.

既上有界又下有界，称为有界：$\exists M>0$，s.t. $|f(x)|\leqslant M$.

注意：函数的有界性与函数定义域的选取区间有密切的关系.

例如，正弦余弦函数在其自然定义域内都是有界函数.

1.5 分段函数

分段函数是函数的几种重要的基本形式之一，对于分段函数的基本理解为：几个函数在它们各自的定义域内进行拼接而成一个函数，值得注意的是分段函数在它的每一段的定义域与它的相应的函数表达式的对应.

对于分段函数而言，一般由于它是一种非基本初等函数，所以很多关于函数问题的反例需要用到分段函数，这一点需要读者充分注意. 当然，也要加强对多元分段函数的体会.

最常见的函数$y=|x|$，就是一个非初等函数，它也是一个分段函数.

分段函数在分段点的性质尤其重要.

由于很多关于函数的性质对初等函数均是成立的，但是对于非初等函数却不一定成立，故很多反例均来自非初等函数，读者可以多加体会.

1.6 幂指函数

幂指函数的表达式为

$$y=x^x(x>0).$$

对于这类函数的相关问题的处理，基本的方法就是取对数法，将函数上面的幂指数降下来：

$$\ln y=x\ln x(x>0).$$

这是由幂指函数本身的形式决定的，它的核心公式为

$$y=\mathrm{e}^{\ln y}=\mathrm{e}^{x\ln x}.$$

值得一提的是取对数运算，它的独特效果是将高级运算转化为低级运算.

1.7 空间解析几何(图像与方程)

所谓空间解析几何，是指定义在平面上的一个二元函数$z=f(x, y)$在空间上的图形形

成的一些几何知识. 当然也包括一些无法使用函数表达的三维立体图形的性质，在这里我们只研究前者.

方程的图像的本质：方程中的变量值简单地放在一起构成的有序实数组所表示的点的集合，构成此方程的图形(若为函数，则称为图像).

图像的方程(组) 的本质：图形上的点的坐标之间的代数关系(使用等式或者等式组刻画)，就是一个方程(组).

因此已知图像求它的方程的一个基本思想是：设图形上任意一点的坐标，视为已知，结合图形满足的其他关系，得到它们之间的一个或者多个等式关系.

已知方程如何画出图像有如下两种基本方法：

① 使用定义：也就是描点，连线(连面) 成图，当然这个为初级使用方法.

② 经验方法：记住一些常用的图形的方程表达，通过对称、平移、旋转等基本集合构图方法来刻画它的图像. 这个当然是重点. 有些方程形式就直接告诉我们它的图形的基本刻画.

③ 方程与其图像二者之间具备完备性和排他性，也就是图像上的每一个点的坐标必须满足方程；反之，方程中的变量构成的有序实数对表示的点，无一例外都应在图形上.

特别注意：一些常见的图形应该熟记.

1.8 向量代数基础

1.8.1 向量代数的本质

向量的写法有如下三种形式：

坐标模式：如，$\overrightarrow{AB}=(1,\ 2)$，$\boldsymbol{a}=(1,\ 2,\ 3)$，有2个坐标分量的为平面向量；有3个坐标分量的为空间向量.

标架模式：如，$\overrightarrow{AB}=1\boldsymbol{i}+2\boldsymbol{j}$，$\boldsymbol{a}=1\boldsymbol{i}+2\boldsymbol{j}+3\boldsymbol{k}$，其中$\boldsymbol{i}=(1,\ 0)$，$\boldsymbol{j}=(0,\ 1)$为有2个坐标分量的平面向量标架，$\boldsymbol{i}=(1,\ 0,\ 0)$，$\boldsymbol{j}=(0,\ 1,\ 0)$，$\boldsymbol{k}=(0,\ 0,\ 1)$为有3个坐标分量的空间向量标架.

几何图示：向量在平面或者空间坐标中表示的是向量终点的坐标. 值得注意的是，以上说法是在将向量平行移动后，向量的起点严格固定在坐标原点.

向量运算的基本构成模式如下：

向量代数是以向量为运算对象，进行向量加、减、乘(乘法包括点积和叉积) 以及数乘的数学分支.

向量代数的基本处理模式有两种：一是加法、减法、数乘的几何模式和意义；二是加、减、乘的坐标方法为对象的代数模式和以$\boldsymbol{i}$，$\boldsymbol{j}$($\boldsymbol{i}$，$\boldsymbol{j}$，$\boldsymbol{k}$) 标架为基底的纯代数模式.

1.8.2 向量运算

(1) 所谓加法的几何模式就是向量的基本含义：$\overrightarrow{AB}$表示从起点A出发走到终点B的一个路径，怎么走？接着走，怎么接？平行移动，让前一路径的终点和后一路径的起点重合. 也就是：$\overrightarrow{AB}=\overrightarrow{AC}+\overrightarrow{CD}+\overrightarrow{DB}$，因此，在几何模式中，平行四边形的性质会被反复使用. 这也是所谓的加法的三角形法则或者称为加法的平行四边形法则.

(2) 向量的数乘，就是将原向量正向(数是正数)、反向(数是负数) 拉长或者缩短.

(3) 点积的应用.

① 点积的结果是一个数，所以点积常称为数量积、标量积. 由于结果是一个数，从而点乘法没有结合律：$(\boldsymbol{a}\cdot\boldsymbol{b})\cdot\boldsymbol{c}\neq\boldsymbol{a}\cdot(\boldsymbol{b}\cdot\boldsymbol{c})$，但是其他的常规运算公式，如分配律 $\boldsymbol{a}\cdot(\boldsymbol{b}+\boldsymbol{c})=\boldsymbol{a}\cdot\boldsymbol{b}+\boldsymbol{a}\cdot\boldsymbol{c}$；交换律 $\boldsymbol{a}\cdot\boldsymbol{b}=\boldsymbol{b}\cdot\boldsymbol{a}$；乘法公式 $(\boldsymbol{a}+\boldsymbol{b})^2=(\boldsymbol{a}+\boldsymbol{b})\cdot(\boldsymbol{a}+\boldsymbol{b})=\boldsymbol{a}^2+2\boldsymbol{a}\cdot\boldsymbol{b}+\boldsymbol{b}^2$，$(\boldsymbol{a}+\boldsymbol{b})(\boldsymbol{a}-\boldsymbol{b})=\boldsymbol{a}^2-\boldsymbol{b}^2$ 等都成立.

② 点积可以求向量之间的夹角：

$$\cos\theta=\frac{\boldsymbol{a}\cdot\boldsymbol{b}}{|\boldsymbol{a}||\boldsymbol{b}|}=\frac{xm+yn+zp}{\sqrt{x^2+y^2+z^2}\sqrt{m^2+n^2+p^2}};$$

特别地，点积可以表达垂直：对于非 0 向量 $\boldsymbol{a}$，$\boldsymbol{b}$，$\boldsymbol{a}\cdot\boldsymbol{b}=0\Leftrightarrow\boldsymbol{a}\perp\boldsymbol{b}$.

③ 模的转化式(平方去模法)，也就是 $(|\boldsymbol{a}|)^2=\boldsymbol{a}^2=\boldsymbol{a}\cdot\boldsymbol{a}$.

例 14 已知向量 $\boldsymbol{a}$，$\boldsymbol{b}$ 满足 $|\boldsymbol{a}+\boldsymbol{b}|=|\boldsymbol{a}-\boldsymbol{b}|$，证明：$\boldsymbol{a}\perp\boldsymbol{b}$.

证明：$|\boldsymbol{a}+\boldsymbol{b}|^2=|\boldsymbol{a}-\boldsymbol{b}|^2\Rightarrow(\boldsymbol{a}+\boldsymbol{b})^2=(\boldsymbol{a}-\boldsymbol{b})^2\Rightarrow\boldsymbol{ab}=0\Rightarrow\boldsymbol{a}\perp\boldsymbol{b}$.

④ 计算投影. 向量 $\boldsymbol{a}$ 在向量 $\boldsymbol{b}$ 上的投影为

$$\frac{\boldsymbol{a}\cdot\boldsymbol{b}}{|\boldsymbol{b}|}=|\boldsymbol{a}|\cos\theta=\frac{xm+yn+zp}{\sqrt{m^2+n^2+p^2}}.$$

任何有关距离的问题，包括点到直线的距离，以及点到平面的距离，均可以使用投影来计算.

⑤ 点到直线的距离. 将点和直线上任意一点连成一个向量 $\boldsymbol{a}$，计算这个向量在直线方向 b 上的投影绝对值 $|\mathrm{proj}_b\boldsymbol{a}|$，然后使用勾股定理可求出点到直线的距离 $d=\sqrt{\boldsymbol{a}^2-(\mathrm{proj}_b\boldsymbol{a})^2}$；这里还有点 $A(x_0,\ y_0)$ 到平面直线 $Ax+By+C=0$ 的距离公式：$d=\dfrac{|Ax_0+By_0+C|}{\sqrt{A^2+B^2}}$.

⑥ 点到平面的距离. 将点和平面上任意一点连成一个向量，计算这个向量在平面法方向上的投影绝对值，就是点到平面的距离.

点 $A(x_0,\ y_0,\ z_0)$ 到平面 $Ax+By+Cz+D=0$ 的距离公式为

$$d=\left|\frac{Ax_0+By_0+Cz_0+D}{\sqrt{A^2+B^2+C^2}}\right|.$$

这个公式类似于平面上点到直线的距离公式.

⑦ 平行平面 $Ax+By+Cz+D_1=0$，$Ax+By+Cz+D_2=0$ 之间的距离公式为

$$d=\left|\frac{D_1-D_2}{\sqrt{A^2+B^2+C^2}}\right|.$$

例 15 求平行平面 $2x-y-3z+2=0$，$2x-y-3z-5=0$ 之间的距离.

解：代入公式 $d=\left|\dfrac{2+5}{\sqrt{2^2+(-1)^2+(-3)^2}}\right|=\dfrac{\sqrt{14}}{2}$.

(4) 叉积.

二维平面向量：没有叉积运算，因为无法保证运算的封闭性；

三维空间向量：$\boldsymbol{a}\times\boldsymbol{b}=\begin{vmatrix}\boldsymbol{i} & \boldsymbol{j} & \boldsymbol{k}\\ x & y & z\\ m & n & p\end{vmatrix}$，其中$\boldsymbol{i}=(1,\ 0,\ 0)$，$\boldsymbol{j}=(0,\ 1,\ 0)$，$\boldsymbol{k}=(0,\ 0,\ 1)$.

叉积的四大含义如下：

① 叉积的结果是一个向量，所以叉积常称为向量积、矢量积. 它的方向的确定符合右手定则，乘法具有反交换律，$\boldsymbol{a}\times\boldsymbol{b}=-\boldsymbol{b}\times\boldsymbol{a}$；其他的常规运算公式，如分配律：$\boldsymbol{a}\times(\boldsymbol{b}+\boldsymbol{c})=\boldsymbol{a}\times\boldsymbol{b}+\boldsymbol{a}\times\boldsymbol{c}$ 成立，无乘法公式.

它的大小，也就是模：$|\boldsymbol{a}\times\boldsymbol{b}|=|\boldsymbol{a}||\boldsymbol{b}|\sin\theta$，其中 θ 为两向量的夹角.

基本启示：求方向的问题，有以下两种基本途径：

一是，找到方向上的两个点坐标，坐标做差，即找到与目标平行的方向；

二是，使用向量之间的叉积运算，找到与已知两个向量均垂直的目标方向.

② 叉积可以表达向量的平行. 对于非 0 向量 $\boldsymbol{a}$，$\boldsymbol{b}$，$\boldsymbol{a}\times\boldsymbol{b}=0\Leftrightarrow\boldsymbol{a}/\!/\boldsymbol{b}$. 当然向量的平行可以用对应分量成比例来表达，还可以表达三点共线.

③ 叉积的面积背景. 两个不共线向量的叉积的模是这两个向量构成的平行四边形的面积：$S=|\boldsymbol{a}\times\boldsymbol{b}|=|\boldsymbol{a}||\boldsymbol{b}|\sin\theta$；

④ 混合积的体积背景. 三个不共面的向量的混合积的模是它们构成空间平行六面体的体积：

$$V=|(\boldsymbol{a}\times\boldsymbol{b})\cdot\boldsymbol{c}|=\left\|\begin{matrix}x & y & z\\ m & n & p\\ e & f & g\end{matrix}\right\|$$，其中$\boldsymbol{i}=(1,\ 0,\ 0)$，$\boldsymbol{j}=(0,\ 1,\ 0)$，$\boldsymbol{k}=(0,\ 0,\ 1)$.

特别地，混合积为0，说明3个向量共面，混合积可以用来求平面方程，或者表达4点共面，也就是4点共面时，这4个点中任意3点得到3个向量，这3个向量的混合积为0.

注意：混合积的结果是一个数.

(5) 空间单位坐标向量($\boldsymbol{i}=(1,\ 0,\ 0)$，$\boldsymbol{j}=(0,\ 1,\ 0)$，$\boldsymbol{k}=(0,\ 0,\ 1)$) 的运算.

对应这种空间标价的两种乘法运算的运算律如下：

点积：$\boldsymbol{i}\cdot\boldsymbol{i}=1$；$\boldsymbol{i}\cdot\boldsymbol{j}=0$；$\boldsymbol{i}\cdot\boldsymbol{k}=0$，其他运算类似.

叉积：$\boldsymbol{i}\times\boldsymbol{i}=0$；$\boldsymbol{i}\times\boldsymbol{j}=\boldsymbol{k}$；$\boldsymbol{j}\times\boldsymbol{k}=\boldsymbol{i}$，其他运算类似.

对于这类向量形式的运算，就看作普通的运算即可，唯一的差异就是乘法的两种形式遵循上述运算规则就可以了.

例 16 如果$(\boldsymbol{a}\times\boldsymbol{b})\cdot\boldsymbol{c}=2$，求$[(\boldsymbol{a}+\boldsymbol{b})\times(\boldsymbol{b}+\boldsymbol{c})]\cdot(\boldsymbol{c}+\boldsymbol{a})$.

解：$[(\boldsymbol{a}+\boldsymbol{b})\times(\boldsymbol{b}+\boldsymbol{c})]\cdot(\boldsymbol{c}+\boldsymbol{a})=\boldsymbol{a}\times\boldsymbol{b}\cdot\boldsymbol{c}+\boldsymbol{b}\times\boldsymbol{c}\cdot\boldsymbol{a}=4$.

例 17 使用混合积解释线性方程组求解的克拉莫法则.

解：线性方程组(以三元方程组为例)

$$\begin{cases} ax+ey+hz=m \\ bx+fy+iz=n \\ cx+gy+jz=p \end{cases} \Rightarrow x\begin{pmatrix} a \\ b \\ c \end{pmatrix}+y\begin{pmatrix} e \\ f \\ g \end{pmatrix}+x\begin{pmatrix} h \\ i \\ j \end{pmatrix}=\begin{pmatrix} m \\ n \\ p \end{pmatrix} \Rightarrow x\boldsymbol{p}_1+y\boldsymbol{p}_2+z\boldsymbol{p}_3=\boldsymbol{p}_4,$$

所以$(x\boldsymbol{p}_1+y\boldsymbol{p}_2+z\boldsymbol{p}_3)\times\boldsymbol{p}_2\cdot\boldsymbol{p}_3=\boldsymbol{p}_4\times\boldsymbol{p}_2\cdot\boldsymbol{p}_3\Rightarrow x\boldsymbol{p}_1\times\boldsymbol{p}_2\cdot\boldsymbol{p}_3=\boldsymbol{p}_4\times\boldsymbol{p}_2\cdot\boldsymbol{p}_3$,

即 $x=\dfrac{\boldsymbol{p}_4\times\boldsymbol{p}_2\cdot\boldsymbol{p}_3}{\boldsymbol{p}_1\times\boldsymbol{p}_2\cdot\boldsymbol{p}_3}$，同理得到其他.

1.9 空间解析几何

空间解析几何就是在三维坐标系下用方程来描述空间图像，包括两个基本方面：一是知道图形，可以找到对应的方程；二是知道方程，可以明确对应的图形. 然后使用方程来处理图形之间的某些特定的关系，也就是基本几何量 —— 角度和距离. 通俗而言就是用代数方法研究几何关系.

图形方程的本质是图形上任意一点的坐标所满足的某种关系. 这样也就明确地告诉我们，所谓方程，其实首先要在图形上任意选取一点，视作已知，结合已知的其他点或者某些图形满足的性质，转换这些性质，得到此任意一点的坐标的关系，即得到相应的图形方程.

以上处理方法是最基本、最本质的方法，当然，最后不要忘记了检查完备性和排他性.

反之，如果已经明确了方程，要养成一个基本的习惯，能够很快地在方程中找到图形上任意点的坐标在方程中的表达，也要很快地明确已知的那些点或者性质在方程中的表达.

无论何时何地，只要看到求图形的方程这类问题，它的解决方案只有如下两种：

① 如果我们可以在求解之前，确定图像是什么，那么唯一的任务就是求出相关图形方程的参数，然后写出目标方程. 这类问题多运用图形的定义，判断图形，或者目标已经明确给定，如求直线方程等.

② 如果事先不能确定图形是什么，那么唯一的方法就是先在图形上任意设点，视为已知，转换题目中的关系，得到任意这点的坐标关系就可以了.

1.10 曲线方程、曲面方程、体

(1) 空间曲线方程的本质.

曲线的任何形式的方程都有一个共同点，由于曲线是一维的，因此它的方程（方程组）中有且仅有一个自由变量.

维数 = 自由未知数的个数 = 变量字母总数 - 独立方程的个数 = 自变量的个数.

点是 0 维的，线是 1 维的，面是 2 维的，体是 3 维的.

空间曲线的一般方程：

$$\begin{cases} f(x, y, z)=0, \\ g(x, y, z)=0. \end{cases}$$

空间曲线的参数方程：

$$\begin{cases} x = f(t), \\ y = g(t), \\ z = p(t). \end{cases}$$

参数方程是曲线的核心表达，在面对直线相关问题时，以它的参数表达为主.

(2) 空间曲面方程的本质.

曲面的任何形式的方程，同样有一个共同点：由于曲面是二维的，因此它的方程(方程组)中有且仅有两个自由变量.

曲面的一般方程：

$$f(x, y, z) = 0;$$

曲面的参数方程：

$$\begin{cases} x = f(u, v), \\ y = g(u, v), \\ z = p(u, v). \end{cases}$$

(3) 体的本质.

注意：体是由面包裹的实心对象，包括面以及面的内部.

体的一般方程：

$$f(x, y, z) \leqslant 0.$$

注意："<"表示体的内部，"="刻画体的面，对于$f(x, y, z) \geqslant 0$，它的含义类似.

"人面桃花相映红"中的人面是指人体的表面的一部分. 而通常我们说的"人体"既有面，也有面的内部.

1.11 空间直线方程

决定直线的要素是一点、一平行方向. 无论是直线的哪类方程，只要解决直线上的一点和一个平行于此直线的方向，就可以直接写出直线方程. 对于已经存在的直线方程，应用时最重要的依然是找出此方程中的那一个点和平行直线的那个方向.

(1) 平面内直线的点和方向.

点：$A(x_0, y_0)$，直线的平行方向为：$\boldsymbol{n} = (1, k)$，写出直线方程：

$$\frac{y - y_0}{k} = \frac{x - x_0}{1}.$$

其中，$k = \tan\theta$，为直线的斜率，$\theta(0 \leqslant \theta < \pi)$为直线的倾角，也就是直线与$x$轴正半轴的夹角.

当然，方向可以写成方向余弦的方式：

$$\boldsymbol{n} = (1, k) = (\cos\theta, \sin\theta) = (\cos\alpha, \cos\beta) = \left(\frac{1}{\sqrt{1 + k^2}}, \frac{k}{\sqrt{1 + k^2}}\right).$$

其中，α，β分别为直线与x，y轴正半轴的成角.

反之，如果知道直线方程$y - y_0 = k(x - x_0)$，应养成基本习惯，马上找出它的一个或者两个点坐标，以及直线的平行方向. 这是直线方程应用的基础和出发点.

(2) 三维空间内直线的点和方向.

点：$A(x_0, y_0, z_0)$，直线方向为：$\boldsymbol{n}=(a, b, c)$，写出直线方程：

$$\frac{x-x_0}{a}=\frac{y-y_0}{b}=\frac{z-z_0}{c}.$$

注意：这里有两个等号，表示两个独立的方程，这个方程称为直线的对称式方程.

特别强调：这类方程中若分母为0，是有特殊含义的，此时对应的分子也必须是0.

当然，直线的平行方向可以写成方向余弦的方式：

$$\boldsymbol{n}=(\cos\alpha, \cos\beta, \cos\gamma)=\left(\frac{a}{\sqrt{a^2+b^2+c^2}}, \frac{b}{\sqrt{a^2+b^2+c^2}}, \frac{c}{\sqrt{a^2+b^2+c^2}}\right).$$

其中，α，β，γ 分别为直线与 x，y，z 轴正半轴的成角.

反之，如果知道直线方程 $\frac{x-x_0}{a}=\frac{y-y_0}{b}=\frac{z-z_0}{c}$，应养成基本习惯，立刻找出它的一个或者两个点坐标，以及直线的方向. 这是直线方程应用的基础和出发点.

直线的一般方程其实是空间两个平面的交线方程：

$$\begin{cases}A_1x+B_1y+C_1z+D_1=0,\\ A_2x+B_2y+C_2z+D_2=0.\end{cases}$$

一般方程其实没有太大的实际用途，简单了解就可以. 重点依然是抓住一点和一平行方向确定此直线：① 将方程组中的某个合适的未知数设为一个常数，解方程组，就可以得到一个点的坐标；② 直线的方向可以用一个叉积进行运算，即

$$(A_1, B_1, C_1)\times(A_2, B_2, C_2)=\begin{vmatrix}\boldsymbol{i} & \boldsymbol{j} & \boldsymbol{k}\\ A_1 & B_1 & C_1\\ A_2 & B_2 & C_2\end{vmatrix}.$$

或者用直线上两个点的坐标做差也可以.

1.12 空间平面方程

决定空间平面方程的要素也是一点、一垂直方向(这个方向与平面垂直，称为平面的法方向). 无论是平面的哪类方程，只要解决平面上的一点和一个垂直于此平面的方向，就可以直接写出平面方程，或者已经存在平面方程，它的应用方法是找出此方程中的那一个点和法方向.

当然，还有不共线三点、相交直线或平行两直线均可以确定平面方程，这些也可以转化为一点和法方向的相关问题.

空间平面的点和方向：

点：$A(x_0, y_0, z_0)$，平面法方向为：$\boldsymbol{n}=(A, B, C)$，写出平面方程(表达垂直)：

$$A(x-x_0)+B(y-y_0)+C(z-z_0)=0.$$

注意：这里只有一个等号，一个独立的方程，这个方程是平面的点法式方程. 当然平面的法方向可以写成方向余弦的方式：

$$\boldsymbol{n}=(\cos\alpha, \cos\beta, \cos\gamma)=\left(\frac{A}{\sqrt{A^2+B^2+C^2}}, \frac{B}{\sqrt{A^2+B^2+C^2}}, \frac{C}{\sqrt{A^2+B^2+C^2}}\right).$$

其中，α，β，γ 分别为直线与 x，y，z 轴正半轴的成角.

反之，如果知道直线方程 $A(x-x_0)+B(y-y_0)+C(z-z_0)=0$，应养成基本习惯，马上找出它上面的一个或者三个点坐标，以及平面的法方向. 这个是平面方程应用的基础和出发点.

平面的一般方程是一个三元线性方程：$Ax+By+Cz+D=0$，其实没有太大的实际用途，简单了解就可以. 重点依然是抓住一点和一垂直方向，其中点的确定：将方程中的某两个合适的未知数设为两个常数，代入方程，求出第三个未知数，就可以得到一个点的坐标；而平面的法方向直接由系数看出，为：$\boldsymbol{n}=(A,\ B,\ C)$.

注意：在这里，无论是直线还是平面，主要包括如下几种基本题型：

① 已知相关信息求直线或者平面方程，请牢牢抓住一点和一方向去考虑问题. 注意求方向有两个基本法则：点和点坐标做差，或者向量的叉积.

② 知道直线或者平面方程，求相关的几何量，如角度、距离等.

③ 通过已知几何关系和几何量，使用待定系数法求解问题.

1.13 旋转曲面方程和柱面方程

对于旋转曲面方程的来源，如果是平面曲线绕平面坐标轴旋转，请记住一个基本处理方法：绕谁转，谁不变；另外的一个坐标变成它和第三坐标的平方和的开方，就可以直接写出相应的旋转方程.

定平面曲线绕某直线旋转而成的曲面，称为旋转面.

定平面曲线称为旋转曲面的母线，定直线称为旋转曲面的轴.

柱面方程这类方程中，如果缺了哪个坐标，它就是一个平行于此坐标轴的柱面.

柱面是指平行于定直线，沿某曲线移动的直线 L 描绘出的轨迹.

定曲线称为柱面的准线，动直线称为柱面的母线.

此外，要记忆常见的几类旋转方程的形式和对应的图像.

记忆的方法：

① 使用旋转的方法辨认；

② 缺坐标的柱面方程；

③ 平行坐标面的截面法.

下面强调几个基本概念：

准线：是指在平移过程中被移动的曲线，或者平行移动的过程中按照此曲线规定的路线移动；

母线：有两种情况，在平移过程中，指平行移动的方向；在旋转中，指被旋转的对象.

轴：是指在旋转中的绕谁转的那条直线.

1.14 空间曲线在坐标平面上的投影

(1) 空间曲线的一般方程：

$$\begin{cases}f(x,\ y,\ z)=0,\\ g(x,\ y,\ z)=0.\end{cases}$$

空间曲线在 xOy 平面上的投影方程的求法：

第一步，将方程组$\begin{cases}f(x,\ y,\ z)=0\\ g(x,\ y,\ z)=0\end{cases}$中的 z 消去，得到曲线的母线方程：

$$p(x,\ y)=0;$$

第二步，写出投影方程：

$$\begin{cases}p(x,\ y)=0,\\ z=0.\end{cases}$$

(2) 空间曲线的参数方程：

$$\begin{cases}x=f(t),\\ y=g(t),\\ z=p(t).\end{cases}$$

空间曲线在 xOy 平面上的投影方程的求法：

直接写出投影方程：

$$\begin{cases}x=f(t),\\ y=g(t),\\ z=0.\end{cases}$$

其他平面上的投影方程类似求解.

例 18 已知：$\boldsymbol{a}=\{1,\ 2,\ -3\}$，$\boldsymbol{b}=\{2,\ -3,\ z\}$，$\boldsymbol{c}=\{-2,\ y,\ 6\}$，若 $\boldsymbol{a}\perp\boldsymbol{b}$，求 z；若 $\boldsymbol{a}/\!/\boldsymbol{c}$，求 y；若 $\boldsymbol{a}$，$\boldsymbol{b}$，$\boldsymbol{c}$ 共面，求 z，y 满足的关系.

解：$\boldsymbol{a}\perp\boldsymbol{b}\Rightarrow a\cdot b=2-6-3z=0\Rightarrow z=-\dfrac{4}{3}$.

$$\boldsymbol{a}/\!/\boldsymbol{c}\Rightarrow\frac{1}{-2}=\frac{y}{2}=\frac{-3}{6}\Rightarrow y=-1.$$

若 $\boldsymbol{a}$，$\boldsymbol{b}$，$\boldsymbol{c}$ 共面 $\Rightarrow\begin{vmatrix}1 & 2 & -3\\ 2 & -3 & z\\ -2 & y & 6\end{vmatrix}=0\Rightarrow 6y+4z+yz+24=0$.

例 19 求直线$\dfrac{x-1}{1}=\dfrac{y-5}{-2}=\dfrac{z+8}{1}$与直线$\begin{cases}x-y=6,\\ 2y+z=3\end{cases}$的夹角.

解：在第二条直线上任取两点，做差得它的方向，所以两直线的平行方向为：$\boldsymbol{n}_1=(1,\ -2,\ 1)$，$\boldsymbol{n}_2=(1,\ 1,\ -2)$，做点积求角度为：$\cos\theta=\dfrac{\boldsymbol{n}_1\boldsymbol{n}_2}{|\boldsymbol{n}_1||\boldsymbol{n}_1|}=\dfrac{1}{2}\Rightarrow\theta=\dfrac{\pi}{3}$.

例 20 分别求经过点$(1,\ 2,\ -1)$且与直线$\begin{cases}x=-t+2,\\ y=3t-4,\\ z=t-1\end{cases}$垂直的平面方程以及过此直线的方程.

解：直线的方向为平面的法方向：$\boldsymbol{n}_1=(-1,\ 3,\ 1)$，所以垂直此线的平面方程为：$-(x-1)+3(y-2)+(z+1)=0$；

先求平面上的两个方向：$\boldsymbol{n}_1=(-1,\ 3,\ 1)$，$\boldsymbol{n}_2=(1,\ -6,\ 0)$，两个向量做叉积得到平面的法方向：$\boldsymbol{n}=(6,\ 1,\ 3)$，平面方程为：$6(x-1)+(y-2)+3(z+1)=0$.

例 21 求经过点$(1,\ 2,\ -1)$且与平面$3x+y+5z+6=0$垂直的直线方程. 求过点$(1,\ 2,\ -1)$且与直线$\dfrac{x-1}{1}=\dfrac{y-5}{-2}=\dfrac{z+8}{1}$垂直相交的直线方程.

解：直线的方向就是平面的法方向：$\boldsymbol{n}_1=(3,\ 1,\ 5)$，所以直线方程为：

$$\frac{x-1}{3}=\frac{y-2}{1}=\frac{z+1}{5}.$$

先求交点，写出以直线方向为法方向过点$(1,\ 2,\ -1)$的平面：$x-2y+z+4=0$，得到交点$\left(\dfrac{19}{6},\ \dfrac{2}{3},\ -\dfrac{35}{6}\right)$，所以直线方程为：$\dfrac{x+1}{13}=\dfrac{y-2}{-8}=\dfrac{z+1}{-29}$.

例 22 求与直线$\begin{cases}x=-t+2,\\ y=3t-4,\\ z=t-1,\end{cases}$ $\dfrac{x-1}{1}=\dfrac{y-5}{-2}=\dfrac{z+8}{1}$都平行且过原点的平面方程.

解：两直线的方向$(-1,\ 3,\ 1)$，$(1,\ -2,\ 1)$，做叉积得到平面的法方向：$\boldsymbol{n}=(5,\ 2,\ -1)$，所求平面为：$5x+2y-z=0$.

例 23 过两个平面$x+y+1=0$，$x+2y+2z=0$的交线，且与平面$2x-y-5z+6=0$垂直的平面方程.

解：先求交线上两点：$(0,\ -1,\ 1)$，$(-2,\ 1,\ 0)$，得到平面上的一个方向$\boldsymbol{n}_1=(2,\ -2,\ 1)$，由垂直平面$2x-y-5z+6=0$得到此平面的另外一个方向：$\boldsymbol{n}_2=(2,\ -1,\ -5)$，$\boldsymbol{n}_1\times\boldsymbol{n}_2=(11,\ 12,\ 2)$，平面方程为：$11x+12(y+1)+2(z-1)=0$.

例 24 求经过点$(-1,\ 0,\ 4)$且与直线$\dfrac{x}{1}=\dfrac{y}{2}=\dfrac{z}{3}$，$\dfrac{x-1}{2}=\dfrac{y-2}{1}=\dfrac{z-3}{4}$都相交的直线方程.

解：写出过点$(-1,\ 0,\ 4)$和一直线方向为法方向的平面方程的交线就是所求：

$$\begin{cases}(x+1)+2y+3(z-4)=0,\\ 2(x+1)+y+4(z-4)=0.\end{cases}$$

例 25 求经过点$(-1,\ 0,\ 4)$、垂直直线$\dfrac{x}{1}=\dfrac{y}{2}=\dfrac{z}{3}$且与平面$x+2y+2z=0$平行的直线方程.

解：由直线方向和平面的法方向做叉积就是直线方向：$(-2,\ 1,\ 0)$，直线方程为：

$$\frac{x+1}{-2}=\frac{y}{1}=\frac{z-4}{0}.$$

例 26 求经过直线$\dfrac{x-1}{0}=\dfrac{y+2}{2}=\dfrac{z-2}{-3}$在平面$x-y+2z-1=0$上的投影直线方程.

解：求出直线和平面的交点$\left(1,\ -\dfrac{1}{2},\ -\dfrac{1}{4}\right)$，直线和投影所在平面的法方向为：$(0,\ 2,\ -3)\times(1,\ -1,\ 2)=(8,\ -3,\ -2)$，此平面为$8x-3y-2z-10=0$，投影直线为：

$$\begin{cases}8x-3y-2z-10=0,\\ x-y+2z-1=0.\end{cases}$$

例 27 求以曲线$\begin{cases}y^2=2px,\\ z=0\end{cases}$为准线，$(l, m, n)$为母线方向的柱面方程.

解：设柱面上任意一点为(X, Y, Z)，则过此点的母线为：$\dfrac{x-X}{l}=\dfrac{y-Y}{m}=\dfrac{z-Z}{n}$，解出$x=X+lt$，$y=Y+mt$，$z=Z+nt$，代入准线方程消去参数$t$，得到柱面方程：

$$\left(Y+\frac{mZ}{-n}\right)^2=2p\left(X+\frac{lZ}{-n}\right).$$

例 28 求曲线$\begin{cases}(x+2)^2-z^2=4,\\ (x-2)^2+y^2=4\end{cases}$在平面$yOz$上的投影方程.

解：消去x，则得到投影方程为：

$$\begin{cases}(z^2+y^2+16)^2=64(4+z^2),\\ x=0.\end{cases}$$

1.15 离散数列基础

对于数列的基本知识，我们只需要掌握数列的一些基本概念和数列求和的基本公式，以及数列求通项的基本方法即可.

特别提示无穷等比求和公式：

$$a+aq+aq^2+\cdots+aq^{n-1}+\cdots=\frac{a}{1-q},\quad |q|<1.$$

这里不一一详细列出.

练 习 一

一、填空题.

(1) 函数$f(x)=\cos\left(2\pi x+\dfrac{\pi}{4}\right)$的周期为__________.

(2) 已知$f(x+2)=x^2+2x-1$，则$f(x)=$__________.

(3) 由三点$M_1(1, -1, 2)$，$M_2(3, 3, 1)$，$M_3(3, 1, 3)$确定的平面的单位法向量$\boldsymbol{a}=$__________.

(4) 已知$\boldsymbol{a}$与$\boldsymbol{b}$垂直，且$|\boldsymbol{a}|=5$，$|\boldsymbol{b}|=12$，则$|\boldsymbol{a}-\boldsymbol{b}|=$__________.

(5) 已知过原点到某平面所作的垂线的垂足为点$(-2, -2, 1)$，则该平面方程为__________.

(6) 直线$\dfrac{x+3}{3}=\dfrac{y+2}{-2}=\dfrac{z}{1}$与平面$x+2y+2z+6=0$的交点是__________；夹角是__________.

(7) 已知$\boldsymbol{a},\boldsymbol{b},\boldsymbol{c}$两两垂直，且$|\boldsymbol{a}|=1$，$|\boldsymbol{b}|=2$，$|\boldsymbol{c}|=3$，则$|\boldsymbol{a}+\boldsymbol{b}+\boldsymbol{c}|=$__________.

(8) 若 $|\boldsymbol{a}|=3$， $|\boldsymbol{b}|=4$，且 $\boldsymbol{a}$ 与 $\boldsymbol{b}$ 垂直，则 $|(\boldsymbol{a}+\boldsymbol{b})\times(\boldsymbol{a}-\boldsymbol{b})|=$ ________.

二、单项选择题.

(1) $f(x)$ 在区间 I 内严格单调，是 $f(x)$ 在 I 内存在反函数的(　　).

A. 充分条件　　B. 必要条件　　C. 充要条件　　D. 以上都不对

(2) 若 $\phi(x)$ 在 $\mathbf{R}$ 内有定义，则 $f(x)=\phi(x)-\phi(-x)$ 为(　　).

A. 偶函数　　B. 奇函数　　C. 非奇非偶函数

(3) 已知向量 $\boldsymbol{a}$，$\boldsymbol{b}$，$\boldsymbol{c}$ 两两互相垂直，且 $\boldsymbol{p}=\alpha\boldsymbol{a}+\beta\boldsymbol{b}+\gamma\boldsymbol{c}$，其中 α，β，γ 是实常数，则 $|\boldsymbol{p}|=$(　　).

A. $|\alpha||\boldsymbol{a}|+|\beta|\,\|\boldsymbol{b}\|+|\gamma||\boldsymbol{c}|$　　B. $\sqrt{|\alpha|^2|\boldsymbol{a}|^2+|\beta|^2|\boldsymbol{b}|^2+|\gamma|^2|\boldsymbol{c}|^2}$

C. $|\alpha+\beta+\gamma||\boldsymbol{a}+\boldsymbol{b}+\boldsymbol{c}|$　　D. $\sqrt{(\alpha^2+\beta^2+\gamma^2)(|\boldsymbol{a}|^2+|\boldsymbol{b}|^2+|\boldsymbol{c}|^2)}$

(4) 设球面方程为 $x^2+y^2+z^2+Dx+Ey+Fz+G=0$，若该球面与三个坐标平面都相切，则方程中的系数应满足条件(　　).

A. $D=E=F=0$　　B. $D^2+E^2+F^2+6G=0$

C. $D^2+E^2+F^2=6G$　　D. $G=0$

(5) 二次曲面 $z=\dfrac{x^2}{a^2}+\dfrac{y^2}{b^2}$ 与平面 $y=h$ 相截，其截痕是空间中的(　　).

A. 抛物线　　B. 双曲线　　C. 椭圆　　D. 直线

三、解答题.

(1) 已知三角形 ABC 的两个顶点为 $A(-4,\ -1,\ -2)$，$B(3,\ 5,\ -16)$，并知 AC 中点在 y 轴上，BC 中点在 XOZ 平面上，求第三个顶点 C 的坐标.

(2) 设直线 L：$\dfrac{x-1}{2}=\dfrac{y}{-1}=\dfrac{z+1}{2}$，平面 π：$x-y+2z=3$，求直线 L 与平面 π 所交的锐角 θ.

(3) 求点 $M_0(3,\ -1,\ 2)$ 到直线 L：$\begin{cases}x+y-z+1=0,\\2x-y+z-4=0\end{cases}$ 的距离.

(4) 求曲线 $\begin{cases}z=4-x^2,\\x^2+y^2=2\end{cases}$ 在各坐标平面上的投影曲线方程.

(5) 已知三个非零向量 $\boldsymbol{a}$，$\boldsymbol{b}$，$\boldsymbol{c}$ 中任意两个向量都不平行，但 $\boldsymbol{a}+\boldsymbol{b}$ 与 $\boldsymbol{c}$ 平行，$\boldsymbol{b}+\boldsymbol{c}$ 与 $\boldsymbol{a}$ 平行，证明：$\boldsymbol{a}+\boldsymbol{b}+\boldsymbol{c}=0$.

(6) 设 $\boldsymbol{a}=(1,\ -1,\ 1)$，$\boldsymbol{b}=(3,\ -4,\ 5)$，$\boldsymbol{x}=\boldsymbol{a}+\lambda\boldsymbol{b}$，$\lambda$ 为实数，证明：当 $|\boldsymbol{x}|$ 最小时，$\boldsymbol{x}\perp\boldsymbol{b}$.

(7) 试证由 $A(x_1,\ y_1,\ z_1)$，$B(x_2,\ y_2,\ z_2)$，$C(x_3,\ y_3,\ z_3)$ 所确定的平面为

$$\begin{vmatrix}x-x_1 & y-y_1 & z-z_1\\x_2-x_1 & y_2-y_1 & z_2-z_1\\x_3-x_1 & y_3-y_1 & z_3-z_1\end{vmatrix}=0.$$

(8) 求曲线 $\begin{cases}z=2-x^2-y^2,\\z=(x-1)^2+(y-1)^2\end{cases}$ 在坐标平面 XOY 上的投影曲线的方程.

第二章 高等数学的基本工具

2.1 极限的定义与其基本性质

首先，要学会两个标准的数学符号，任意“∀”和存在“∃”.

(1) ∀：是“任意”的意思，数学含义为给定但是不确定，也就是该符号后面的字母是一个给定的数，虽然不知道具体是多少. 它代表一种含义，在数学推理过程中视为一个已知的常数.

(2) ∃：是“存在”的意思，数学含义为它是一个需要求解、探求、发现的量，也就是该符号后面的字母是一个待定的数，在数学推理过程中是一个需要求解、发现的量，找到了这个字母的值(当然有可能不止一个)，它就一定存在，找不到，则至少不能肯定它的存在.

这两个符号的学习和理解对于我们的学习至关重要.

其次，考察如下两个命题：

命题1：你(中国人的一分子)是爱国者；

命题2：全体中国人都是爱国者.

如果我们有能力说明命题2是对的，那么命题1的正确性就不用怀疑.

因此得出结论：要证明在一个局部条件下的结论成立，如果我们可以肯定在一个更大的范围的条件下结论成立，则自然包含了这个局部条件下的结论. 这样避开了两个任意性，这是极限的数学思想的基础. 读者应该在它的数学论述中仔细琢磨.

2.1.1 数列极限

符号：$\lim\limits_{n\to\infty}a_n=a$，注意这里的 n 取自然数，所以 $n\to\infty\Leftrightarrow n\to+\infty$，不会引起误会，它表明自变量 n 单侧向目标量 ∞ 靠近.

符号的含义：当 n 充分大时，变量 a_n 向目标常数 a 充分接近，也就是当 $n\to\infty$ 时，$a_n\to a$，注意这里的符号“→”是无限接近的意思，但不一定可以达到(相等)，而符号 $\lim\limits_{n\to\infty}a_n=a$ 中的“=”由于有“lim”的存在，表示的也不是相等，是无限靠近(当然也不排除相等，例如常数数列).

定义(俗称 $\xi-N$ 定义)：$\forall\xi>0$，ξ 用来刻画变量 a_n 与目标常数 a 之间的距离，自然要求 ξ 充分小，说明它们充分接近，同样是接近，不一定是相等，当然“任意性”表达的含义是它们之间要多接近就有多接近.

$\exists N$，自然数 N 将数列划分成两段，一段为有限的前 N 项，这个也表明数列的前面任意有限的项对数列的极限不产生影响；一段是 N 之后的无数项，注意 $\{n: n\to\infty\}$ 是 $\{n: n>N\}$ 的子集. 回忆开篇的那两个命题.

s.t. 是 such that 的缩写，含义是"使得"，$n>N$（包含 $\{n: n\to\infty\}$）时，$|a_n-a|<\xi$（a_n，a 充分接近）.

定义的使用方法：知道 ξ 和需要的目标结论 $|a_n-a|<\xi$，来计算 n，从而找出合适的 N，当 $n>N$ 时，能使目标 $|a_n-a|<\xi$ 实现，就完成了极限的证明.

从现在开始形成一个基本习惯，所有抽象的命题均使用定义和法则去证明或者求解. 所以定义和法则对于我们就像思维的根基，不可动摇也不可忽略.

2.1.2 数列极限的性质与法则

(1) 线性法则：条件 $\lim\limits_{n\to\infty}a_n=a$，$\lim\limits_{n\to\infty}b_n=b$，结论：$\lim\limits_{n\to\infty}(ka_n+pb_n)=ka+pb$；

(2) 非线性法则：条件 $\lim\limits_{n\to\infty}a_n=a$，$\lim\limits_{n\to\infty}b_n=b$，结论：$\lim\limits_{n\to\infty}(a_nb_n)=ab$；

条件 $\lim\limits_{n\to\infty}a_n=a$，$\lim\limits_{n\to\infty}b_n=b\neq 0$，结论：$\lim\limits_{n\to\infty}\dfrac{a_n}{b_n}=\dfrac{a}{b}$.

(3) 保正号性：$\lim\limits_{n\to\infty}a_n=a$，且数列 $\{a_n\}$ 从第 m 项开始满足 $a_n\geqslant 0(n\geqslant m)$，则 $a\geqslant 0$. 类似地，也有保负号性.

(4) 不等性：$\lim\limits_{n\to\infty}a_n=a$，$\lim\limits_{n\to\infty}b_n=b$，且从第 m 项开始满足 $a_n\geqslant b_n(n>m)$，则 $a\geqslant b$. 可以就此推出保号性.

(5) 极限存在的唯一性：$\lim\limits_{n\to\infty}a_n=a$，$\lim\limits_{n\to\infty}a_n=b$，则 $a=b$.

以上的证明均使用定义.

2.1.3 一元函数的极限

一元函数的极限符号有如下几种形式：

(1) $\lim\limits_{x\to\infty}f(x)=a$,；$\lim\limits_{x\to+\infty}f(x)=a$，$\lim\limits_{x\to-\infty}f(x)=a$.

注意：自变量 $x\to\infty$ 和 $n\to\infty$ 的意义不一样，$x\to\infty$ 包含两种方向，即 $x\to+\infty$ 和 $x\to-\infty$，也就是变量取值趋近于 $\pm\infty$ 两个方向. 从数学角度而言，这两个目标点在无穷远处是一个点，它是一个双侧极限. $n\to\infty$ 的意义类似于 $x\to+\infty$，它是一个单侧极限；$x\to-\infty$ 也是一个单侧极限.

典型的例子：由于 $\lim\limits_{x\to-\infty}e^x=0$，$\lim\limits_{x\to+\infty}e^x=+\infty$，故 $\lim\limits_{x\to\infty}e^x$ 不存在.

(2) $\lim\limits_{x\to x_0}f(x)=a$；$\lim\limits_{x\to x_{0_+}}f(x)=a$；$\lim\limits_{x\to x_{0_-}}f(x)=a$.

自然 $x\to x_0$ 包含两种方向：$x\to x_{0_+}$ 和 $x\to x_{0_-}$，它是一个变量 x 从两侧向目标点 x_0 无限趋近的过程，$x\to x_{0_+}$ 中的"+"表示变量 x 在 x_0 的右侧，即 $x\geqslant x_0$，$x\to x_{0_+}$ 表示从目标点 x_0 右侧无限趋近 x_0 的过程，它是一个单侧靠近的过程，称为右极限；$x\to x_{0_-}$ 类似，称为左极限.

虽然表面上看，极限的种类繁多，也很复杂，但本质上它们其实没有太大的差异，就是自变量趋近目标点的控制条件不一样，只是自变量趋近目标的方向上存在差异，读者要细心体会.

下面介绍$\lim\limits_{x \to x_0} f(x)=a$，$\lim\limits_{x \to x_{0_+}} f(x)=a$，$\lim\limits_{x \to x_{0_-}} f(x)=a$的定义.

定义(俗称$\xi-\delta$定义)：$\forall \xi>0$，ξ用来刻画变量$f(x)$与目标点a之间的距离，所以ξ充分小，说明它们的充分接近只是无限接近，不是相等. 当然"任意性"刻画的意义是，它们之间要多接近就有多接近.

$\exists \delta>0$，δ将数划分成两部分，一部分在区间$(x_0-\delta, x_0+\delta)-\{x_0\}$，记为$\mathring{U}(x_0, \delta)$，表示以$x_0$为中心，以$\delta$为半径的去心邻域，一部分为$\overline{(x_0-\delta, x_0+\delta)+\{x_0\}}$，注意$\{x: x \to x_0\}$是$\{x: x \in \mathring{U}(x_0, \delta)\}$的子集.

$\forall x \in \mathring{U}(x_0, \delta)$，$|f(x)-a|<\xi$，$f(x)$，$a$充分接近.

以上论述简单地表述为：

$\forall \xi>0$，$\exists \delta>0$，s. t. $\forall x \in \mathring{U}(x_0, \delta)$，$|f(x)-a|<\xi$成立$\Leftrightarrow \lim\limits_{x \to x_0} f(x)=a$.

请读者对比如下定义，寻找差别，体会差别：

$\forall \xi>0$，$\exists \delta>0$，s. t. $\forall x \in (x_0, x_0+\delta)$，$|f(x)-a|<\xi$成立$\Leftrightarrow \lim\limits_{x \to x_{0_+}} f(x)=a$.

$\forall \xi>0$，$\exists \delta>0$，s. t. $\forall x \in (x_0-\delta, x_0)$，$|f(x)-a|<\xi$成立$\Leftrightarrow \lim\limits_{x \to x_{0_-}} f(x)=a$.

以上两个定义均为单侧极限定义，分别称为右、左极限.

注意：(1) $\forall x \in \mathring{U}(x_0, \delta)$包含$x_0$两侧的$x$取值，所以这个极限是双侧的.

自然地$\lim\limits_{x \to x_{0+}} f(x)=a$，$\lim\limits_{x \to x_{0-}} f(x)=a \Leftrightarrow \lim\limits_{x \to x_0} f(x)=a$.

如果$\lim\limits_{x \to x_{0+}} f(x)=a \neq \lim\limits_{x \to x_{0-}} f(x)=b \Leftrightarrow \lim\limits_{x \to x_0} f(x)$不存在.

或者$\lim\limits_{x \to x_{0+}} f(x)$，$\lim\limits_{x \to x_{0-}} f(x)$二者中任何一个出现问题，不存在，则$\lim\limits_{x \to x_0} f(x)$就将不存在.

(2) 为何要去心邻域，在学习完可去间断后，读者可以回头再体会. 此外，还可以从另外的一个角度理解. 极限是一个函数动态逼近结果的过程，和目标点本身的值没有关系，因此逼近的过程中，目标点可以不用考虑，邻域可以去心. 也就是：$\forall x \in \mathring{U}(x_0, \delta)$表示$x$可以取一个去心邻域内的任何值，为何要去心？是由于$x \to x_0$表示变量$x$无限接近目标点$x_0$，但不取$x_0$，所以邻域要去中心点$x_0$.

$\lim\limits_{x \to \infty} f(x)=a$，$\lim\limits_{x \to +\infty} f(x)=a$，$\lim\limits_{x \to -\infty} f(x)=a$的定义可分别表述如下：

$\forall \xi>0$，$\exists N>0$，s. t. $\forall |x|>N$，$|f(x)-a|<\xi$成立$\Leftrightarrow \lim\limits_{x \to \infty} f(x)=a$.

$\forall \xi>0$，$\exists N>0$，s. t. $\forall x>N$，$|f(x)-a|<\xi$成立$\Leftrightarrow \lim\limits_{x \to +\infty} f(x)=a$.

$\forall \xi>0$，$\exists N>0$，s. t. $\forall x<-N$，$|f(x)-a|<\xi$成立$\Leftrightarrow \lim\limits_{x \to -\infty} f(x)=a$.

对比它们和趋近某点的极限的异同，以及和数列极限的异同.

2.1.4 二元函数的极限

在二元函数$z=f(x, y)$中，两个独立自变量x，y可以自由变化，这两个变量组成有序的实数对(x, y)就是平面区域上的一些点，这些平面上的点所覆盖的一个范围就是二元函数的定义域，因此二元函数的定义域是平面区域的某一个部分，而不同于一元函数的定义域为数轴上的一部分.

平面上的任意动点(x, y)向一个目标点(x_0, y_0)靠近的路径会是多方向的，也就是可以在平面区域内很多方向上向目标点(x_0, y_0)逼近，这与一元函数存在显著的差异，一元函数的自变量x只能在数轴上的两个侧面向目标点x_0逼近.

二元函数极限的复杂性就在于靠近目标点(x_0, y_0)方向上的多样性，这也是我们考虑多元函数和一元函数性质差异的核心——多元函数的多方向性问题.

类似地有如下极限形式与相关定义：

$\forall \xi > 0$，$\exists \delta > 0$，s.t. $\forall (x, y) \in \mathring{U}((x_0, y_0), \delta)$，$|f(x, y) - a| < \xi$ 成立 $\Leftrightarrow \lim\limits_{(x, y)\to(x_0, y_0)} f(x, y) = a$.

其中$\mathring{U}((x_0, y_0), \delta)$表示以点$(x_0, y_0)$为中心，以$\delta$为半径的一个去心圆面.

下面是不同的写法，相同的含义：

$$\lim_{\substack{x\to x_0\\ y\to y_0}} f(x, y) = a \Leftrightarrow \lim_{(x, y)\to(x_0, y_0)} f(x, y) = a.$$

聪明的读者会发现这里没有所谓的左极限或者右极限，为何？

$\forall \xi > 0$，$\exists M, N > 0$，s.t. $\forall |x| > M$，$|y| > N$，$|f(x, y) - a| < \xi$ 成立 $\Leftrightarrow \lim\limits_{(x, y)\to(\infty, \infty)} f(x, y) = a$.

其他形式的极限的定义可以类似给定，读者可以自行补充完整.

2.1.5 多元函数的极限的三个基本问题

1. 在极限存在的条件下求其极限

基本思想：在极限存在的情况下，可以化重极限为累次极限，即 $\lim\limits_{(x, y)\to(x_0, y_0)} f(x, y) = \lim\limits_{x\to x_0}[\lim\limits_{y\to y_0} f(x, y)]$，或者在众多逼近目标点$(x_0, y_0)$的方向中选择过点$(x_0, y_0)$的简单方向即可，也就是：$\lim\limits_{(x, y)\to(x_0, y_0)} f(x, y) = \lim\limits_{x\to x_0,\ y=g(x)} f(x, y)$，其中$g(x_0) = y_0$，换言之，一元极限的所有方法都可以在这里得到完美的应用，而且基本上没有新东西出现.

例 1 求极限 $\lim\limits_{(x, y)\to(\infty, a)} \left(1 + \dfrac{1}{xy}\right)^{\frac{x^2}{x+y}} (a \neq 0)$.

解：化重极限为累次极限：

$$\begin{aligned}\lim_{(x, y)\to(\infty, a)} \left(1 + \frac{1}{xy}\right)^{\frac{x^2}{x+y}} &= \lim_{x\to\infty}\lim_{y\to a}\left(1 + \frac{1}{xy}\right)^{\frac{x^2}{x+y}} \\ &= \lim_{x\to\infty}\left(1 + \frac{1}{ax}\right)^{\frac{x^2}{x+a}} = \lim_{x\to\infty}\left[\left(1 + \frac{1}{ax}\right)^{ax}\right]^{\frac{x}{a(x+a)}} = e^a.\end{aligned}$$

例 2 求极限 $\lim\limits_{(x, y)\to(0, 0)} \dfrac{x^2|y|^{\frac{3}{2}}}{x^4 + y^2}$.

解：选特殊的方向求解 $y = x^2$，有

$$\lim_{(x, y)\to(0, 0)} \frac{x^2|y|^{\frac{3}{2}}}{x^4 + y^2} = \lim_{x\to 0}\frac{x^5}{2x^4} = 0.$$

2. 证明某点的极限不存在

要证明某点的极限不存在有两种方法：其一，说明在不同的方向上极限不同；其二，某个方向上极限不存在.

例 3 证明：极限 $\lim\limits_{(x,y)\to(\infty,\infty)}\dfrac{\sqrt{|x|}}{3x+2y}$ 不存在.

证明：取特殊方向：$y=kx>0$，$k>0$，$\lim\limits_{x\to\infty}\dfrac{\sqrt{|x|}}{3x+2kx}=\dfrac{1}{3+2k}$，结果不唯一，所以此极限不存在.

例 4 证明：极限 $\lim\limits_{(x,y)\to(0,0)}\dfrac{x^3y+xy^4+x^2y}{x+y}$ 不存在.

证明：取特殊方向：$y=-x$，此极限不存在.

例 5 证明：极限 $\lim\limits_{(x,y)\to(0,0)}\dfrac{x^2+y^2}{x^2+y^2+(x-y)^2}$ 不存在.

证明：取特殊方向：$y=kx$，$k>0$，$\lim\limits_{(x,y)\to(0,0)}\dfrac{x^2+y^2}{x^2+y^2+(x-y)^2}=\dfrac{1+k^2}{2(1+k^2)-2k}$，结果不唯一，所以此极限不存在.

3. 证明极限存在

可以采用圆法换元(也就是极坐标换元)，注意这里的角度保证了逼近的多方向性，变成单变量极限，具体为

$$\begin{cases}x=r\cos\theta,\\ y=r\sin\theta.\end{cases}$$

或者采用定义.

例 6 证明：$\lim\limits_{(x,y)\to(0,0)}\dfrac{xy}{\sqrt{x^2+y^2}}$ 存在，并求此极限.

证明：令 $\begin{cases}x=r\cos\theta\\ y=r\sin\theta\end{cases}$，$\lim\limits_{(x,y)\to(0,0)}\dfrac{xy}{\sqrt{x^2+y^2}}=\lim\limits_{r\to0}\dfrac{r^2\sin\theta\cos\theta}{r}=0.$

2.2 极限和连续以及间断的分类

2.2.1 连续的定义

我们注意到，在极限的定义中，自变量的取值无限接近目标点，但是并不包含目标点，也就是说，函数在目标点的取值和极限其实没有什么关系，一种自然的理想状态是，如果二者值相等，也就是某点极限值等于该点的函数值，那么函数就在目标点处连通了，数学中把这样的一种情况称为函数在此点(目标点)连续.

连续的定义(极限值等于目标点的函数值)：

一元函数：$y=f(x)$ 在点 x_0 处连续 $\Leftrightarrow\lim\limits_{x\to x_0}f(x)=f(x_0)$；

使用较多的情况是：

$$\text{左极限} = \text{右极限} = \text{函数值} \Leftrightarrow \lim_{x\to x_{0-}} f(x) = \lim_{x\to x_{0+}} f(x) = f(x_0).$$

二元函数：$z = f(x, y)$ 在点(x_0, y_0)处连续 $\Leftrightarrow \lim\limits_{x\to x_0,\ y\to y_0} f(x, y) = f(x_0, y_0)$.

注意：(1) 如果函数在某点连续，那么在此点的极限就是该点的函数值，从而连续函数的极限就是一个简单的将目标值代入函数计算的过程，因此我们常说，极限的算法就是将目标点的值代入函数，数学表达式为

$$\lim_{x\to x_0} f(x) = f(\lim_{x\to x_0} x) = f(x_0);$$

(2) 如果函数 $y = f(x)$ 在某个区间上的每一点都连续，则称函数在这个区间上连续；

(3) 初等函数在它的定义域内均连续，这个结论直接应用，不需要证明；

(4) 多元函数的连续和一元函数差别不大，注意极限的多方向性；

(5) 函数在某一点不连续，包含如下两种情况：其一，函数在这一点极限不存在(只要有一侧极限不存在或者两侧极限存在但不相等，这些情况下极限都不存在)；其二，函数极限存在但与函数在该点的函数值不相等.

2.2.2 间断与其分类

函数在某点不连续，就称函数在该点间断.

一元函数间断的分类如下：

(1) 第一类间断点之跳跃间断：函数在目标点的左、右极限均存在，但是不相等，和函数在这一点的取值无关，也就是

$$\lim_{x\to x_{0+}} f(x) = a,\ \lim_{x\to x_{0-}} f(x) = b,\ a \neq b.$$

给人的感觉是函数在这个目标点处有一个瞬间跳跃.

例如函数 $y = \begin{cases} x-1, & x \geqslant 0, \\ x+1, & x < 0 \end{cases}$ 在 $x = 0$ 处，就是跳跃间断，属于第一类间断.

(2) 第一类间断点之可去间断：函数在目标点的左、右极限均存在，且相等，但与函数在该点的函数值不相等，也就是

$$\lim_{x\to x_{0+}} f(x) = a,\ \lim_{x\to x_{0-}} f(x) = b,\ a = b \neq f(x_0).$$

给人的感觉是函数在这个目标点的值可以忽略，或者重新被其他值替代，称这种间断为可去间断. 适当的补充定义就可以使函数在此点连续.

例如函数 $y = \begin{cases} x^2+1, & x > 0, \\ 2, & x = 0, \\ x+1, & x < 0 \end{cases}$ 在 $x = 0$ 处，就是可去间断，属于第一类间断.

(3) 除去上述两种函数在某点的间断情况，其他的间断类型都称为第二类间断，在第二类间断中，有以下两种值得关注一下：

第二类间断点之无穷间断：函数在目标点的左、右极限中至少一侧极限是无穷，这样的间断称为无穷间断. 例如函数 $y = \dfrac{1}{x}$ 在 $x = 0$ 处，就是无穷间断.

第二类间断点之震荡间断：函数在目标点处震荡，极限自然不存在. 例如函数 $y = \sin\left(\dfrac{1}{x}\right)$ 在 $x = 0$ 处，就是震荡间断.

建议对于以上各种间断类别，读者自己画出图形来认真比对和感受.

2.2.3 函数间断的核心问题

关于间断的题型只有两种：

(1) 在函数非定义域的点处出现(也就是定义域不存在的点处).

例如函数 $y=\frac{1}{x}$ 的间断点就出现在非定义域 $x=0$ 处，是无穷间断；而这个函数在其他的任何点处都是连续的.

注意这类间断和竖直渐近线有一定的关系，但不全是.

例 7 函数 $f(x)=\frac{x^2-1}{x^2+2x-3}$ 的非定义域处为 $x=1$，$x=-3$，函数在这两个点断开，但是断开的方式不一样，在 $x=1$ 处是可去间断，故 $x=1$ 不是函数的竖直渐近线；而在 $x=-3$ 处是第二类间断的无穷间断，$x=-3$ 是函数的竖直渐近线.

(2) 分段函数(重要的非初等函数) 在分段点的连续和间断的讨论.

例 8 判断函数的间断和连续的特性，如果间断，指出间断类别.

① $f(x)=\begin{cases}\frac{2(1-\cos x)}{x^2}, & x<0,\\ 1, & x=0,\\ \frac{\int_0^x \cos t^2 \mathrm{d}t}{x}, & x>0;\end{cases}$ ② $f(x)=\begin{cases}x^a\sin\frac{1}{x}, & x>0,\\ e^x+b, & x\leqslant 0\end{cases}$ $(a>0)$.

解：

① $\lim\limits_{x\to 0_+}f(x)=\lim\limits_{x\to 0_+}\frac{1}{x}\int_0^x\cos t^2\mathrm{d}t=1$，$\lim\limits_{x\to 0_-}f(x)=\lim\limits_{x\to 0_-}\frac{2(1-\cos x)}{x^2}=1$，故函数在 $x=0$ 处连续.

② $\lim\limits_{x\to 0_+}f(x)=\lim\limits_{x\to 0_+}x^a\sin\frac{1}{x}=0$，$\lim\limits_{x\to 0_-}f(x)=\lim\limits_{x\to 0_-}e^x+b=b$，故若 $b=0$，函数在 $x=0$ 处连续，而若 $b\neq 0$，函数在 $x=0$ 处跳跃间断，属于第一类间断.

例 9 设函数 $f(x)=\lim\limits_{n\to\infty}\frac{x^{2n+1}+ax+b}{x^{2n}+1}$ 为连续函数，求 a，b.

解：$f(x)=\lim\limits_{n\to\infty}\frac{x^{2n+1}+ax+b}{x^{2n}+1}=\begin{cases}x, & |x|>1,\\ \frac{1+a+b}{2}, & x=1,\\ \frac{-1-a+b}{2}, & x=-1,\\ ax+b, & |x|<1,\end{cases}$ 故若函数连续，必有 $a=1$，$b=0$.

例 10 设 $f(x)=\frac{1}{\sin^2 x}[\sqrt{1+\sin x+\sin^2 x}-(a+b\sin x)]$，且 $x=0$ 是 $f(x)$ 的可去间断点，求 a，b.

解：$\lim\limits_{x\to0}f(x)=\lim\limits_{x\to0}\dfrac{1}{\sin^2x}[\sqrt{1+\sin x+\sin^2x}-(a+b\sin x)]$

$$=\lim_{x\to0}\frac{1+\frac{1}{2}(\sin x+\sin^2x)-(a+b\sin x)}{x^2}=\frac{1}{2}$$

从而 $a=1$，$b=\dfrac{1}{2}$.

例 11　设函数 $f(x)$ 有连续可导函数，$f(0)=0$，$f'(0)=b$，

且函数 $g(x)=\begin{cases}\dfrac{f(x)+a\sin x}{x}, & x\neq0,\\ b, & x=0\end{cases}$ 在 $x=0$ 处连续，求 a，b.

解：$\lim\limits_{x\to0}g(x)=\lim\limits_{x\to0}\dfrac{f(x)+a\sin x}{x}=\lim\limits_{x\to0}[f'(x)+a\cos x]=b+a=b$，

从而 $a=0$，b 任意.

例 12　设 $g(x)=\begin{cases}x^2, & x\leqslant0,\\ 1-x, & x>0,\end{cases}$ $f(x)=\begin{cases}x, & x\leqslant2,\\ 2(x-1), & 2<x\leqslant5,\\ 3+x, & x>5,\end{cases}$ 讨论 $y=g(f(x))$ 的连续性，若间断，指出间断类型.

解：函数 $g(x)$ 在 $x=0$ 处间断，为跳跃间断，函数 $f(x)$ 为定义域上的连续函数，故 $y=g(f(x))$ 在 $f(x)=0$ 间断，也就是在 $x=0$ 处间断，为跳跃间断，其他点均连续.

例 13　设函数 $f(x)$ 在区间 $[0,+\infty)$ 连续，$\lim\limits_{x\to+\infty}f(x)=a\neq0$，证明：$\lim\limits_{n\to\infty}\int_0^1 f(nx)\mathrm{d}x=a$.

证明：$\lim\limits_{n\to\infty}\int_0^1 f(nx)\mathrm{d}x=\int_0^1\lim\limits_{n\to\infty}f(nx)\mathrm{d}x=\int_0^1 a\mathrm{d}x=a$.

例 14　求下列函数的不连续点，并判断间断类型.

①$g(x)=\dfrac{x}{\tan x}$；②$g(x)=\dfrac{2^{\frac{1}{x}}+1}{2^{\frac{1}{x}}-1}$；③$g(x)=\begin{cases}\cos\dfrac{\pi x}{2}, & |x|\leqslant1,\\ |1-x|, & |x|>1;\end{cases}$

④$g(x)=\begin{cases}\dfrac{\int_0^{\sin x}\sin x\cos t^2\mathrm{d}t}{x}, & x\neq0,\\ 0, & x=0.\end{cases}$

解：① 函数在 $x=0$ 处间断，为可去间断，属于第一类；函数在 $x=\dfrac{k\pi}{2}$，$k\neq0$，$k\in\mathbf{N}$ 处间断，为无穷间断，属于第二类.

② 函数在 $x=0$ 处间断，为无穷间断，属于第二类.

③ 函数在 $x=-1$ 处间断，为跳跃间断，属于第一类.

④ 函数在其定义域内连续.

对于多元函数，读者可以发挥想象力，它的不连续性会复杂多样，这个根源还是在极

限的多方向性，请加以体会.

特别强调，多元函数中也有间断的情况，可能更加复杂，例如二元函数断开的痕迹多为曲线.

2.2.4 连续函数的性质

连续函数 $y=f(x)$ 在闭区间$[a, b]$上的性质如下：

(1) 最值存在性.

连续函数 $y=f(x)$ 在闭区间$[a, b]$上，$\exists x_1, x_2 \in [a, b]$，s.t. $\forall x \in [a, b]$，$f(x) \leqslant f(x_1)$，$f(x) \geqslant f(x_2)$，称$f(x_1)$，$f(x_2)$分别是函数$y=f(x)$在区间$[a, b]$上的最大和最小值，记为：$\max\limits_{x\in[a, b]} f(x)=f(x_1)$，$\min\limits_{x\in[a, b]} f(x)=f(x_2)$. 显然，连续函数在闭区间上有界. 而在开区间上却未必有界，例如函数$f(x)=\dfrac{1}{x}$在开区间$(0, 1)$上无界.

注意：函数的最值可能出现在区间的边界点(端点)上. 例如函数在其单调闭区间上的最值出现在区间端点上.

(2) 介值定理.

一个介于函数 $y=f(x)$ 的最大值 M，最小值 N 之间的任何值 $p(N \leqslant p \leqslant M)$，都可以找到相应的自变量 x_0 与之对应，即 $f(x_0)=p$.

(3) 根的存在定理.

$\exists x_1, x_2 \in [a, b]$，$x_1 < x_2$，s.t. $f(x_1)f(x_2) < 0$，则函数 $y=f(x)$ 对应的方程 $f(x)=0$ 在区间(x_1, x_2)内至少有一个根(解).

也称函数 $y=f(x)$ 在区间(x_1, x_2)内至少有一个零点，所以根的存在定理也称零点定理. 对于方程，我们称该点为方程的根，而对于函数，则称该点横坐标为函数的零点.

根的存在定理的相关处理方式为：第一步，将方程的右边变为0(俗称化零)；第二步，左边就是上述定理中的函数$f(x)$，验证条件：闭区间，函数在这个区间上连续；第三步，寻找ξ，$\eta \in [a, b]$，注意ξ，$\eta \in [a, b]$不局限为区间端点，依据题目而定，计算$f(\xi)\cdot f(\eta) < 0$，最后下结论.

例15 函数$f(x)$在区间$[a, b]$连续，$a < x_1 < x_2 < \cdots < x_n < b$，证明：在$(x_1, x_n)$内至少存在一点$\zeta$，使得$f(\zeta)=\dfrac{f(x_1)+f(x_2)+\cdots+f(x_n)}{n}$.

证明：令 $g(x)=nf(x)-[f(x_1)+f(x_2)+\cdots+f(x_n)]$，

$\max[f(x_1), f(x_2), \cdots, f(x_n)]=f(x_i)$，

$\min[f(x_1), f(x_2), \cdots, f(x_n)]=f(x_j)$，

若$f(x_i)=f(x_j)$，则ζ为x_1，x_2，x_2，$\cdots$，x_n中任意一个数；

若$f(x_i) > f(x_j)$，则$g(x_i)=nf(x_i)-[f(x_1)+f(x_2)+\cdots+f(x_n)] > 0$，

且$g(x_j)=nf(x_j)-[f(x_1)+f(x_2)+\cdots+f(x_n)] < 0$，$\zeta$为介于$x_i$，$x_j$中的一个数.

2.3 极限的计算方法概论

无穷大和无穷小之所以要比较，一个根本的原因就是为了在处理它们之间的加法运算

的时候，使用“嫌贫爱富”原理.

所谓“嫌贫爱富”，原理就是：当两个无穷小“站”在我们面前(使用加法连接)时，我们保留低阶无穷小，因为它“富有”.

当两个无穷大“站”在我们面前(使用加法连接)时，我们保留高阶无穷大，因为它“富有”.

2.3.1 无穷大(小)的阶

这里所谓的阶是指表达式靠近目标的速度的级差，速度级差大(速度快)的称为高阶，速度级差小的称为低阶.

1. 无穷大量

无穷大是指表达式的目标是 ∞（包括 $\pm\infty$），例如：当 $x\to\infty$ 时，x^2，x^3 的趋近目标都是 ∞，所以它们都是无穷大量，怎么比较级差呢？做差法比较可以看出细微的差别，但是不能反映级差，是不可行的，只有做商运算才可以看出级差.

例如 $\lim\limits_{x\to\infty}\dfrac{x^2}{x^3}=0$，可以看出 x^2 与 x^3 趋向 ∞ 的速度存在级差，且 x^3 速度快，因此在这两个无穷大之间，x^3 是高阶无穷大.

前提：$f(x)$，$g(x)$ 在某个条件下均为无穷大量.

结论：$\lim\dfrac{f(x)}{g(x)}=0\Leftrightarrow g(x)$ 是 $f(x)$ 的高阶，或者 $g(x)$ 比 $f(x)$ 高阶；

$\lim\dfrac{f(x)}{g(x)}=\infty\Leftrightarrow g(x)$ 比 $f(x)$ 低阶；

$\lim\dfrac{f(x)}{g(x)}=a\neq 0\Leftrightarrow g(x)$ 与 $f(x)$ 同阶.

强调说明：对于无穷大好像很容易理解，阶的高低似乎等价于数的大小，数大则阶高，其实这是一种误解.

2. 无穷小量

无穷小是指表达式的目标是0. 例如：当 $x\to 0$ 时，x^2，x^3 都向0逼近，它们都是无穷小量，怎么比较级差呢？同样只有做商运算才可以看出级差.

例如 $\lim\limits_{x\to 0}\dfrac{x^3}{x^2}=0$，可以看出 x^2 与 x^3 趋向0的速度存在级差，且 x^3 速度快，因此它是二者中的高阶无穷小，记为：$x^3=O(x^2)$.

无穷小如果用大小解释则正好相反，所以统一的方式用逼近目标的速度来界定是合适的，读者务必留心.

前提：$f(x)$，$g(x)$ 在某个条件下均为无穷小量.

结论：$\lim\dfrac{f(x)}{g(x)}=0\Leftrightarrow g(x)$ 比 $f(x)$ 低阶，记为 $f(x)=O(g(x))$；

$\lim\dfrac{f(x)}{g(x)}=\infty\Leftrightarrow g(x)$ 比 $f(x)$ 高阶，记为 $g(x)=O(f(x))$；

$\lim\dfrac{f(x)}{g(x)}=a\neq 0\Leftrightarrow g(x)$ 与 $f(x)$ 同阶.

特别地，$\lim \frac{f(x)}{g(x)}=1 \Leftrightarrow g(x)$ 与 $f(x)$ 等价，记为 $f(x) \sim g(x)$，称它们互为等价无穷小.

2.3.2 未定式的极限求法

极限求法的本质就是将自变量代入表达式计算的一个过程，其理论基础为：由于五大类基本函数幂函数、指数函数、对数函数、三角函数、反三角函数以及它们有限次的四则运算和有限次的复合构成的初等函数在它们的定义域内连续，所以极限的计算可以将变量的值直接代入函数进行，而数列可以看作某些对应函数的子列，自然也可以进行直接代入计算.

求极限的基本方法，首先确定谁是变量；然后将变量的趋近值代入函数或者数列计算.

按照代入计算的结果可分两种情况：

一是，可以直接计算或者结果可以直接被感知，则直接写出结果就可以；

二是，“未定式”的极限求解问题.

所谓的“未定式”，就是极限的结果有多种潜在可能的极限形式.

例如$\frac{0}{0}$，$\frac{\infty}{\infty}$，1^{∞}，$\infty-\infty$，$0 \cdot \infty$，∞^{0}，0^{0} 等，它们的结果可以是 0、非 0 常数，或者是 ∞（还存在极限不存在的情况，但极限不存在不一定是结果为 ∞，函数可以在趋近点处振荡，或者左右两边趋近的结果不等，或者不同方向趋近的结果不等）.

$\frac{0}{0}$，$\frac{\infty}{\infty}$ 是最基本的未定式类型，是求其他未定式极限的转换目标，特别是对于 1^{∞}，∞^{0}，0^{0} 这些类型，可以采用取对数的方式转化为$\frac{0}{0}$，$\frac{\infty}{\infty}$ 这两类基本型.

1. $\frac{0}{0}$ 型未定式的求法

(1) 分式.

初等解法为：因式分解，约分，约去 0 的部分，代入计算.

高等解法为：直接使用洛必达法则，也可很快求解.

例 16 求极限$\lim\limits_{x \to 1} \frac{\sqrt{x^{3}}-1}{x-1}$.

解：因式分解法：$\lim\limits_{x \to 1} \frac{\sqrt{x^{3}}-1}{x-1}=\lim\limits_{x \to 1} \frac{(\sqrt{x}-1)(x+\sqrt{x}+1)}{(\sqrt{x}-1)(\sqrt{x}+1)}=\lim\limits_{x \to 1} \frac{x+\sqrt{x}+1)}{\sqrt{x}+1}=\frac{3}{2}$.

洛必达法则：$\lim\limits_{x \to 1} \frac{x^{3}-1}{x-1}=\lim\limits_{x \to 1} \frac{(\sqrt{x^{3}}-1)'}{(x-1)'}=\lim\limits_{x \to 1} \frac{3\sqrt{x}}{2}=\frac{3}{2}$.

(2) 根式.

换元法，变分式，或者有理化，包括分子有理化和分母有理化.

例 17 求极限$\lim\limits_{x \to 0} \frac{\sqrt{x+1}-1}{\sqrt{2x+1}-1}$.

解：有理化法：$\lim\limits_{x\to0}\dfrac{\sqrt{x+1}-1}{\sqrt{2x+1}-1}=\lim\limits_{x\to0}\dfrac{x(\sqrt{2x+1}+1)}{2x(\sqrt{x+1}+1)}=\dfrac{1}{2}$.

例 18 求极限$\lim\limits_{x\to0}\dfrac{\sqrt{x+1}-1}{x}$.

解：整体换元法：$\lim\limits_{x\to0}\dfrac{\sqrt{x+1}-1}{x}\xlongequal{\sqrt{x+1}=t}\lim\limits_{t\to1}\dfrac{t-1}{t^2-1}=\dfrac{1}{2}$.

例 19 求极限$\lim\limits_{x\to0}\dfrac{\sqrt{x^2+1}-1}{x^2}$.

解：三角函数换元法：$\lim\limits_{x\to0}\dfrac{\sqrt{x^2+1}-1}{x^2}\xlongequal{x=\tan t}\lim\limits_{t\to0}\dfrac{\sec t-1}{\tan^2 t}=\lim\limits_{t\to0}\dfrac{\cos t(1-\cos t)}{\sin^2 t}=\dfrac{1}{2}$.

(3)“嫌贫爱富”原理.

保留加法形式中的低阶无穷小来处理.

例 20 求极限$\lim\limits_{x\to0}\dfrac{\sqrt{x}+\sqrt{x\sqrt{x}}+\sqrt{x\sqrt{x\sqrt{x}}}}{\sqrt{x}+\sqrt[8]{x^7}}$.

解：根据“嫌贫爱富”原理：$\lim\limits_{x\to0}\dfrac{\sqrt{x}+\sqrt{x\sqrt{x}}+\sqrt{x\sqrt{x\sqrt{x}}}}{\sqrt{x}+\sqrt[8]{x^7}}=\dfrac{\sqrt{x}}{\sqrt{x}}=1$.

(4) 使用 0 的等价表进行 0 与 0 的互相替换.

注意：能相互替换的对象必须都是 0，或者替换复合函数中的 0 部分. 条件为：$x\to0$(或者等价条件，例如：$\dfrac{1}{2^n}$，$n\to\infty$，只要是 0 换 0，保持这个原则不变).

特别注意：0 替代 0，只能是因子替换因子.

等价表如下，根据五大类函数依次列出：

幂函数

$$\sqrt[n]{1+x}-1\sim\frac{x}{n};\ \sqrt{1+x}-1\sim\frac{x}{2}.$$

指数函数

$$a^x-1\sim x\ln a;\ \mathrm{e}^x-1\sim x.$$

对数函数

$$\log_a(x+1)\sim\frac{x}{\ln a};\ \ln(x+1)\sim x.$$

三角、反三角函数

$$\sin x\sim\tan x\sim\arcsin x\sim\arctan x\sim x;\quad 1-\cos x\sim\frac{1}{2}x^2.$$

(5) 洛必达法则.

洛必达法则为 $\lim\dfrac{f(x)}{g(x)}=\lim\dfrac{f'(x)}{g'(x)}$，注意使用这个法则的时候，非 0 的部分一定不要参与求导的运算，应使用基本的一些运算和极限的基本法则将非 0 部分和 0 部分分开. 此外注意留心该法则的前提条件是 $\lim\frac{f'(x)}{g'(x)}$ 存在.

(6) 泰勒展式替换.

使用在 0 处的泰勒展式(麦克劳林公式) 替换极限中的相应函数部分，这时，替换的对象可以是任何运算中的函数部分，注意保留适当的阶数，同时注意在那个点位置使用泰勒展式.

下面是五大函数的泰勒展式(在 $x=0$ 处展开的麦克劳林公式)：

幂函数

$$(1+x)^{\alpha}=C_{\alpha}^{0}+C_{\alpha}^{1}x+C_{\alpha}^{1}x^{2}+\cdots+C_{\alpha}^{n}x^{n}+\cdots(\alpha\text{ 是实数}),$$

其中，$C_{\alpha}^{n}=\frac{\alpha(\alpha-1)(\alpha-2)\cdots(\alpha-n+1)}{n(n-1)(n-2)\cdots1}$；

当 $\alpha=-1$ 时，有无穷等比数列的和的公式：

$$\frac{1}{1+x}=1-x+x^{2}+\cdots+(-1)^{n+1}x^{n}+\cdots\quad |x|<1.$$

当 $\alpha=\frac{1}{2}$ 时，

$$\sqrt{1+x}=1+C_{\frac{1}{2}}^{1}x+C_{\frac{1}{2}}^{2}x^{2}+\cdots+C_{\frac{1}{2}}^{n}x^{n}+\cdots=1+\frac{1}{2}x-\frac{1}{8}x^{2}+\cdots$$

指数函数

$$a^{x}=1+x\ln a+\frac{(\ln a)^{2}}{2!}x^{2}+\cdots+\frac{(\ln a)^{n}}{n!}x^{n}+\cdots(n=0,1,2,\cdots)$$

$$e^{x}=1+x+\frac{1}{2!}x^{2}+\cdots+\frac{1}{n!}x^{n}+\cdots(n=0,1,2,\cdots)$$

对数函数

$$\ln(x+1)=x-\frac{x^{2}}{2}+\frac{x^{3}}{3}+\cdots+(-1)^{n+1}\frac{x^{n}}{n}+\cdots(n=1,2,\cdots)$$

三角函数

$$\sin x=x-\frac{1}{3!}x^{3}+\cdots+(-1)^{n+1}\frac{1}{(2n+1)!}x^{2n+1}+\cdots(n=0,1,2,\cdots)$$

$$\cos x=1-\frac{1}{2!}x^{2}+\cdots+(-1)^{n}\frac{1}{(2n)!}x^{2n}+\cdots(n=0,1,2,\cdots)$$

反三角函数

将 $\frac{1}{1+x^{2}}=1-x^{2}+x^{4}-x^{6}+\cdots+(-1)^{n}x^{2n}+\cdots(n=0,1,2,\cdots)$ 两边同时积分就得到 $\arctan x$，$\operatorname{arccot} x$ 的麦克劳林公式，如下所示：

$$\arctan x=x-\frac{x^{3}}{3}+\frac{x^{5}}{5}-\frac{x^{7}}{7}+\cdots+\frac{(-1)^{n+1}x^{2n+1}}{2n-1}+\cdots(n=0,1,2,\cdots)$$

$$\operatorname{arccot} x=\frac{\pi}{2}-x+\frac{x^{3}}{3}-\frac{x^{5}}{5}+\frac{x^{7}}{7}+\cdots+\frac{(-1)^{n}x^{2n+1}}{2n-1}+\cdots(n=0,1,2,\cdots)$$

将$(1-x^2)^{-\frac{1}{2}}=1-C_{-\frac{1}{2}}^{1}x^2+C_{-\frac{1}{2}}^{1}x^4+\cdots+(-1)^nC_{-\frac{1}{2}}^{n}x^{2n}+\cdots$两边同时积分就得到arcsin$x$，arccos$x$的麦克劳林公式，如下所示：

$$\arcsin x=x-\frac{C_{-\frac{1}{2}}^{1}x^3}{3}+\frac{C_{-\frac{1}{2}}^{1}x^5}{5}+\cdots+\frac{(-1)^{n+1}C_{-\frac{1}{2}}^{n}x^{2n-1}}{2n+1}+\cdots(n=0,\ 1,\ 2,\ \cdots)$$

$$\arccos x=\frac{\pi}{2}-x+\frac{C_{-\frac{1}{2}}^{1}x^3}{3}-\frac{C_{-\frac{1}{2}}^{1}x^5}{5}+\cdots+\frac{(-1)^{n}C_{-\frac{1}{2}}^{n}x^{2n-1}}{2n-1}+\cdots(n=0,\ 1,\ 2,\ \cdots)$$

注意：以上展式都是在0的附近展开，所以，所替代的部分也只能是极限中的自变量在趋近0的时候，如果不是，则需要做一些变换，要么将上述展式通过套公式转化为其他点的展式，要么通过换元，改变其形式为在0的附近.

此外，展式近似到第几项，要根据题目来选择，一般而言，在代入展式做了相关运算后，保留到未曾消失的第一项即可.

泰勒展式可以替换任何运算中的函数部分.

例21　求下列函数的极限：

① $\lim\limits_{x\to1}\dfrac{x^3-1}{x^2-1}$;

② $\lim\limits_{x\to a_+}\dfrac{\sqrt{x}-\sqrt{a}+\sqrt{x-a}}{\sqrt{x^2-a^2}}(a\geqslant0)$;

③ $\lim\limits_{x\to0}\dfrac{x-\arctan x}{x(1-\cos x)}$;

④ 设函数$f(x)$在$U(6,\ \delta)$内二阶可导，$f''(0)=4$，$\lim\limits_{x\to6}f(x)=0$，$\lim\limits_{x\to6}f'(x)=1$，求

$$\lim_{x\to6}\frac{\int_6^x\left[t\int_t^6 f(u)\,\mathrm{d}u\right]\mathrm{d}t}{(6-x)^3};$$

⑤ $\lim\limits_{x\to0}\dfrac{\mathrm{e}^{-\frac{1}{x^2}}}{x^{100}}$;

⑥ $\lim\limits_{x\to0}\dfrac{\mathrm{e}^x\sin x-x(1+x)}{\ln(x+1)\sin x^2}$;

⑦ $\lim\limits_{x\to0}\dfrac{\ln(1+x^2)-\ln(1+\sin^2x)}{x\ln(x+1)\sin x^2}$;

⑧ 设$\lim\limits_{x\to0}\dfrac{\ln\left(1+\dfrac{f(x)}{\sin x}\right)}{a^x-1}=A(a>0,\ a\neq1)$，求$\lim\limits_{x\to0}\dfrac{f(x)}{x^2}$.

解：①方法一：

分式的因式分解，约去0因子：

$$\lim_{x\to1}\frac{(x-1)(x^2+x+1)}{(x-1)(x+1)}=\lim_{x\to1}\frac{x^2+x+1}{x+1}=\frac{3}{2}.$$

方法二：

直接使用洛必达法则：

$$\lim_{x\to1}\frac{(x^3-1)'}{(x^2-1)'}=\lim_{x\to1}\frac{3x^2}{2x}=\frac{3}{2}.$$

② 分式部分分式法结合有理化.

$$\lim_{x\to a^-}\frac{(\sqrt{x}-\sqrt{a})(\sqrt{x}+\sqrt{a})}{(\sqrt{x}+\sqrt{a})\sqrt{x+a}\sqrt{x-a}}+\lim_{x\to a^-}\frac{\sqrt{x-a}}{\sqrt{x+a}\sqrt{x-a}}=\frac{1}{\sqrt{2a}}.$$

或者直接使用洛必达法则(略).

③ 使用 0 等价表替换 0 因子，结合泰勒展式替换 0 部分.

$$\lim_{x\to0}\frac{x-\left(x-\frac{1}{3}x^3\right)}{x\left(\frac{1}{2}x^2\right)}=\frac{2}{3}.$$

④ 反复使用洛必达法则和对上(下) 限积分求导方法.

$$\lim_{x\to6}\frac{x\int_x^6 f(u)\,\mathrm{d}u}{-3(6-x)^2}=-2\lim_{x\to1}\frac{-f(x)}{-2(6-x)}=-\lim_{x\to1}\frac{f'(x)}{-1}=1.$$

⑤ 先使用换元 $t=\left(\frac{1}{x}\right)^2$ 简化，再反复使用洛必达法则.

$$\lim_{t\to+\infty}\frac{t^{50}}{\mathrm{e}^t}=\lim_{t\to+\infty}\frac{50t^{49}}{\mathrm{e}^t}=0.$$

⑥ 使用 0 等价表替换 0 因子，结合泰勒展式替换 0 部分.

$$\lim_{x\to0}\frac{(1+x+\frac{x^2}{2})(x-\frac{x^3}{6})-x-x^2}{x(x^2)}=\frac{1}{3}.$$

⑦ 使用 0 等价表替换 0 因子，结合泰勒展式替换 0 部分.

$$\lim_{x\to0}\frac{\left(x^2-\frac{x^4}{2}\right)-\left(\sin^2x-\frac{\sin^4x}{2}\right)}{x\cdot x(x^2)}=\lim_{x\to0}\frac{\left(x^2-\frac{x^4}{2}\right)-\left(\left(x-\frac{x^3}{6}\right)^2-\frac{(x)^4}{2}\right)}{x\cdot x(x^2)}=-\frac{1}{6}.$$

⑧ 此题条件为$\frac{0}{0}$型极限，因此$\lim\limits_{x\to0}f(x)=0$ 且$\lim\limits_{x\to0}\frac{f(x)}{\sin x}=0$，

对条件使用 0 等价表替换 0 因子.

$$\lim_{x\to0}\frac{\frac{f(x)}{\sin x}}{x\ln a}=\lim_{x\to0}\frac{f(x)}{x\cdot x\ln a}=A，所以\lim_{x\to0}\frac{f(x)}{x^2}=A\ln a.$$

例 22 设函数$f(x)$在$U(0,\delta)$内具有二阶导数，且$\lim\limits_{x\to0}\left(\frac{\sin3x}{x^3}+\frac{f(x)}{x^2}\right)=0$，求$f(0)$，$f'(0)$，$f''(0)$ 以及$\lim\limits_{x\to0}\frac{f(x)+3}{x^2}$.

解：此题条件为$\frac{0}{0}$型极限，根据高阶暗示，使用泰勒展式，因此

$$\lim_{x\to0}\frac{\sin3x+xf(x)}{x^3}=\lim_{x\to0}\frac{3x-\frac{(3x)^3}{6}+x\left(f(0)+f'(0)x+\frac{f''(0)}{2}x^2\right)}{x^3}=0,$$

所以$f(0)=-3$，$f'(0)=0$，$f''(0)=3$，

所以$\lim\limits_{x\to0}\frac{f(x)+3}{x^2}=\lim\limits_{x\to0}\frac{\left(f(0)+f'(0)x+\frac{f''(0)}{2}x^2\right)+3}{x^2}=\frac{3}{2}.$

下面对极限的求法做一个总结.

$\frac{0}{0}$型未定式的解法综述，按照先后顺序依次操作.

(1) 首先根据“嫌贫爱富”原理处理0与0的加减法，去掉加减法中的高阶无穷小；

(2) 根据0的等价表，替换分子和分母中的0乘法因子，或者函数内层中的0部分；

(3) 使用泰勒展式在目标点处展开，替换求极限的对象中的任意部分，任意运算均可以替换，唯一值得注意的是，泰勒展式中的阶的保留；

(4) 不得已时，使用洛必达法则求解.

2. $\frac{\infty}{\infty}$型未定式的极限的求法

(1)“嫌贫爱富”原理.

保留加法中的高阶无穷大，再求极限.

例 23　求极限$\lim\limits_{x\to\infty}\frac{\cos x+\sqrt{x+x\sqrt{x}}-100}{\sin x+\sqrt{x^{\frac{3}{2}}+100x}}$.

解：由“嫌贫爱富”原理得

$$\lim_{x\to\infty}\frac{\cos x+\sqrt{x+x\sqrt{x}}-100}{\sin x+\sqrt{x^{\frac{3}{2}}+100x}}=\lim_{x\to\infty}\frac{\sqrt{x\sqrt{x}}}{\sqrt{x^{\frac{3}{2}}}}=1.$$

(2) 洛必达法则.

洛必达法则为 $\lim\frac{f(x)}{g(x)}=\lim\frac{f'(x)}{g'(x)}$.

注意：使用这个法则的时候非 ∞ 的部分一定不要参与求导的运算，应使用基本的一些运算和极限法则将它和 ∞ 部分分开.

例 24　求极限：$\lim\limits_{x\to\infty}\frac{x+\sin x}{x}$.

解：方法一：由“嫌贫爱富”原理得$\lim\limits_{x\to\infty}\frac{x+\sin x}{x}=\lim\limits_{x\to\infty}\frac{x}{x}=1$.

方法二：如果使用洛必达法则，正确方法为，先分离非 ∞ 的部分与 ∞ 的部分，也就是$\lim\limits_{x\to\infty}\frac{x+\sin x}{x}=\lim\limits_{x\to\infty}\frac{(x)'}{(x)'}+\lim\limits_{x\to\infty}\frac{\sin x}{x}=1$.

(3) 变量替换(换元法) 转化为$\frac{0}{0}$型.

例 25 求极限：$\lim\limits_{x\to\infty}(\sqrt[3]{x^3+3x^2}-\sqrt[4]{x^4-2x^3})$.

解：$\lim\limits_{x\to\infty}(\sqrt[3]{x^3+3x^2}-\sqrt[4]{x^4-2x^3})\xlongequal{x=1/t}\lim\limits_{t\to0}\dfrac{\sqrt[3]{1+3t}-\sqrt[4]{1-2t}}{t}$

$$=\lim_{t\to0}\frac{1+t-1+\dfrac{1}{2}t}{t}=\frac{3}{2}.$$

例 26 求下列函数的极限.

① $\lim\limits_{x\to\infty}\dfrac{e^x-x\arctan x}{e^x+x}$;

② $\lim\limits_{x\to+\infty}\dfrac{\int_0^x t^2e^{t^2}dt}{xe^{x^2}}$;

③ $\lim\limits_{x\to+\infty}\dfrac{\ln x\int_2^x \ln^{-1}t\,dt}{x}$;

④ $\lim\limits_{x\to\infty}\dfrac{x+\arctan x}{x}$;

⑤ $\lim\limits_{x\to+\infty}\dfrac{\left(\int_0^{2x}e^{t^2}dt\right)^2}{\int_{3x}^0 e^{2t^2}dt}$.

解：① 注意 $x\to\infty$，包括两个方向：$x\to+\infty$ 和 $x\to-\infty$.
此题分开来处理：

$$\lim_{x\to+\infty}\frac{e^x-x\arctan x}{e^x+x}=\lim_{x\to+\infty}\frac{1-\dfrac{x\arctan x}{e^x}}{1+\dfrac{x}{e^x}}=1;$$

$\lim\limits_{x\to-\infty}\dfrac{e^x-x\arctan x}{e^x+x}=\lim\limits_{x\to-\infty}\dfrac{0-x\arctan x}{0+x}=\dfrac{\pi}{2}$，此题极限不存在.

② 使用洛必达法则和变限积分函数求导公式.

$$\lim_{x\to+\infty}\frac{x^2e^{x^2}}{2x^2e^{x^2}+e^{x^2}}=\lim_{x\to-\infty}\frac{x^2}{2x^2+1}=\frac{1}{2}.$$

③ 使用洛必达法则和变限积分函数求导公式.

$$\lim_{x\to+\infty}\frac{\dfrac{\int_2^x \ln^{-1}t\,dt}{x}+1}{1}=1+\lim_{x\to+\infty}\frac{1}{\ln x}=1.$$

④ 根据留大去小原则(注意此题没有必要使用洛必达法则)：

$$\lim_{x\to\infty}\frac{\dfrac{\arctan x}{x}+1}{1}=1.$$

⑤ 使用洛必达法则和变限积分函数求导公式.

$$\lim_{x\to+\infty}\frac{2\int_2^{2x}e^{t^2}dt\cdot e^{(2x)^2}}{-3e^{2(3x)^2}}=-\frac{2}{3}\lim_{x\to+\infty}\frac{\int_2^{2x}e^{t^2}dt}{e^{14x^2}}=-\frac{2}{3}\lim_{x\to+\infty}\frac{2e^{(2x)^2}}{28xe^{14x^2}}=0\ .$$

3. 1^∞ 型未定式的极限的求法

这类极限严格按照如下流程操作:

第一步, 将变量值代入所求对象, 确定前提, 是不是 1^∞ 型未定式, 若是, 则进行第二步;

第二步, 依次变形, 使对象满足三大特点:

① 一个独立的"1"; ② 使用"+"连结; ③ 一个倒数关系.

满足三大关系就可以直接使用公式求出极限, 公式为:

$$\lim_{n\to\infty}\left(1+\frac{1}{n}\right)^n=e;\ \lim_{x\to\infty}\left(1+\frac{1}{x}\right)^x=e;\ \lim_{x\to0}(1+x)^{\frac{1}{x}}=e.$$

例 27 求下列函数的极限.

① 函数 $f(x)$ 在 $U(0,\delta)$ 内二阶可导, $f''(0)=4$, $\lim\limits_{x\to0}\frac{f(x)}{x}=0$, 求 $\lim\limits_{x\to0}\left(1+\frac{f(x)}{x}\right)^{\frac{1}{x}}$;

② $\lim\limits_{x\to0}\left(\frac{a_1^x+a_2^x+\cdots+a_n^x}{n}\right)^{\frac{1}{x}}$;

③ $\lim\limits_{x\to0}(\cos x)^{\frac{1}{x\sin x}}$;

④ $\lim\limits_{x\to0}\left(\frac{1-\tan x}{1+\tan x}\right)^{\frac{1}{x}}$;

⑤ $\lim\limits_{x\to0}\left(\frac{-x+a}{x+a}\right)^{x}$;

⑥ $\lim\limits_{n\to\infty}\left(\frac{n+\ln n}{n-\ln n}\right)^{\frac{n}{\ln n}}$;

⑦ $\lim\limits_{x\to+\infty}\frac{(x+a)^{x+b}(x+b)^{x+a}}{(x+a+b)^{2x+a+b}}$;

⑧ 函数 $f(x)$ 在 $x=a$ 处可导, 且 $f(a)>0$, $n\in N^+$, 求 $\lim\limits_{n\to\infty}\left[\frac{f\left(a+\frac{1}{n}\right)}{f(a)}\right]^n$;

⑨ 求极限 $\lim\limits_{x\to0_+}\left[\frac{(1+x)^{\frac{1}{x}}}{e}\right]^{\frac{1}{x}}$.

解: ① 因为 $\lim\limits_{x\to0}\frac{f(x)}{x^2}=\lim\limits_{x\to0}\frac{f'(x)}{2x}=\lim\limits_{x\to0}\frac{f''(x)}{2}=2$,

所以 $\lim\limits_{x\to0}\left(1+\frac{f(x)}{x}\right)^{\frac{1}{x}}=\lim\limits_{x\to0}\left\{\left(1+\frac{f(x)}{x}\right)^{\frac{x}{f(x)}}\right\}^{\frac{f(x)}{x^2}}=e^2$.

② $\lim\limits_{x\to0}\frac{a_1^x+a_2^x+\cdots+a_n^x-n}{nx}=\lim\limits_{x\to0}\frac{a_1^x\ln a_1+a_2^x\ln a_2+\cdots+a_n^x\ln a_n}{n}=\ln\sqrt[n]{a_1a_2\cdots a_n}$, 从而

$$\lim_{x\to 0}\left(\frac{a_1^x+a_2^x+\cdots+a_n^x}{n}\right)^{\frac{1}{x}}=\lim_{x\to 0}\left\{\left(1+\frac{a_1^x+a_2^x+\cdots+a_n^x-n}{n}\right)^{\frac{n}{a_1^x+a_2^x+\cdots+a_n^x-n}}\right\}^{\frac{a_1^x+a_2^x+\cdots+a_n^x-n}{nx}}$$

$$=\sqrt[n]{a_1a_2\cdots a_n}.$$

③ $\lim\limits_{x\to 0}\dfrac{\cos x-1}{x\sin x}=-\dfrac{1}{2}\lim\limits_{x\to 0}\dfrac{x^2}{x\cdot x}=-\dfrac{1}{2}$,

从而$\lim\limits_{x\to 0}(\cos x)^{\frac{1}{x\sin x}}=\lim\limits_{x\to 0}\left\{(1+(\cos x-1))^{\frac{1}{\cos x-1}}\right\}^{\frac{\cos x-1}{x\sin x}}=e^{-\frac{1}{2}}$.

④ $\lim\limits_{x\to 0}\dfrac{-2\tan x}{(1+\tan x)x}=-2$,

所以$\lim\limits_{x\to 0}\left(\dfrac{1-\tan x}{1+\tan x}\right)^{\frac{1}{x}}=\lim\limits_{x\to 0}\left\{\left(1+\dfrac{-2\tan x}{1+\tan x}\right)^{\frac{1+\tan x}{-2\tan x}}\right\}^{\frac{-2\tan x}{(1+\tan x)x}}=e^{-2}$.

⑤ $\lim\limits_{x\to 0}\left(\dfrac{a-x}{x+a}\right)^{x}=\lim\limits_{x\to 0}\left(1+\dfrac{-2x}{x+a}\right)^{x}=\lim\limits_{x\to 0}\left\{\left(1+\dfrac{-2x}{x+a}\right)^{\frac{(x+a)}{-2x}}\right\}^{\frac{-2x}{(x+a)x}}=e^{-\frac{2}{a}}$.

⑥ $\lim\limits_{n\to\infty}\left(\dfrac{n+\ln n}{n-\ln n}\right)^{\frac{n}{\ln n}}=\lim\limits_{n\to\infty}\left\{\left(1+\dfrac{2\ln n}{n-\ln n}\right)^{\frac{n-\ln n}{2\ln n}}\right\}^{\frac{2n}{(n-\ln n)}}=e^2$.

⑦ 因为$\lim\limits_{x\to+\infty}\left(\dfrac{x+a}{x+a+b}\right)^{x+b}=\lim\limits_{x\to+\infty}\left\{\left(1+\dfrac{-b}{x+a+b}\right)^{\frac{x+a+b}{-b}}\right\}^{\frac{-b(x+b)}{x+a+b}}=e^{-b}$,

所以$\lim\limits_{x\to+\infty}\dfrac{(x+a)^{x+b}(x+b)^{x+a}}{(x+a+b)^{2x+a+b}}=\lim\limits_{x\to+\infty}\left(\dfrac{x+a}{x+a+b}\right)^{x+b}\left(\dfrac{x+b}{x+a+b}\right)^{x+a}=e^{-a-b}$.

⑧ $\lim\limits_{n\to+\infty}\dfrac{\left[f\left(a+\frac{1}{n}\right)-f(a)\right]n}{f(a)}=\lim\limits_{n\to+\infty}\dfrac{\left[f\left(a+\frac{1}{n}\right)-f(a)\right]}{\frac{1}{n}f(a)}=\dfrac{f'(a)}{f(a)}$,

从而

$$\lim_{n\to\infty}\left[\frac{f\left(a+\frac{1}{n}\right)}{f(a)}\right]^n=\lim_{n\to\infty}\left\{\left[1+\frac{f\left(a+\frac{1}{n}\right)-f(a)}{f(a)}\right]^{\frac{f(a)}{f\left(a+\frac{1}{n}\right)-f(a)}}\right\}^{\frac{\left[f\left(a+\frac{1}{n}\right)-f(a)\right]n}{f(a)}}=e^{\frac{f'(a)}{f(a)}}.$$

⑨ $\lim\limits_{x\to 0_+}\dfrac{(1+x)^{\frac{1}{x}}-e}{ex}=\lim\limits_{x\to 0_+}\dfrac{\left[(1+x)^{\frac{1}{x}}\right]'}{e}=\lim\limits_{x\to 0_+}\dfrac{(1+x)^{\frac{1}{x}}\left(\frac{x}{1+x}-\ln(1+x)\right)}{ex^2}$

$$=\lim_{x\to 0_+}\frac{\left(\frac{x}{1+x}-\ln(1+x)\right)}{x^2}=\lim_{x\to 0_+}\frac{x(1-x)-x+\frac{x^2}{2}}{x^2}=-\frac{1}{2},$$

从而$\lim\limits_{x\to 0_+}\left[\dfrac{(1+x)^{\frac{1}{x}}}{e}\right]^{\frac{1}{x}}=\lim\limits_{x\to 0_+}\left\{\left[1+\dfrac{(1+x)^{\frac{1}{x}}-e}{e}\right]^{\frac{e}{(1+x)^{\frac{1}{x}}-e}}\right\}^{\frac{(1+x)^{\frac{1}{x}}-e}{ex}}=e^{-\frac{1}{2}}$.

4. $\infty-\infty$ 型，$0\cdot\infty$ 型未定式的极限的求法

这些类型未定式的求法是通过基本运算、换元等转化为$\dfrac{0}{0}$或$\dfrac{\infty}{\infty}$，再用前述方法求解

即可.

例 28 求下列函数的极限.

① $\lim\limits_{x\to0}\left(\dfrac{1}{x^2}-\cot^2x\right)$;

② $\lim\limits_{x\to\infty}\left[x-x^2\ln\left(1+\dfrac{1}{x}\right)\right]$;

③ $\lim\limits_{x\to\infty}\left(\sqrt{x+\sqrt{x+\sqrt{x}}}-\sqrt{x}\right)$;

④ $\lim\limits_{x\to\infty}\left(\dfrac{\pi}{2}-\arctan2x^2\right)x^2$;

⑤ $\lim\limits_{x\to\infty}\left(3^{\frac{1}{x}}-3^{\frac{1}{x-1}}\right)x^2$;

⑥ $\lim\limits_{x\to+\infty}\left(\dfrac{\pi}{4}-\arctan\dfrac{x}{x+1}\right)x$;

⑦ $\lim\limits_{x\to+\infty}\left((x^2-x)\mathrm{e}^{\frac{1}{x}}-\sqrt{x^4+x^2}\right)$.

解: ① 此极限为 $\infty-\infty$ 型，通分转化、等价表替换 0 因子、泰勒替换 0.

$$\lim_{x\to0}\left(\frac{1}{x^2}-\cot^2x\right)=\lim_{x\to0}\frac{\sin^2x-x^2\cos^2x}{x^2\sin^2x}=\lim_{x\to0}\frac{\left(x-\frac{x^3}{6}\right)^2-x^2\left(1-\frac{x^2}{2}\right)^2}{x^4}=\frac{2}{3}.$$

② 此极限为 $\infty-\infty$ 型，换元 $x=\dfrac{1}{t}$，分式通分转化，泰勒替换 0.

$$\lim_{x\to\infty}\left[x-x^2\ln\left(1+\frac{1}{x}\right)\right]=\lim_{t\to0}\left[\frac{1}{t}-\left(\frac{1}{t}\right)^2\ln(1+t)\right]$$

$$=\lim_{t\to0}\frac{t-\ln(1+t)}{t^2}=\lim_{t\to0}\frac{t-t+\frac{1}{2}t^2}{t^2}=\frac{1}{2}.$$

③ 此极限为 $\infty-\infty$ 型，根式的分子有理化，保高阶无穷大，去掉低阶.

$$\lim_{x\to\infty}\left(\sqrt{x+\sqrt{x+\sqrt{x}}}-\sqrt{x}\right)=\lim_{x\to\infty}\frac{x+\sqrt{x+\sqrt{x}}-x}{\sqrt{x+\sqrt{x+\sqrt{x}}}+\sqrt{x}}$$

$$=\lim_{x\to\infty}\frac{\sqrt{\frac{x+\sqrt{x}}{x}}}{\sqrt{\frac{x+\sqrt{x+\sqrt{x}}}{x}}+\sqrt{\frac{x}{x}}}=\frac{1}{2}.$$

④ 此极限为 $0\cdot\infty$ 型，换元 $x^2=\dfrac{1}{t}$，使用洛必达法则.

$$\lim_{x\to\infty}\left(\frac{\pi}{2}-\arctan2x^2\right)x^2=\lim_{t\to0_+}\frac{\frac{\pi}{2}-\arctan\frac{2}{t}}{t}=-\lim_{t\to0_+}\frac{2}{\left[1+\left(\frac{2}{t}\right)^2\right]t^2}=\frac{1}{2}.$$

⑤ 此极限为 $0\cdot\infty$ 型，使用泰勒展式替换 0，有

$$\lim_{x\to\infty}(3^{\frac{1}{x}}-3^{\frac{1}{x-1}})x^2=\lim_{x\to\infty}(1+\frac{1}{x}\ln 3+\frac{1}{x^2}\frac{\ln^2 3}{2}-1-\frac{1}{x-1}\ln 3-\frac{1}{(x-1)^2}\frac{\ln^2 3}{2})x^2=-\ln 3.$$

⑥ 此极限为 $0\cdot\infty$ 型，化为 $\frac{0}{0}$ 型，使用洛必达法则，有

$$\lim_{x\to+\infty}\left(\frac{\pi}{4}-\arctan\frac{x}{x+1}\right)x=\lim_{x\to+\infty}\frac{\frac{\pi}{4}-\arctan\frac{x}{x+1}}{1/x}=\lim_{x\to+\infty}\frac{x^2}{(1+x)^2+x^2}=\frac{1}{2}.$$

⑦ 此极限为 $0\cdot\infty$ 型，使用泰勒展式替换 0，有

$$\lim_{x\to+\infty}\left(x^2-\sqrt{x^4+x^2}\right)=\lim_{x\to+\infty}\frac{x^2}{x^2+\sqrt{x^4+x^2}}=\frac{1}{2},$$

$$\lim_{x\to+\infty}\left((x^2-x)e^{\frac{1}{x}}-\sqrt{x^4+x^2}\right)=\lim_{x\to+\infty}\left((x^2-x)\left(1+\frac{1}{x}+\frac{1}{2x^2}\right)-\sqrt{x^4+x^2}\right)$$

$$=\lim_{x\to+\infty}\left(x^2-\frac{1}{2}-\sqrt{x^4+x^2}\right)=0.$$

5. ∞^0，0^0 型未定式的极限的求法

这类极限是通过取对数运算转化为 $0\cdot\infty$ 型，再转化为 $\frac{0}{0}$ 型或 $\frac{\infty}{\infty}$ 型，再用前述方法来求解.

例 29 求下列函数的极限.

① $\lim\limits_{x\to0_+}(\arcsin x)^{\tan x}$；

② $\lim\limits_{x\to0_+}(\cot x)^{\frac{1}{\ln x}}$；

③ $\lim\limits_{x\to\infty}\left(\sin\frac{2}{x}+\cos\frac{1}{x}\right)^x$；

④ $\lim\limits_{x\to0_+}x^x$；

⑤ $\lim\limits_{x\to0_+}(\cot x)^{\sin x}$；

解：① 先通过取对数运算转化为 $0\cdot\infty$ 型，再转化为 $\frac{\infty}{\infty}$ 型，再使用洛必达法则.

$$\lim_{x\to0_+}\ln(\arcsin x)^{\tan x}=\lim_{x\to0_+}\frac{\ln(\arcsin x)}{\cot x}=\lim_{x\to0_+}\frac{-\sin^2 x\cdot\sqrt{1-x^2}}{\arcsin x}=0,$$

所以 $\lim\limits_{x\to0_+}(\arcsin x)^{\tan x}=e^0=1$.

② 先通过取对数运算转化为 $0\cdot\infty$ 型，再转化为 $\frac{\infty}{\infty}$ 型，再使用洛必达法则.

$$\lim_{x\to0_+}\ln(\cot x)^{\frac{1}{\ln x}}=\lim_{x\to0_+}\frac{\ln(\cot x)}{\ln x}=\lim_{x\to0_+}\frac{-x\sin^2 x}{\cot x}=0,\ \lim_{x\to0_+}(\cot x)^{\frac{1}{\ln x}}=e^0=1.$$

③ 先通过取对数运算转化为 $0\cdot\infty$ 型，再转化为 $\frac{\infty}{\infty}$ 型，再使用洛必达法则.

$$\lim_{x\to\infty}\ln\left(\sin\frac{2}{x}+\cos\frac{1}{x}\right)^{x}=\lim_{x\to\infty}\frac{\ln\left(\sin\frac{2}{x}+\cos\frac{1}{x}\right)}{\frac{1}{x}}$$

$$=\lim_{t\to0}\frac{\ln(\sin 2t+\cos t)}{t}=2,$$

$$\lim_{x\to\infty}\left(\sin\frac{2}{x}+\cos\frac{1}{x}\right)^{x}=e^{2}.$$

④ 先通过取对数运算转化为 $0\cdot\infty$ 型，再转化为$\frac{\infty}{\infty}$型，再使用洛必达法则.

$$\lim_{x\to0_+}\ln x^{x}=\lim_{x\to0_+}\frac{\ln x}{\frac{1}{x}}=\lim_{x\to0_+}\frac{-x^{2}}{x}=0,\ \lim_{x\to0_+}x^{x}=e^{0}=1.$$

⑤ 先通过取对数运算转化为 $0\cdot\infty$ 型，再转化为$\frac{\infty}{\infty}$型，再使用0的等价表和洛必达法则.

$$\lim_{x\to0_+}\ln(\cot x)^{\sin x}=\lim_{x\to0_+}\frac{\ln(\cot x)}{\frac{1}{x}}=\lim_{x\to0_+}\frac{x^{2}\sin^{2}x}{\cot x}=0,$$

所以$\lim\limits_{x\to0_+}(\cot x)^{\sin x}=e^{0}=1$.

6. 数列、数列和的极限的基本模式

数列极限(离散极限)五大法则：

第一大法则，转化为函数，使用函数的处理方法来处理.

第二大法则，单调有界原理：

单调增的数列如果有上限，则它的极限必存在；

单调减的数列如果有下限，则它的极限必存在.

例 30 已知 $a_1=\sqrt{2}$，$a_2=\sqrt{2+\sqrt{2}}$，$a_3=\sqrt{2+\sqrt{2+\sqrt{2}}}$，…，求$\lim\limits_{n\to\infty}a_n$.

解：显然 $a_n<a_{n+1}$，数列单调增，下面用数学归纳法证明其有上界，验证 $a_1<2$. 设 $a_k<2$，则 $a_{k+1}=\sqrt{2+a_k}<\sqrt{2+2}<2$，由单调有界原理，$\lim\limits_{n\to\infty}a_n$ 存在，设$\lim\limits_{n\to\infty}a_n=a$，则由 $a_{n+1}=\sqrt{2+a_n}$，两边同取极限得到 $a=\sqrt{2+a}$，所以 $a=2$，即$\lim\limits_{n\to\infty}a_n=2$.

第三大法则，两边夹方法.

例 31 $\lim\limits_{n\to\infty}\sum\limits_{k=1}^{n}(n^{k}+1)^{-\frac{1}{k}}$.

解：两边夹.

$$1=\lim_{n\to\infty}\sum_{k=1}^{n}(n+1)^{-1}\leqslant\lim_{n\to\infty}\sum_{k=1}^{n}(n^{k}+1)^{-\frac{1}{k}}=\lim_{n\to\infty}\sum_{k=1}^{n}\left(1+\frac{1}{n^{k}}\right)^{-\frac{1}{k}}\frac{1}{n}\leqslant\lim_{n\to\infty}\sum_{k=1}^{n}\frac{1}{n}=1.$$

第四大法则，斯托兹定理(离散极限的洛必达法则).

两个数列$\{a_n\}$，$\{b_n\}$，其中数列$\{b_n\}$单调增，且极限是 ∞，则有

$$\lim_{n\to\infty}\frac{a_n}{b_n}=\lim_{n\to\infty}\frac{a_n-a_{n-1}}{b_n-b_{n-1}}.$$

斯托兹定理在处理"和"的极限时非常有效.

例 32 已知正项数列$\{a_n\}$，$\lim\limits_{n\to\infty}a_n=a>0$，求$\lim\limits_{n\to\infty}\dfrac{\sum\limits_{i=1}^{n}a_i}{n}$与$\lim\limits_{n\to\infty}\sqrt[n]{a_1a_2\cdots a_n}$.

解：$\lim\limits_{n\to\infty}\dfrac{\sum\limits_{i=1}^{n}a_i}{n}=\lim\limits_{n\to\infty}\dfrac{\sum\limits_{i=1}^{n}a_i-\sum\limits_{i=1}^{n-1}a_i}{n-(n-1)}=\lim\limits_{n\to\infty}a_n=a$；

$$\lim_{n\to\infty}\ln(\sqrt[n]{a_1a_2\cdots a_n})=\lim_{n\to\infty}\frac{\ln(a_1a_2\cdots a_n)}{n}=\lim_{n\to\infty}\frac{\ln a_1+\ln a_2+\cdots+\ln a_n}{n}=\lim_{n\to\infty}\ln a_n=\ln a,$$

$\lim\limits_{n\to\infty}\sqrt[n]{a_1a_2\cdots a_n}=a.$

第五大法则，离散连续化.

连续与离散对照转化表如下：

$$\frac{i}{n}\Leftrightarrow x;\ \frac{1}{n}\Leftrightarrow \mathrm{d}x;\ \lim_{n\to\infty}\sum_{i=1}^{n}\Leftrightarrow\int_0^1.$$

例 33 求$I=\lim\limits_{n\to\infty}\dfrac{\sqrt[n]{n(n+1)\cdots(n+n-1)}}{n}$.

解：取对数，离散加法变连续加法.

$$\lim_{n\to\infty}\frac{1}{n}\sum_{i=0}^{n-1}\ln\left(1+\frac{i}{n}\right)=\int_0^1\ln(1+x)\mathrm{d}x=\ln\frac{4}{\mathrm{e}},$$

所以$I=\dfrac{4}{\mathrm{e}}$.

例 34 求下列数列的极限.

① $\lim\limits_{n\to\infty}\tan^n\left(\dfrac{\pi}{4}+\dfrac{1}{n}\right)$；

② $\lim\limits_{n\to\infty}\left(\dfrac{2}{\pi}\arctan n\right)^n$；

③ $\lim\limits_{n\to\infty}\left(\dfrac{x^{2n}-1}{x^{2n}+1}-x\right)$；

④ $\lim\limits_{n\to\infty}n\left[\mathrm{e}^2-\left(1+\dfrac{1}{n}\right)^{2n}\right]$；

⑤ $\lim\limits_{n\to\infty}\dfrac{n}{\ln n}(\sqrt[n]{n}-1)$.

解：① 此题极限为1^∞型，

$$\lim_{n\to\infty}\tan^n\left(\frac{\pi}{4}+\frac{1}{n}\right)=\lim_{x\to0_+}\left(\frac{1+\tan x}{1-\tan x}\right)^{1/x}=\lim_{x\to0_+}\left[\left(1+\frac{2\tan x}{1-\tan x}\right)^{\frac{1-\tan x}{2\tan x}}\right]^{\frac{2\tan x}{x(1-\tan x)}}=\mathrm{e}^2.$$

② 此题极限为1^∞型，

$$\lim_{n\to\infty}\left(\frac{2}{\pi}\arctan n-1\right)n=\lim_{n\to\infty}\frac{\left(\frac{2}{\pi}\arctan n-1\right)}{\frac{1}{n}}=\frac{2}{\pi}\lim_{n\to\infty}\frac{-n^2}{1+n^2}=-\frac{2}{\pi},$$

$$\lim_{n\to\infty}\left(\frac{2}{\pi}\arctan n\right)^n=\lim_{n\to\infty}\left[\left(1+\frac{2}{\pi}\arctan n-1\right)^{\frac{1}{\frac{2}{\pi}\arctan n-1}}\right]^{n\left(\frac{2}{\pi}\arctan n-1\right)}=e^{-\frac{2}{\pi}}.$$

③ 当 $|x|<1$，$\lim\limits_{n\to\infty}\left(\frac{x^{2n}-1}{x^{2n}+1}-x\right)=-1-x.$

当 $|x|=1$，$\lim\limits_{n\to\infty}\left(\frac{x^{2n}-1}{x^{2n}+1}-x\right)=-x.$

当 $|x|>1$，$\lim\limits_{n\to\infty}\left(\frac{x^{2n}-1}{x^{2n}+1}-x\right)=1-x.$

④ 此题极限为 $0\cdot\infty$ 型，再转化为$\frac{0}{0}$型，再使用洛必达法则结合泰勒展式.

$$\lim_{n\to\infty}n\left[e^2-\left(1+\frac{1}{n}\right)^{2n}\right]=\lim_{x\to0_+}\frac{e^2-(1+x)^{\frac{2}{x}}}{x}=-\lim_{x\to0_+}\left[(1+x)^{\frac{2}{x}}\right]'$$

$$=-2e^2\lim_{x\to0_+}\frac{x-(x+1)\ln(x+1)}{x^2}=e^2.$$

⑤ 此题极限为 $0\cdot\infty$ 型，再转化为$\frac{0}{0}$型，再使用洛必达法则.

$$\lim_{n\to\infty}\frac{n}{\ln n}(\sqrt[n]{n}-1)=\lim_{x\to+\infty}\frac{(\sqrt[x]{x}-1)'}{(\ln x/x)'}=\lim_{x\to+\infty}\sqrt[x]{x}=1.$$

此外要注意两边夹和单调有界原理以及数列四则运算规则的应用.

例 35 求下列数列的极限.

① 已知 $a_1=\sqrt{a}$，$a_2=\sqrt{a+\sqrt{a}}$，$a_3=\sqrt{a+\sqrt{a+\sqrt{a}}}$，…，

$a_n=\sqrt{a+\sqrt{a+\cdots+\sqrt{a}}}$，$a>0$，求$\lim\limits_{n\to\infty}a_n$.

② 设 $0<x_0<1$，$x_{n+1}=x_n(2-x_n)$，求$\lim\limits_{n\to\infty}x_n$；

③ 设 $0<x_1$，$x_{n+1}=\ln(1+x_n)$，求$\lim\limits_{n\to\infty}x_n$及$\lim\limits_{n\to\infty}\frac{x_nx_{n+1}}{x_n-x_{n+1}}$；

④ $\lim\limits_{n\to\infty}\int_0^1x^n(\sqrt{x+3})\,dx$；

⑤ $\lim\limits_{n\to\infty}\sqrt[n]{1+2^n+3^n}$；

⑥ $\lim\limits_{n\to\infty}\sqrt[n]{1+x^n+\left(\frac{x^2}{2}\right)^n}$，$x>0$.

解：① 由单调有界原理，显然 $a_n<a_{n+1}$，数列单调增，下面用数学归纳法证明有上界. 验证$a_1<\frac{1+\sqrt{1+4a}}{2}$，设$a_k<\frac{1+\sqrt{1+4a}}{2}$，则$a_{k+1}=\sqrt{a+a_k}<\frac{1+\sqrt{1+4a}}{2}$，由

单调有界原理，$\lim\limits_{n\to\infty}a_n$ 存在，设$\lim\limits_{n\to\infty}a_n=x$，则由 $a_{n+1}=\sqrt{2+a_n}$，两边同取极限得到 $x=\sqrt{x+a}$，得$\lim\limits_{n\to\infty}a_n=x=\dfrac{1+\sqrt{1+4a}}{2}$.

②$x_{n+1}=x_n(2-x_n)\Rightarrow x_{n+1}=-(1-x_n)^2+1\leqslant 1$，故数列$\{x_n\}$有上界，

又 $x_{n+1}=x_n(2-x_n)\Rightarrow 1-x_{n+1}=(1-x_n)^2\Rightarrow 1-x_{n+1}=(1-x_n)(1-x_n)\leqslant 1-x_n$，即 $x_{n+1}\geqslant x_n$，数列$\{x_n\}$单调增，故极限$\lim\limits_{n\to\infty}x_n$ 存在，设$\lim\limits_{n\to\infty}x_n=x$，则 $x=x(2-x)\Rightarrow x=1$.

③$x_{n+1}=\ln(1+x_n)\Rightarrow x_{n+1}<x_n$，数列$\{x_n\}$单调减，$x_{n+1}=\ln(1+x_n)>0$，数列$\{x_n\}$有下界，故极限$\lim\limits_{n\to\infty}x_n$ 存在，设$\lim\limits_{n\to\infty}x_n=x$，则 $x=\ln(1+x)\Rightarrow x=0$.

$$\lim_{n\to\infty}\frac{x_nx_{n+1}}{x_n-x_{n+1}}=\lim_{n\to\infty}\frac{x_n\ln(1+x_n)}{x_n-\ln(1+x_n)}=\lim_{t\to 0}\frac{t\ln(1+t)}{t-\ln(1+t)}=\lim_{t\to 0}\frac{t^2}{t-t+\frac{1}{2}t^2}=2.$$

④ $\lim\limits_{n\to\infty}\displaystyle\int_0^1 x^n(\sqrt{x}+3)\,\mathrm{d}x=\int_0^1\lim_{n\to\infty}[x^n(\sqrt{x}+3)]\,\mathrm{d}x=\int_0^1 0\,\mathrm{d}x=0.$

⑤ 两边夹：$3=\lim\limits_{n\to\infty}\sqrt[n]{3^n}<\lim\limits_{n\to\infty}\sqrt[n]{1+2^n+3^n}\leqslant\lim\limits_{n\to\infty}\sqrt[n]{3^n+3^n+3^n}=3.$

⑥ 两边夹：$\lim\limits_{n\to\infty}\sqrt[n]{1+x^n+\left(\dfrac{x^2}{2}\right)^n}=\begin{cases}1, & x\leqslant 1,\\ x, & 1<x\leqslant\sqrt{2},\\ \dfrac{x^2}{2}, & x>\sqrt{2}.\end{cases}$

对于数列部分和的极限：

首先，考虑求和，再求极限. 求和的基本方法有：分式的部分分式法、根式的有理化，分部使用等差或者等比数列求和公式，错位相减等基本初等技巧；

其次，考虑两边夹原则，进行不等式放大或者缩小，再求和；

再次，反向使用定积分的定义，求部分和的极限以及级数求和的方法，包括逐项求导数和逐项求积分，反向套用泰勒展式；

最后，可以考虑使用斯托兹定理(离散洛必达法则)来解决.

例 36 求下列数列的极限.

① 当$|x|<1$，求 $I=\lim\limits_{n\to\infty}(1+x)(1+x^2)(1+x^4)\cdots(1+x^{2^n})$；

② 当 $x\neq 0$ 时，求 $I=\lim\limits_{n\to\infty}\cos\dfrac{x}{2}\cos\dfrac{x}{4}\cdots\cos\dfrac{x}{2^n}$；

③$I=\lim\limits_{n\to\infty}\left(1-\dfrac{1}{2^2}\right)\left(1-\dfrac{1}{3^2}\right)\left(1-\dfrac{1}{4^2}\right)\cdots\left(1-\dfrac{1}{n^2}\right)$；

④$I=\lim\limits_{n\to\infty}\left(\dfrac{1}{1\times 2}+\dfrac{1}{2\times 3}+\cdots+\dfrac{1}{n\times(n+1)}\right)$；

⑤$I=\lim\limits_{n\to\infty}\left(\dfrac{1}{2}+\dfrac{3}{2^2}+\dfrac{5}{2^3}\cdots+\dfrac{2n-1}{2^n}\right)$；

⑥ 当 $a>0$，求$\lim\limits_{n\to\infty}\left(\dfrac{a^n}{(1+a)(1+a^2)\cdots(1+a^n)}\right)$；

⑦$I=\lim\limits_{n\to\infty}\sum\limits_{k=1}^{n}\left(n+\dfrac{k^2+1}{n}\right)^{-1}$；

⑧$I=\lim\limits_{n\to\infty}\dfrac{\prod\limits_{k=1}^{2n}(n^2+k^2)^{\frac{1}{n}}}{n^4}$；

⑨$\lim\limits_{n\to\infty}\sum\limits_{k=1}^{n}(\sqrt{n^2+k^2})^{-1}$；

⑩$\lim\limits_{n\to\infty}\sum\limits_{k=1}^{n}\left(\dfrac{k^p}{n^{p+1}}\right)(p>1)$.

解：①$I=\lim\limits_{n\to\infty}\dfrac{(1-x)(1+x)(1+x^2)(1+x^4)\cdots(1+x^{2^n})}{1-x}=\lim\limits_{n\to\infty}\dfrac{(1-x^{2^{n+1}})}{1-x}=\dfrac{1}{1-x}$.

②$I=\lim\limits_{n\to\infty}\dfrac{\cos\dfrac{x}{2}\cos\dfrac{x}{4}\cdots\cos\dfrac{x}{2^n}\sin\dfrac{x}{2^n}}{\sin\dfrac{x}{2^n}}=\lim\limits_{n\to\infty}\dfrac{\sin x}{2^n\sin\dfrac{x}{2^n}}=\dfrac{\sin x}{x}$.

③$I=\lim\limits_{n\to\infty}\dfrac{1}{2}\times\dfrac{3}{2}\times\dfrac{2}{3}\times\dfrac{4}{3}\times\cdots\times\dfrac{n-1}{n}\times\dfrac{n+1}{n}=\dfrac{1}{2}$.

④$I=\lim\limits_{n\to\infty}\left(1-\dfrac{1}{2}+\dfrac{1}{2}-\dfrac{1}{3}+\cdots+\dfrac{1}{n}-\dfrac{1}{n+1}\right)=1$.

⑤ 错位相减法求解.

令 $s_n=\dfrac{1}{2}+\dfrac{3}{2^2}+\dfrac{5}{2^3}+\cdots+\dfrac{2n-1}{2^n}$，则$\dfrac{1}{2}s_n=\dfrac{1}{2^2}+\dfrac{3}{2^3}+\dfrac{5}{2^4}+\cdots+\dfrac{2n-1}{2^{n+1}}$，以上两式相减得：$\dfrac{1}{2}s_n=\dfrac{1}{2}+\dfrac{1}{2^1}+\dfrac{1}{2^3}+\dfrac{1}{2^4}+\cdots+\dfrac{1}{2^n}-\dfrac{2n-1}{2^{n+1}}\Rightarrow s_n=\dfrac{3}{2}-\dfrac{1}{2^n}-\dfrac{2n-1}{2^{n+1}}$，$I=\dfrac{3}{2}$.

⑥ 两边夹.

当 $1>a>0$，$0\leqslant\lim\limits_{n\to\infty}\left(\dfrac{a^n}{(1+a)(1+a^2)\cdots(1+a^n)}\right)\leqslant\lim\limits_{n\to\infty}a^n=0$；

当 $a>1$，$0\leqslant\lim\limits_{n\to\infty}\left(\dfrac{a^n}{(1+a)(1+a^2)\cdots(1+a^n)}\right)\leqslant\lim\limits_{n\to\infty}\dfrac{a^n}{a^{n-1}a^n}=0$；

$$\lim_{n\to\infty}\left(\frac{a^n}{(1+a)(1+a^2)\cdots(1+a^n)}\right)=0.$$

⑦ 两边夹和离散加法变连续加法.

$$I_1=\lim_{n\to\infty}\sum_{k=1}^{n}\left(1+\frac{k^2}{n^2}\right)^{-1}\frac{1}{n}=\int_0^1(1+x^2)^{-1}\mathrm{d}x=\arctan x\Big|_0^1=\frac{\pi}{4};$$

$$I_2=\lim_{n\to\infty}\sum_{k=0}^{n-1}\left(1+\frac{(k+1)^2}{n^2}\right)^{-1}\frac{1}{n}=\int_0^1(1+x^2)^{-1}\mathrm{d}x=\arctan x\Big|_0^1=\frac{\pi}{4};$$

$$I_2\leqslant I\leqslant I_1\Rightarrow I=\frac{\pi}{4}.$$

⑧ 取对数，离散加法变连续加法.

$$\ln I=\lim_{n\to\infty}\sum_{k=1}^{2n}\frac{1}{n}\ln\left(\frac{n^2+k^2}{n^2}\right)+\sum_{k=1}^{2n}\frac{1}{n}\ln n^2-4\ln n=\int_0^2\ln(1+x^2)\mathrm{d}x=2\ln5-4+2\arctan2,$$

$I=25\mathrm{e}^{-4+2\arctan2}$.

⑨ 离散加法变连续加法.

$$\lim_{n\to\infty}\sum_{k=1}^{n}(\sqrt{n^2+k^2})^{-1}=\lim_{n\to\infty}\frac{1}{n}\sum_{k=1}^{n}\left(\sqrt{1+\left(\frac{k}{n}\right)^2}\right)^{-1}=\int_0^1(\sqrt{1+x^2})^{-1}\mathrm{d}x=\frac{\pi}{4}.$$

⑩ 离散加法变连续加法.

$$\lim_{n\to\infty}\sum_{k=1}^{n}\left(\frac{k^p}{n^{p+1}}\right)=\lim_{n\to\infty}\sum_{k=1}^{n}\frac{1}{n}\left(\frac{k}{n}\right)^p=\int_0^1x^p\mathrm{d}x=\frac{1}{p+1}.$$

7. 求极限中的常数

注意要判断极限的未定式类型，寻找附加条件.

例 37 已知 $\lim\limits_{x\to+\infty}(3x-\sqrt{ax^2+bx+1})=2$，求 a，b.

解：此极限为 $\infty-\infty$ 型，进行根式分子有理化.

$$\lim_{x\to+\infty}(3x-\sqrt{ax^2+bx+1})=\lim_{x\to+\infty}\frac{9x^2-ax^2-bx-1}{3x+\sqrt{ax^2+bx+1}}=\lim_{x\to+\infty}\frac{(9-a)x-b-1/x}{3+\sqrt{a+b/x+1/x^2}}=2,$$

必有 $a=9$，$\dfrac{-b}{3+\sqrt{a}}=2\Rightarrow b=-12$.

例 38 确定 a，b，使得 $\lim\limits_{x\to0}\dfrac{1}{bx-\sin x}\displaystyle\int_0^x\frac{t^2}{\sqrt{a+t^2}}\mathrm{d}t=2$.

解：此极限为 $\infty\cdot0$ 型，化为 $\dfrac{0}{0}$ 型，使用洛必达法则.

$$\lim_{x\to0}\frac{1}{bx-\sin x}\int_0^x\frac{t^2}{\sqrt{a+t^2}}\mathrm{d}t=\lim_{x\to0}\frac{\int_0^x\frac{t^2}{\sqrt{a+t^2}}\mathrm{d}t}{bx-\sin x}=\lim_{x\to0}\frac{\frac{x^2}{\sqrt{a+x^2}}}{b-\cos x}=2,$$

则 $\lim\limits_{x\to0}\dfrac{\frac{x^2}{\sqrt{a+x^2}}}{b-\cos x}$ 必为 $\dfrac{0}{0}$ 型，使用 0 等价表，则有 $b=1$，$\lim\limits_{x\to0}\dfrac{\frac{x^2}{\sqrt{a+x^2}}}{b-\cos x}=\dfrac{1}{a}=2\Rightarrow a=2$.

例 39 确定 a，c，使得 $\lim\limits_{x\to0}\dfrac{ax-\sin x}{\int_0^x\frac{\ln(1+t^3)}{t}\mathrm{d}t}=c(c\neq0)$.

解：此极限为 $\dfrac{0}{0}$ 型，使用洛必达法则.

$$\lim_{x\to0}\frac{ax-\sin x}{\int_0^x\frac{\ln(1+t^3)}{t}\mathrm{d}t}=\lim_{x\to0}\frac{(a-\cos x)x}{\ln(1+x^3)}=\lim_{x\to0}\frac{(a-\cos x)}{x^2}=\lim_{x\to0}\frac{x^2}{2x^2}=\frac{1}{2}=a，这里\ a=1.$$

例 40 已知当 $x\to0$ 时，$(1+ax^2)^{\frac{1}{3}}-1$ 与 $\cos x-1$ 是等价无穷小，求 a.

解：$(1+ax^2)^{\frac{1}{3}}-1\sim\dfrac{a}{3}x^2$，$\cos x-1\sim-\dfrac{1}{2}x^2$，所以 $a=-\dfrac{3}{2}$.

例 41 已知$\lim\limits_{x\to0}\dfrac{\sqrt{1+\dfrac{1}{x}f(x)}-1}{x^2}=b$，求常数$a$，$b$，使得当$x\to0$时，$f(x)$与$ax^b$是等价无穷小.

解：$\lim\limits_{x\to0}\dfrac{\sqrt{1+\dfrac{1}{x}f(x)}-1}{x^2}=\lim\limits_{x\to0}\dfrac{\dfrac{f(x)}{2x}}{x^2}=\lim\limits_{x\to0}\dfrac{f(x)}{2x^3}=\lim\limits_{x\to0}\dfrac{ax^b}{2x^3}=\dfrac{a}{2}=b$，

所以$b=3$，$a=6$.

例 42 a为何值时，$I=\lim\limits_{x\to0}\displaystyle\int_{-x}^{x}\frac{1}{x}\left(1-\frac{|t|}{x}\right)\cos(a-t)\,\mathrm{d}t$存在，并求之.

解：$\displaystyle\int_{-x}^{x}\frac{1}{x}(1-\frac{|t|}{x})\cos(a-t)\,\mathrm{d}t=2\cos a\frac{x\int_0^x\cos t\mathrm{d}t-\int_0^x\cos t|t|\mathrm{d}t}{x^2}$，

$I=2\cos a\lim\limits_{x\to0_+}\dfrac{\int_0^x\cos t\mathrm{d}t}{2x}=\cos a$，$I=2\cos a\lim\limits_{x\to0_-}\dfrac{\int_0^x\cos t\mathrm{d}t+2x\cos x}{2x}=3\cos a$，

$\cos a=0\Rightarrow a=n\pi+\dfrac{\pi}{2}$，$n\in\mathbf{Z}$且$I=0$.

例 43 确定a，b的值，使得$I=\lim\limits_{x\to0}\left(\dfrac{a}{x^2}+\dfrac{1}{x^4}+\dfrac{b}{x^5}\displaystyle\int_0^x\mathrm{e}^{-t^2}\mathrm{d}t\right)$存在，求此极限值.

解：使用泰勒展式.

$$\int_0^x\mathrm{e}^{-t^2}\mathrm{d}t=\int_0^x1-t^2+\frac{t^4}{2}\mathrm{d}t=x-\frac{x^3}{3}+\frac{x^5}{10},$$

$$I=\lim_{x\to0}\frac{a}{x^2}+\frac{1}{x^4}+\frac{b}{x^5}\left(x-\frac{x^3}{3}+\frac{x^5}{10}\right)=-\frac{1}{10},\ a=-\frac{1}{3},\ b=-1.$$

例44 设$f(x)$是三次多项式，且有$\lim\limits_{x\to2a}\dfrac{f(x)}{x-2a}=\lim\limits_{x\to4a}\dfrac{f(x)}{x-4a}=1(a\neq0)$，求$\lim\limits_{x\to0}\dfrac{f(x)}{x-3a}$.

解：设$f(x)$是三次多项式，且此极限均为$\dfrac{0}{0}$型，所以

$f(x)=p(x-2a)(x-3a)(x-4a)$，$p\cdot2a^2=1$，$\lim\limits_{x\to0}\dfrac{f(x)}{x-3a}=-p\cdot a^2=-\dfrac{1}{2}$.

例 45 设函数$f(x)$在$U(0,\delta)$内具有二阶连续导数，$f(0)\neq0$，$f'(0)\neq0$，$f''(0)\neq0$.

证明：存在唯一的实数a，b，c，使得$af(h)+bf(2h)+cf(3h)-f(0)$是比h^2高阶的无穷小.

解：使用泰勒展式有：

$$f(h)=f(0)+f'(0)h+\frac{f''(\theta x)h^2}{2},\ |\theta|\leqslant1;$$

$$f(2h)=f(0)+f'(0)2h+\frac{f''(\theta_1x)4h^2}{2};$$

$$f(3h)=f(0)+f'(0)3h+\frac{f''(\theta_2 x)9h^2}{2}.$$

从而有：$a+b+c-1=0$，$a+2b+3c=0$，$a+4b+9c=0$，有唯一解，证毕.

练 习 二

一、求下列极限.

(1) $\lim\limits_{x\to+\infty}\sqrt{x}(\sqrt{x+1}-\sqrt{x})$；

(2) $\lim\limits_{n\to\infty}\left(\frac{1}{1\cdot 2}+\frac{1}{2\cdot 3}+\cdots+\frac{1}{n(n-1)}\right)$；

(3) $\lim\limits_{x\to+\infty}x[\ln(1+2x)-\ln(2x)]$；

(4) $\lim\limits_{n\to\infty}\left(\frac{\sqrt[n]{a}+\sqrt[n]{b}}{2}\right)^n (a>0,\ b>0)$；

(5) $\lim\limits_{x\to\infty}\left(1+\frac{a}{x}\right)^{\frac{x}{b}}$，$(ab\neq 0)$；

(6) $\lim\limits_{n\to\infty}\frac{\sqrt[3]{n^2}\sin n!}{n+1}$；

(7) $\lim\limits_{x\to 0}(\cos 2x)^{\frac{1}{x^2}}$；

(8) $\lim\limits_{x\to\infty}\frac{x-\sin 2x}{2x+\sin 3x}$；

(9) $\lim\limits_{x\to 0}\frac{x-\sin 2x}{2x-\sin 3x}$；

(10) $\lim\limits_{x\to 1}\frac{(1-\sqrt{x})(1-\sqrt[3]{x})}{1+\cos\pi x}$；

(11) $\lim\limits_{x\to 0}\frac{\sqrt{\cos x}-\sqrt[3]{\cos x}}{\sin^2 x}$；

(12) $\lim\limits_{\substack{x\to 0\\ y\to 0}}\frac{xy}{3-\sqrt{xy+9}}$；

(13) $\lim\limits_{\substack{x\to 0\\ y\to 0}}\frac{x^2\sin y}{x^2+y^2}$；

(14) $\lim\limits_{\substack{x\to 0\\ y\to 0}}(x^2+y^2)^{2x^2y^2}$.

二、求下列极限式中的常数.

(1) 已知$f(x)=\frac{ax^3+bx^2+cx+d}{x^2+x-2}$，求常数$a$，$b$，$c$，$d$，使$\lim\limits_{x\to\infty}f(x)=1$，且$\lim\limits_{x\to 1}f(x)=0$.

(2) 若$\lim\limits_{x\to\infty}\left(\frac{x^2+1}{x+1}-ax-b\right)=\frac{1}{2}$，求常数$a$，$b$.

(3) 已知$\lim\limits_{x\to 1}\frac{\sin^2(x-1)}{x^2+ax+b}=1$，求常数$a$，$b$.

三、设$f(x)=\begin{cases}2(1-\cos x), & x<0,\\ x^2+x^3, & x\geqslant 0,\end{cases}$ 求极限$\lim\limits_{x\to 0}\frac{f(x)}{x^2}$.

四、设$a_i>0(i=1,2,\cdots,k)$，证明：$\lim\limits_{n\to\infty}\sqrt[n]{a_1^n+a_2^n+\cdots+a_k^n}=\max(a_1,a_2,\cdots,a_k)$.

五、求$\lim\limits_{x\to 0}x\left[\frac{2}{x}\right]$，$[x]$表示不超过的最大整数部分.

六、设$x_1=1$，$x_n=1+\frac{x_{n-1}}{1+x_{n-1}}(n=2,3,\cdots)$，证明：$\lim\limits_{n\to\infty}x_n$存在，并求此极限值.

七、已知$a>0$，$x_0>0$，$x_{n+1}=\frac{1}{2}\left(x_n+\frac{a}{x_n}\right)(n=0,1,2,\cdots)$，求$\lim\limits_{n\to\infty}x_n$.

八、讨论函数 $f(x)=\begin{cases}\dfrac{2^{\frac{1}{x}}-1}{2^{\frac{1}{x}}+1}, & x\neq 0,\\ 1, & x=0\end{cases}$ 在 $x=0$ 处的连续性.

九、讨论函数 $f(x)=\lim\limits_{n\to\infty}\dfrac{1-x^{2n}}{1+x^{2n}}\cdot x$ 的连续性，若有间断点，判断其类型.

十、讨论函数 $f(x)=\dfrac{\cos x}{\left(x-\dfrac{\pi}{2}\right)(x+1)}$ 的连续性，若有间断点，请判断其类型.

十一、指出下列函数的间断点.

(1) $z=\dfrac{y^2+2x}{y^2-2x}$;　　(2) $F(x,y)=\begin{cases}\dfrac{2xy}{y^2+x^2}, & y^2+x^2\neq 0,\\ 0, & y^2+x^2=0.\end{cases}$

十二、选择题.

(1) $\lim\limits_{x\to x_0}f(x)$ 存在，是函数 $f(x)$ 在点 x_0 处连续的(　　).

A. 充分条件　　B. 必要条件　　C. 充要条件　　D. 以上都不对

(2) 设 $f(x)=\begin{cases}x\sin\dfrac{1}{x}, & x\neq 0,\\ 1, & x=0,\end{cases}$ 则 $x=0$ 是 $f(x)$ 的(　　).

A. 连续点　　B. 可去间断点　　C. 跳跃间断点　　D. 第二类间断点

(3) 为使 $f(x)=\begin{cases}e^{ax}, & x\leqslant 0,\\ x+b, & x>0\end{cases}$ 在 $x=0$ 处连续，应取(　　).

A. $b=1$　　B. $b=0$　　C. $a=1$，$b=0$　　D. $a=1$

第二部分　微　分　学

微分学研究的是函数的求导，微分运算，以及求导微分的应用等相关内容.

第三章 导 数

3.1 导数的定义与基本性质

3.1.1 一元函数的导数定义

函数 $y=f(x)$ 的导数本质是因变量 y 相对于自变量 x 在某点 x 处的相对瞬间变化率. 一个对象因另一个对象的变化而变化称为相对变化. 在这里"变化"用差运算来刻画, 差可以看出细微的变化, 而"率"表现为除法, 瞬时表现为向自变量目标点逼近的过程, 也就是极限, 因此, 导数就是差的商运算后取极限, 简称: 差、商、极限, 即: 表示函数 $y=f(x)$ 在点 x 处的瞬间变化率.

函数 $f(x)$ 在点 x 处的导数为:

$$\lim_{t\to 0}\frac{f(x+t)-f(x)}{(x+t)-x}=f'(x).$$

前提为等式左边的极限存在.

注意: 这个极限中的变量是 t, x 是目标点, 为常量. 这里的 t 是数轴上动点 $x+t$ 与定点 x 的有向距离, 这点是一元函数导数、多元函数偏导数和方向导数统一定义的关键, 应细心体会之.

如果等式左边的极限不存在, 则称函数 $y=f(x)$ 在 x 处不可导.

(1) 何时可以将一动一静两点改为双动点.

在定义中, 要充分理解与区分定点 $(x, f(x))$ 和动点 $(x+t, f(x+t))$, 并注意只有在导数确认存在的情况下, 才可以改为双动点的导数形式. 也就是说, 在导数存在的条件下, 导数定义中的点可以改为双动点 $(x+at, f(x+at))$ 与 $(x+bt, f(x+bt))$, 即 $\lim\limits_{t\to 0}\dfrac{f(x+at)-f(x+bt)}{(x+at)-(x+bt)}=f'(x)$, 但是在未知导数不一定存在时, 不能改定点为动点.

例如, 函数 $y=|x|$ 在点 $x=0$ 处的导数问题, 如果改成双动点, 则可能出现 $\lim\limits_{t\to 0}\dfrac{f(0+t)-f(0-t)}{(0+t)-(0-t)}=0$ 这样的结果, 而事实上函数 $y=|x|$ 在点 $x=0$ 处不可导.

(2) 导数定义中的对应原则.

函数的差相对于对应自变量的差的商的极限为导数的定义, 强调除法上下的对应性, 定义中的动点可以任意改变, 但是定点不能随意替换. 定义可以改为:

$$\lim_{x\to x_0}\frac{f(x)-f(x_0)}{x-x_0}=f'(x_0),$$

$$或者\lim_{t\to 0}\frac{f(x+at)-f(x)}{(x+at)-x}=f'(x).$$

(3) 导数的方向性.

在求极限的运算中，注意极限逼近的方向性(或者动点与定点的相对位置，动点在定点的左侧，向目标定点靠近，称为左极限，反之为右极限)，这里同样有两个方向：$t\to 0_+$，$t\to 0_-$，因此导致了左导数$\lim\limits_{t\to 0_-}\frac{f(x+t)-f(x)}{(x+t)-x}=f'_-(x)$和右导数$\lim\limits_{t\to 0_+}\frac{f(x+t)-f(x)}{(x+t)-x}=f'_+(x)$，自然导数的存在条件是左导数 = 右导数 = 导数. 要说明导数不存在，只要一个方向上有问题就可以，或者左右导数不相等；对于区间的端点，只考虑有定义域的一侧的单侧导数即可.

(4) 导数刻画的是某定点处的瞬时变化率，因此，只要是涉及某个点的变化率的问题都将与该点的导数有关，例如曲线的斜率、速度、加速度等，这也是导数的应用模式.

(5) 必须使用导数定义的三种情况：

第一种情况，和导数有关的抽象函数的问题，首先考虑使用定义和法则来求解或者证明.

例1 $f(0)=0$，$f'(0)=2$，求$\lim\limits_{x\to 0}\frac{f(-2x)}{3x}$.

解：$f'(0)=\lim\limits_{x\to 0}\frac{f(-2x)-f(0)}{-2x-0}=\lim\limits_{x\to 0}\frac{f(-2x)}{-2x}=2$，

故$\lim\limits_{x\to 0}\frac{f(-2x)}{3x}=-\frac{4}{3}$.

第二种情况，分段函数在分段点的导数问题一定要使用导数定义来解决.

例2 设函数$f(x)=\begin{cases}x^2, & x\leqslant 1,\\ ax+b, & x>1\end{cases}$在$x=1$处可导，求$f'(x)$，$a$，$b$.

解：函数$f(x)=\begin{cases}x^2, & x\leqslant 1,\\ ax+b, & x>1\end{cases}$在$x=1$处可导，则它在$x=1$处连续，

$$\lim_{x\to 1_+}f(x)=\lim_{x\to 1_+}(ax+b)=a+b,\ \lim_{x\to 1_-}f(x)=\lim_{x\to 1_-}x^2=1,\ a+b=1.$$

$$f'_+(1)=a=f'_-(1)=2x=2,\ f'(x)=\begin{cases}2x, & x<1,\\ 2, & x=1,\\ 2, & x>1,\end{cases}\ a=2,\ b=-1.$$

例3 当$x\leqslant 0$时，函数$f(x)$二阶可导，$g(x)=\begin{cases}f(x), & x\leqslant 0,\\ ax^2+bx+c, & x>0\end{cases}$在$x=0$处二阶可导，求$g''(x)$，$a$，$b$，$c$.

解：函数$g(x)=\begin{cases}f(x), & x\leqslant 0,\\ ax^2+bx+c, & x>0\end{cases}$在$x=0$处连续，则$f(0)=c$，

$$g'(x)=\begin{cases}f'(x), & x\leqslant 0,\\ 2ax^2+b, & x>0,\end{cases}\ 且f'(0)=b,\ g''(x)=\begin{cases}f''(x), & x\leqslant 0,\\ 2a, & x>0,\end{cases}\ f''(0)=2a.$$

第三种情况，考察某些函数在某些特殊点的导数问题，留心要使用导数的定义.

例4 讨论函数$f(x)=\sqrt{x}\sin x$在$x=0$处的可导性.

解：$f'(0)=\lim\limits_{x\to0}\dfrac{f(x)-f(0)}{x-0}=\lim\limits_{x\to0}\dfrac{\sqrt{x}\sin x}{x}=0$，所以函数在 $x=0$ 处可导.

(6) 可导与连续的关系：函数在某点可导，则它一定在这一点连续，可导的函数在这一点是光滑的，而连续不一定光滑，连续是可导的必要非充分条件.

例如函数 $y=|x|$ 在点 $x=0$ 处连续，但是不可导.

(7) 导数和导函数其实是两个不同的概念，导数是某点的差商极限的结果，是一个数，而导函数是某个区间上每点的导数为因变量构成的函数. 在平时的说法中，我们不区分二者，统一称为导数.

3.1.2 二元函数偏导数的定义

多元函数的偏导数(以二元函数 $z=f(x,y)$ 为例) 的本质和一元函数的导数本质是一样的，偏导数刻画的也是某个方向两侧的变化率：

$$\lim_{t\to0}\frac{f(x+t,y)-f(x,y)}{(x+t)-x}=\frac{\partial f(x,y)}{\partial x}$$

$$\lim_{t\to0}\frac{f(x,y+t)-f(x,y)}{(y+t)-y}=\frac{\partial f(x,y)}{\partial y}$$

注意：对 x 的偏导数，动点$(x+t,y)$ 和定点(x,y) 在同一条平行于 x 轴的直线上，动点$(x+t,y)$ 在定点(x,y) 的左侧($t<0$，$t\to0_-$)，右侧($t>0$，$t\to0_+$) 向它靠近，只有这两个方向，它刻画的是在这条直线上函数的瞬时变化率. 对 y 的偏导类似. 偏导数其实就是将轴在平面上平移后，按照导数定义重新刻画而已.

3.1.3 方向导数

多元函数的方向导数的定义：以二元函数 $z=f(x,y)$ 为例，在定义域平面内目标点(x_0,y_0) 和一个方向$(\cos\alpha,\cos\beta)$，α，β 分别是某射线与 x，y 轴正向的夹角，这个时候动点就被固定在过定点(x_0,y_0)，以$(\cos\alpha,\cos\beta)$ 为方向的射线 l 上，原来的二元函数变成一元函数，求函数在这个方向上，在目标点的瞬时变化率：

$$\left.\frac{\partial f(x,y)}{\partial l}\right|_{(x_0,y_0)}=\lim_{t\to0_+}\frac{f(x_0+t\cos\alpha,y_0+t\cos\beta)-f(x_0,y_0)}{t}$$

这就是方向导数的定义.

(1) 二元函数的方向导数的定义本质上还是一元函数的单侧导数，即在定义域所在平面内，在定点(x_0,y_0) 处存在按照给定方向$(\cos\alpha,\cos\beta)$ 的一条射线，它的参数方程为 $\begin{cases}x=x_0+t\cos\alpha,\\y=y_0+t\cos\beta\end{cases}$ $(t\geqslant0)$，动点在这条射线上从单侧向定点逼近，定义为：

$$\begin{aligned}\lim_{t\to0_+}\frac{f(x_0+t\cos\alpha,y_0+t\cos\beta)-f(x_0,y_0)}{t}&=\frac{\partial f(x_0,y_0)}{\partial l}\\&=\frac{\partial f(x_0,y_0)}{\partial x}\cos\alpha+\frac{\partial f(x_0,y_0)}{\partial y}\cos\beta\\&=\left(\frac{\partial f}{\partial x},\frac{\partial f}{\partial y}\right)\cdot(\cos\alpha,\cos\beta)\end{aligned}$$

(2) 三元函数的方向导数的定义本质上还是一元函数的单侧导数，也就是在定义域所在空间上，在定点(x_0, y_0, z_0)处存在按照给定方向$(\cos\alpha, \cos\beta, \cos\gamma)$的一条射线，它的参数方程为$\begin{cases} x = x_0 + t\cos\alpha, \\ y = y_0 + t\cos\beta, \\ z = z_0 + t\cos\gamma \end{cases}$ $(t \geqslant 0)$，动点在这条射线上向定点单侧逼近，定义为：

$$\lim_{t \to 0_+} \frac{f(x_0 + t\cos\alpha, y_0 + t\cos\beta, z_0 + t\cos\gamma) - f(x_0, y_0, z_0)}{t}$$

$$= \left.\frac{\partial f(x, y, z)}{\partial l}\right|_{(x_0, y_0, z_0)}$$

$$= \frac{\partial f(x_0, y_0, z_0)}{\partial x}\cos\alpha + \frac{\partial f(x_0, y_0, z_0)}{\partial y}\cos\beta + \frac{\partial f(x_0, y_0, z_0)}{\partial z}\cos\gamma$$

$$= \left(\frac{\partial f}{\partial x}, \frac{\partial f}{\partial y}, \frac{\partial f}{\partial z}\right) \cdot (\cos\alpha, \cos\beta, \cos\gamma).$$

(3) 偏导数和方向导数的关系.

二元函数关于x的偏导数是在$\left(\cos 0, \cos\frac{\pi}{2}\right)$和$\left(\cos\pi, \cos\frac{\pi}{2}\right)$两个方向上的方向导数存在且相等的结果合并而成的；关于y的偏导数是在方向$\left(\cos\frac{\pi}{2}, \cos 0\right)$上的方向导数以及反向的方向导数存在且相等的结果合并而成的；而三元函数关于x的偏导数是在方向$\left(\cos 0, \cos\frac{\pi}{2}, \cos\frac{\pi}{2}\right)$上的方向导数以及反向的方向导数的相反数，其他类似.

以$\frac{\partial f(x, y_0)}{\partial x}$为例，来说明方向导数和偏导数的关系. 它是在直线$y = y_0$上动点$(x + \Delta x, y_0)$在两个方向上向定点$(x, y_0)$逼近的过程，由方向导数公式可以看出在直线$y = y_0$上，点$(x, y_0)$右侧的方向导数为$\frac{\partial f(x, y_0)}{\partial l} = \frac{\partial f(x, y_0)}{\partial x}\cos 0 + \frac{\partial f(x, y)}{\partial y}\sin 0 = \frac{\partial f(x, y_0)}{\partial x}$，左侧的方向导数为$\frac{\partial f(x, y_0)}{\partial l} = \frac{\partial f(x, y_0)}{\partial x}\cos\pi + \frac{\partial f(x, y)}{\partial y}\sin\pi = -\frac{\partial f(x, y_0)}{\partial x}$，它们要么等于偏导数，要么与偏导数相反.

例 5 二元函数在某点的某个邻域有定义，且该点的各个方向的方向导数均存在，则下列论述正确的是( ).

A. 函数在此点连续　　B. 函数在此点存在偏导数

C. 函数在此点可微分　　D. 函数在该点连续，偏导数、可微分无法确定

解：选 A.

3.1.4 梯度

梯度(grad)是一个方向，它不是导数或者偏导数.

所谓某点的梯度，就是使得该点的所有方向导数达到最大的方向，它是由该点偏导数构成的一个向量.

由于方向导数$\frac{\partial f}{\partial l}=\left(\frac{\partial f}{\partial x},\ \frac{\partial f}{\partial y}\right)\cdot(\cos\alpha,\ \cos\beta)$，故当方向$(\cos\alpha,\ \cos\beta)$与$\left(\frac{\partial f}{\partial x},\ \frac{\partial f}{\partial y}\right)$同向时，方向导数最大，所以梯度 $\mathrm{grad}f=\left(\frac{\partial f}{\partial x},\ \frac{\partial f}{\partial y}\right)$，也就是增长最快的方向. 减少最快的方向是 $-\mathrm{grad}f=\left(-\frac{\partial f}{\partial x},\ \frac{\partial f}{\partial y}\right)$，变化为 0 的方向是和梯度垂直的方向.

注意：变化率最快的方向包括两个方向，梯度方向和它的反向，也就是变化有正向变化也有负向变化.

三元函数的梯度含义类似二元函数.

对于二元函数 $z=f(x,\ y)$，它的梯度为：

$$\mathrm{grad}z=(f_x(x,\ y),\ f_y(x,\ y)).$$

对于三元函数 $w=f(x,\ y,\ z)$，它的梯度为：

$$\mathrm{grad}w=(f_x(x,\ y,\ z),\ f_y(x,\ y,\ z),\ f_z(x,\ y,\ z)).$$

例 6 设 $u=2xy-z^2$，求 u 在点$(2,\ -1,\ 1)$处方向导数的最值.

解：函数在该点的梯度为 $\mathrm{grad}u=(u_x,\ u_y,\ u_z)\Big|_{(2,\ -1,\ 1)}=(-2,\ 4,\ -2)$，

故方向导数最大的方向为 $l=\frac{\mathrm{grad}u}{|\mathrm{grad}u|}=\frac{(-1,\ 2,\ -1)}{\sqrt{6}}$，

最大的方向导数为$(u_x,\ u_y,\ u_z)\cdot l=\sqrt{6}$，

最小的方向导数为它的相反数 $-\sqrt{6}$.

3.1.5 导数的运算结构

所谓的运算，包括四则运算(线性运算和非线性运算)和复合运算.

线性运算：加法结构

$$[kf(x)+mg(x)]'=kf'(x)+mg'(x).$$

非线性运算：乘法结构

$$[f(x)g(x)]'=f'(x)g(x)+f(x)g'(x).$$

除法结构

$$\left[\frac{f(x)}{g(x)}\right]'=\frac{f'(x)g(x)-f(x)g'(x)}{[g(x)]^2}.$$

偏导数也有类似的四则运算结构.

复合运算：链式法则

$$[f(g(x))]'=f'(g(x))g'(x).$$

但是对于偏导数，其链式有少许差异，

$$\frac{\partial f(u,\ v)}{\partial x}=f'_u(u,\ v)\frac{\partial u}{\partial x}+F'_v(u,\ v)\frac{\partial v}{\partial x}.$$

以上法则均可以使用定义推出，在此不列出，读者可以自行证明.

3.1.6 可微、可导和连续的关系

对于一元函数而言，在某点可微分与可以求导是等价的(它们都是此点在轴上的两个

方向的问题)，在某点可以求导(俗称函数光滑)，可以推出在此点函数一定连续，而连续不一定可以求导，也就是连续是可导的必要非充分条件.

例如函数 $y=|x|$ 在 $x=0$ 处连续，但是不可导，也不可以微分.

对于多元函数，可偏导是可微分的必要非充分条件，原因是在某点可微分的逼近的方向是此点朝向在平面上的各个方向，可微分是全方向性的，可偏导只是平行轴的一条直线上的此点朝向左右或者上下这两个方向；连续也是全方向性的，从而可偏导和连续无关，但是连续是可微分的必要非充分条件.

某点偏导数结合此点偏导数连续是该点可以全微分的充分非必要条件.

例 7 $f(x,y)=\begin{cases}\dfrac{\sin 3(x^2+y^2)}{x^2+y^2}, & x^2+y^2\neq 0,\\ 3, & x^2+y^2=0\end{cases}$ 在点(0, 0) 处(　　).

A. 极限不存在　　B. 有极限但不连续　　C. 连续　　D. 不可偏导数

解：C

例 8 已知二元函数 $f(x,y)=\begin{cases}(x^2+y^2)\cos\dfrac{1}{\sqrt{x^2+y^2}}, & x^2+y^2\neq 0,\\ 0, & x^2+y^2=0,\end{cases}$ 求：

① $\lim\limits_{\substack{x\to 0\\ y\to 0}} f(x,y)$；

② $f(x,y)$ 在(0, 0) 处的连续性；

③ $f_x(0,0)$，$f_y(0,0)$；

④ $f(x,y)$ 在(0, 0) 处是否可微.

解：① $\lim\limits_{\substack{x\to 0\\ y\to 0}} f(x,y)=\lim\limits_{\substack{x\to 0\\ y\to 0}} f(x,y)(x^2+y^2)\cos\dfrac{1}{\sqrt{x^2+y^2}}=0$；

② $\lim\limits_{\substack{x\to 0\\ y\to 0}} f(x,y)=0=f(0,0)$，故函数在此点连续；

③ $f_x(0,0)=\lim\limits_{\substack{\Delta x\to 0\\ y=0}}\dfrac{(\Delta x)^2\cos\dfrac{1}{\sqrt{(\Delta x)^2}}}{\Delta x}=0$，同理 $f_y(0,0)=0$；

④
$$\begin{aligned}
\mathrm{d}f(x,y)\big|_{(0,0)}&=\lim_{(u,t)\to(0,0)}[f(u,t)-f(0,0)]\\
&=\lim_{(u,t)\to(0,0)}[f(u,t)-f(0,t)]+\lim_{(u,t)\to(0,0)}[f(0,t)-f(0,0)]\\
&=\lim_{\substack{t\to 0\\ u\to 0}}\frac{(u^2+t^2)\cos\dfrac{1}{\sqrt{u^2+t^2}}-t^2\cos\dfrac{1}{\sqrt{t^2}}}{u}u+\lim_{\substack{t\to 0\\ u\to 0}}\frac{t^2\cos\dfrac{1}{\sqrt{t^2}}-0}{t}t\\
&=\lim_{\substack{t\to 0\\ u\to 0}}\frac{(u^2+t^2)\cos\dfrac{1}{\sqrt{u^2+t^2}}-t^2\cos\dfrac{1}{\sqrt{t^2}}}{u}\mathrm{d}x+\lim_{\substack{t\to 0\\ u\to 0}}\frac{t^2\cos\dfrac{1}{\sqrt{t^2}}-0}{t}\mathrm{d}y\\
&=0\mathrm{d}x+0\mathrm{d}y.
\end{aligned}$$

故此点可微分.

3.2 导数符号的再认识

3.2.1 一元函数导数符号的两重特性及其应用

一阶导数符号有：

$$y',\ f'(x),\ \frac{\mathrm{d}y}{\mathrm{d}x},\ \frac{\mathrm{d}f(x)}{\mathrm{d}x}.$$

符号$\frac{\mathrm{d}y}{\mathrm{d}x}$，$\frac{\mathrm{d}f(x)}{\mathrm{d}x}$的含义有两层：

第一，它是整体符号，意义是：

(1) y 是 x 的函数(y 内部包含有 x)，分子对象是分母对象的函数；

(2) 对 x 求一阶导，也就是求导到 x，求导结束.

第二，它是一个微商，具备普通商的特征：

(1) $\frac{\mathrm{d}y}{\mathrm{d}x}=\dfrac{\frac{\mathrm{d}y}{\mathrm{d}t}}{\frac{\mathrm{d}x}{\mathrm{d}t}}$，这就是参数求导公式；

(2) $\frac{\mathrm{d}y}{\mathrm{d}x}=\dfrac{1}{\frac{\mathrm{d}x}{\mathrm{d}y}}$，这就是反解函数求导公式；

(3) $\frac{\mathrm{d}y}{\mathrm{d}x}=f'(x)\Leftrightarrow \mathrm{d}y=f'(x)\mathrm{d}x$，这就是一元微分和求导的转化公式.

例 9 $\frac{\mathrm{d}\sin x^2}{\mathrm{d}x^2}$ 在以上两种含义下的算法为：

① 将这个符号整体来读：$\sin x^2$ 是 x^2 的函数，对 x^2 求一阶导数，到目标 x^2，求导截止，即

$$\frac{\mathrm{d}\sin x^2}{\mathrm{d}x^2}=\cos x^2.$$

② 分开来读符号，这个是一个微商：分子 $\sin x^2$ 是 x 的函数，对 x 求一阶导数，到 x 求导截止. 分母 x^2 是 x 的函数，对 x 求一阶导数，到 x 求导截止，即

$$\frac{\mathrm{d}\sin x^2}{\mathrm{d}x^2}=\dfrac{\frac{\mathrm{d}\sin x^2}{\mathrm{d}x}}{\frac{\mathrm{d}x^2}{\mathrm{d}x}}=\frac{2x\cos x^2}{2x}=\cos x^2.$$

二阶导数符号有：

$$y'',\ f''(x),\ \frac{\mathrm{d}^2y}{\mathrm{d}x^2},\ \frac{\mathrm{d}^2f(x)}{\mathrm{d}x^2}.$$

符号$\frac{\mathrm{d}^2y}{\mathrm{d}x^2}$，$\frac{\mathrm{d}^2f(x)}{\mathrm{d}x^2}$的含义仅有一层：它是整体符号，没有微商的含义和相应的性质，

意义是：

①y 是 x 的函数(y 内部包含有 x)，分子对象是分母对象的函数；

② 对 x 求一阶，再求一阶导数，累加到两阶，每次求导到 x，求导结束，也就是

$$\frac{d^2y}{dx^2}=\frac{d\left(\frac{dy}{dx}\right)}{dx}.$$

三阶导数符号有：

$$y''',\ f'''(x),\ \frac{d^3y}{dx^3},\ \frac{d^3f(x)}{dx^3}.$$

四阶导数符号有：

$$y^{(4)},\ f^{(4)}(x),\ \frac{d^4y}{dx^4},\ \frac{d^4f(x)}{dx^4}.$$

……

n 阶导数符号有：

$$y^{(n)},\ f^{(n)}(x),\ \frac{d^ny}{dx^n},\ \frac{d^nf(x)}{dx^n}.$$

特别强调，以上高阶导数符号均只有一层含义，就是一个整体符号，不再具有微商的含义，也不具备商的运算性质.

3.2.2 高阶导数的求导公式

依据五大类基本初等函数逐一论述.

(1) 幂函数：$(x^a)'=ax^{a-1}$，$(x^a)''=a(a-1)x^{a-2}$，$(x^a)'''=a(a-1)(a-2)x^{a-3}$，…

注意两大基本改写：$\sqrt[b]{x^a}=x^{\frac{b}{a}}$，$\frac{1}{x^a}=x^{-a}$ 以及基本的运算公式 $x^ax^b=x^{a+b}$，$\frac{x^a}{x^b}=x^{a-b}$，$(x^a)^b=x^{ab}$ 在幂函数求导中的应用.

对于正整数次幂，当 $m\geqslant n+1$ 时，有$(x^n)^{(m)}=0$.

(2) 指数函数：$(a^x)'=a^x\ln a$，$(a^x)''=a^x(\ln a)^2$，$(a^x)'''=a^x(\ln a)^3$，…

特别地，$(e^x)^{(n)}=e^x$.

(3) 对数函数：

$(\log_a^x)'=\frac{1}{x}\log_a^e$，$(\log_a^x)''=-\frac{1}{x^2}\log_a^e$，$(\log_a^x)'''=\frac{2!}{x^3}\log_a^e$，$(\log_a^x)^{(4)}=\frac{3!}{x^4}\log_a^e$，…

特别地，$(\ln x)'=\frac{1}{x}$，$(\ln x)''=-\frac{1}{x^2}$，$(\ln x)'''=\frac{2!}{x^3}$，$(\ln x)^{(4)}=\frac{3!}{x^4}$，…

(4) 三角函数：一次导数遵循这样的规律："余"则"负"、弦变弦、切变割方("正"则"正")、割变切割("余"则"余").

$$(\cos x)'=-\sin x,\quad (\cot x)'=-\csc^2x,\quad (\csc x)'=-\csc x\cot x;$$
$$(\sin x)'=\cos x,\quad (\tan x)'=\sec^2x,\quad (\sec x)'=\sec x\tan x.$$

正弦和余弦的高阶导数遵循周期为 4 的循环，也就是：

$$\sin^{(4n+p)}x=\sin^{(p)}x;\ \cos^{(4n+p)}x=\cos^{(p)}x,\ p=1,\ 2,\ 3,\ 4.$$

(5) 反三角函数的一阶导数也遵循“余”则“负”的规律，具体为：

$$(\arcsin x)'=\frac{1}{\sqrt{1-x^2}},\quad (\arccos x)'=-\frac{1}{\sqrt{1-x^2}},$$

$$(\arctan x)'=\frac{1}{1+x^2},\quad (\operatorname{arccot} x)'=-\frac{1}{1+x^2}.$$

此外，加法的高阶导数运算具备线性结构，乘积的高阶导数遵循二项式定理法则，也就是：

$$[f(x)g(x)]^{(n)}=C_n^0\ f(x)^{(n)}g(x)^{(0)}+C_n^1\ f(x)^{(n-1)}g(x)^{(1)}+C_n^2\ f(x)^{(n-2)}g(x)^{(2)}+\cdots+C_n^n f(x)^{(0)}g(x)^{(n)}.$$

例 10 ① 设 $y=x^2e^{2x}$，求 $y^{(5)}$；② 设 $y=\ln(3+7x-6x^2)$，求 $y^{(n)}$.

解：① 莱布尼兹公式法：

$$y^{(5)}=(x^2e^{2x})^{(5)}=C_5^0\ (e^{2x})^{(5)}x^2+C_5^1\ (e^{2x})^{(4)}(x^2)'+C_5^2\ (e^{2x})^{(3)}(x^2)''$$
$$=2^5e^{2x}x^2+10\times 2^4e^{2x}x+10\times 2^3e^{2x}.$$

② 找规律法：

$$y'=\frac{7-12x}{3+7x-6x^2}=\frac{3}{3x+1}+\frac{2}{2x-3}=3(3x+1)^{-1}+2(2x-3)^{-1},$$

$$y''=(-1)\times 3^2(3x+1)^{-2}+(-1)\times 2^2(2x-3)^{-2},$$

$$y'''=(-1)(-2)\times 3^3(3x+1)^{-3}+(-1)(-2)\times 2^3(2x-3)^{-3},$$

……

$$y^{(n)}=(-1)^{n-1}(n-1)!\ \times 3^n(3x+1)^{-n}+(-1)^{n-1}(n-1)!\ \times 2^n(2x-3)^{-n}.$$

3.2.3 高阶导数的具体问题

(1) 一般不超过三阶的高阶导数，可以根据高阶导数的定义，求一次，再求一次，直到达到目标.

例 11 $y=e^{-x}\sin 2x$，求 $y^{(3)}$.

解：$y'=-e^{-x}\sin 2x+2e^{-x}\cos 2x$；

$y''=e^{-x}\sin 2x-2e^{-x}\cos 2x-2e^{-x}\cos 2x-4e^{-x}\sin 2x=-3e^{-x}\sin 2x-4e^{-x}\cos 2x$；

$y'''=e^{-x}(11\sin 2x-2\cos 2x)$.

或者由乘积的高阶导数公式，有

$$y^{(3)}=(e^{-x}\sin 2x)^{(3)}$$
$$=C_3^0(e^{-x})^{(3)}(\sin 2x)^{(0)}+C_3^1(e^{-x})''(\sin 2x)'+C_3^2(e^{-x})'(\sin 2x)''+C_3^3(e^{-x})^{(0)}(\sin 2x)^{(3)}$$
$$=e^{-x}(11\sin 2x-2\cos 2x).$$

(2) 对于超过三阶的高阶导数，一般要找规律，或者使用积的高阶导数的公式.

例 12 已知：$y=\sin 2x$，求 $y^{(n)}$.

解：$y'=2\cos 2x$，$y''=-2^2\sin 2x$，$y'''=-2^3\cos 2x$，$y^{(4)}=2^4\sin 2x$，…

故 $y^{(n)}=2^n\sin\left(\frac{n\pi}{2}+2x\right)$.

例 13 已知：$y=x^2e^{-2x}$，求 $y^{(5)}$.

解：由乘积的高阶导数公式，有

$$y^{(5)}=(e^{-2x}x^2)^{(5)}=C_5^0(e^{-2x})^{(5)}(x^2)^{(0)}+C_5^1(e^{-2x})^{(4)}(x^2)'+C_5^2(e^{-2x})'''(x^2)''$$
$$=e^{-2x}(-32x^2+320x-160).$$

(3) 某点的高阶导数，可以使用此点的泰勒展式直接求解.

例 14 求 ① $(x\sin 2x)^{(6)}|_{x=0}$；② $(e^x\sin 2x)^{(5)}|_{x=0}$.

解：① $\sin 2x=2x-\frac{1}{3!}(2x)^3+\frac{1}{5!}(2x)^5+\cdots$

$$(x\sin 2x)^{(6)}=6\times 2^5+2^7x+\cdots$$

故 $(x\sin 2x)^{(6)}|_{x=0}=192.$

② $\sin 2x=2x-\frac{1}{3!}(2x)^3+\frac{1}{5!}(2x)^5+\cdots$

$$e^x=1+x+\frac{1}{2!}x^2+\frac{1}{3!}x^3+\cdots$$

$$e^x\sin 2x=\cdots+\left(2\times\frac{1}{4!}-\frac{2^3}{3!}\frac{1}{2!}+\frac{2^5}{5!}\right)x^5+\cdots$$

故 $(e^x\sin 2x)^{(5)}|_{x=0}=2\times\frac{1}{4!}-\frac{2^3}{3!}\frac{1}{2!}+\frac{2^5}{5!}.$

3.2.4 偏导数符号系统

对于函数 $z=f(x, y)$ 而言，一阶偏导数符号有：

$$z'_x,\ z'_y,\ f'_1,\ f'_2,\ f'_x,\ f'_y,\ \frac{\partial f(x, y)}{\partial x},\ \frac{\partial f(x, y)}{\partial y}.$$

符号 $\frac{\partial z}{\partial x}$，$\frac{\partial f}{\partial x}$ 的含义，同样有以下两种：

(1) 就是一个整体符号，含义为：$f(x, y)$ 是 x 与其他自变量的函数，对 x 求偏导数，求导到 x 即停止，这时候，其他自变量 y 视为常数.

(2) 它是一个全微商，也就有所谓的链式法则，如 $\frac{\partial f}{\partial u}\frac{\partial u}{\partial x}+\frac{\partial f}{\partial v}\frac{\partial v}{\partial x}$ 等.

二阶偏导数符号有：

$$f''_{11},\ f''_{12},\ f''_{21},\ f''_{22},\ f''_{xx},\ f''_{xy},\ f''_{yy},\ f''_{yx}.$$

对于符号 $\frac{\partial^2 f(x, y)}{\partial x^2}$，$\frac{\partial^2 f(x, y)}{\partial x\partial y}$，$\frac{\partial^2 f(x, y)}{\partial y\partial x}$，$\frac{\partial^2 f(x, y)}{\partial y^2}$ 类似于一元函数，所有的二阶以及二阶以上的求偏导数符号都只有一种含义，它们都是一个整体简约符号，没有微商的含义.

注意：① 偏导数在本质上和一元函数的导数没有差别，求导的流程也没有变化，值得注意的是，所谓的偏导数其实是特殊的两个方向上的方向导数(注意方向导数是单侧的).

② 表达式 f'_1，f'_2 与 f'_x，f'_y 存在一定的差异，当函数的表达式为 $z=f(x, y)$ 时，它们的意思是一样的，而当函数为 $z=f(t(x, y), m(x, y))$ 或者更加复杂时，它们的含义有很大的差别，f'_1，f'_2 表示对函数的第一、二部分整体求导，而 f'_x，f'_y 表示分别对函数中变

量 x，y 求导.

方向导数$\frac{\partial f(x,\ y)}{\partial x}\cos\alpha + \frac{\partial f(x,\ y)}{\partial y}\sin\alpha$是函数 $z=f(x,\ y)$ 在定点$(x_0,\ y_0)$，在方向向量$(\cos\alpha,\ \sin\alpha)$上的单侧导数，由于有方向的限制，这时变量 x，y 被固定在这个方向上，也就是两个变量满足关系：$\frac{x-x_0}{\cos\theta}=\frac{y-y_0}{\sin\theta}$. 通过消元，本质上依然是一元函数的导数，这是由导数的定义决定的. 如果使用直线的参数方程$\begin{cases} x=x_0+t\cos\theta, \\ y=y_0+t\sin\theta \end{cases}$ $(t>0)$ 就很容易理解了，注意，这里的 t 是定点$(x_0,\ y_0)$指向动点$(x,\ y)$的有向正距离.

方向导数$\frac{\partial f(x,\ y,\ z)}{\partial x}\cos\alpha + \frac{\partial f(x,\ y,\ z)}{\partial y}\cos\beta + \frac{\partial f(x,\ y,\ z)}{\partial z}\cos\gamma$ 是函数在方向向量$(\cos\alpha,\ \cos\beta,\ \cos\gamma)$上的导数(其中 α，β，γ 分别是方向与坐标轴正向形成的角度)，同样使用空间直线的参数方程$\begin{cases} x=x_0+t\cos\alpha, \\ y=y_0+t\cos\beta, \\ z=z_0+t\cos\gamma \end{cases}$ $(t>0)$ 来理解，注意，这里的 t 是动点$(x,\ y,\ z)$与定点$(x_0,\ y_0,\ z_0)$的有向正距离.

强调：偏导数、方向导数的本质都是定点指向动点方向，是逼近的方向选择的不同.

3.3 基本求导步骤和口诀

第一步：数数，两数一算.

一数：字母个数；

二数：等号个数(注意独立的等号，由其他等号推出的等号不计数)；

算：字母个数减去等号个数，得出自变量的个数，据此，将字母个数划分为两类：自变量个数和应变量个数；

第二步：念口诀.

对于求导运算，严格遵循如下口诀进行，不再区分一元和多元差异，也不再区分显函数与隐函数的差异，不再细分参数求导法则以及反解函数求导，所有的求导在统一的口诀下进行.

(1)"谁是谁的函数"(求导形式中的分子变量是分母变量的函数，分母变量是自变量，结合数数中自变量个数，确定是一元函数还是多元函数)，"谁内部有谁"(分子变量中含有分母变量)；

(2)"对谁求导，求几阶，求导到谁即止"(搞清楚求导到何时停止，阶数是多少，目标变量是谁)；

(3)"找出所有的它"(求导的对象，目标变量)；

首先，结合数数，根据字母变量的个数减去独立方程的个数 = 元的个数 = 自变量的个数 = 维数来计算自变量、因变量的个数；其次，由"对谁求导"与"谁是谁的函数"，确定哪些字母是自变量，哪些是因变量，注意因变量含有自变量，据此"找出函数中的它".

(4) 等式两边同时对它求导，根据它的个数确立两种求导规则中的一种：

第一，对于多个它，按照它与它的四则运算连接方法建立基本结构框架，也就是：

$$[f(x) \pm g(x)]' = f'(x) \pm g'(x);$$
$$[f(x)g(x)]' = f'(x)g(x) + f(x)g'(x);$$
$$\left[\frac{f(x)}{g(x)}\right]' = \frac{f'(x)g(x) - f(x)g'(x)}{g^2(x)}.$$

第二，对于单独的每个它，采用脱函数的方法，遵循脱函数准则，由外而内，外去内不动(内部视为公式中的变量 x)，直到它(求导的对象)停止，乘法连接每一个函数部分的导数，即所谓的链式法则：

$$(f[g(x)])' = f'[g(x)]g'(x).$$

或者多元的所谓链式法则：

$$\frac{\partial f(u,\ v)}{\partial x} = \frac{\partial f(u,\ v)}{\partial u}\frac{\partial u}{\partial x} + \frac{\partial f(u,\ v)}{\partial v}\frac{\partial v}{\partial x}.$$

若它是积分的限或者是以它为函数的限，则遵循：限代入乘以限的导数的规则，上限为正，下限为负.

第三，微积分基本定理：

$$\frac{\mathrm{d}\int_a^x g(t)\,\mathrm{d}t}{\mathrm{d}x} = g(x).$$

推广结论：

$$\frac{\mathrm{d}\int_a^{f(x)} g(t)\,\mathrm{d}t}{\mathrm{d}x} = g(f(x))f'(x);$$

$$\frac{\mathrm{d}\int_{f(x)}^{a} g(t)\,\mathrm{d}t}{\mathrm{d}x} = -g(f(x))f'(x).$$

注意：① 常数的两种位置与它相应的处理方法：

常数在加法位，求导时直接去掉；常数在乘法位，求导时直接保留不变，即

$$[f(x) + c]' = f'(x);$$
$$[cf(x)]' = cf'(x).$$

数分为参数与常数两类.

常数是指处在加法位或者乘法位的数，而参数是指函数的有机部分，主要是底数、指数. 在处理数的相关问题的时候，注意数的位置和它所属的类别.

例 15 指出 $2 \times 3^{x^4} + 5$ 中数的类别.

解："2"为乘法位常数，"3"为函数的底数是函数参数，"4"为函数指数是函数参数，"5"为加法位置常数.

常量具有同样的结构特征，在求偏导数的时候以及后来积分中要充分留意.

例 16 求 $\dfrac{\partial[g(x)f(x)^{q(y)r(x)} + m(x)]}{\partial y}$.

解：$g(x)$ 为乘法位常量，$f(x)$ 为函数的底数是函数参量，$r(x)$ 为函数指数是函数参量，$m(x)$ 为加法位置常量，故

$$\frac{\partial[g(x)f(x)^{q(y)^{r(x)}}+m(x)]}{\partial y}=g(x)f(x)^{q(y)^{r(x)}}\ln(f(x))r(x)q(y)^{r(x)-1}q'(y).$$

② 取对数的方法可以化高级运算为低级运算，在处理乘积运算和幂运算以及幂指函数的导数问题的时候，应注意合理采用，转化为幂指函数的具体公式为：

$$f(x)^{g(x)}=\mathrm{e}^{g(x)\ln(f(x))}.$$

例 17 求函数 $y=x^{\sin x}$ 的一阶导数.

解：两边同时取对数 $\ln y=\sin x\ln x$，两边同时对 x 求导数，

$$\frac{y'}{y}=\cos x\ln x+\frac{\sin x}{x}\Rightarrow y'=x^{\sin x}\left(\cos x\ln x+\frac{\sin x}{x}\right).$$

例 18 设 $y=\frac{f(x)}{g(x)}$，求 $\frac{\mathrm{d}y}{\mathrm{d}x}$.

解：两边同时取对数 $\ln y=\ln f(x)-\ln g(x)$，两边同时对 x 求导数，

$$\frac{y'}{y}=\frac{f'(x)}{f(x)}-\frac{g'(x)}{g(x)}\Rightarrow y'=\frac{f(x)}{g(x)}\left(\frac{f'(x)}{f(x)}-\frac{g'(x)}{g(x)}\right)=\frac{f'(x)g(x)-g'(x)f(x)}{g^2(x)}.$$

③ 在统一的求导规则下，不再区分显函数和隐函数，按照求导的基本步骤可以解决任何函数和方程组构成的函数的求导问题. 强调：一般而言，方程(组)中字母的个数减去方程的个数是自由未知数的个数，也就是自变量的个数，由此判断函数是一元还是多元函数. 在对某个自变量求导(偏导)的过程中，其他的自变量视为常量.

④ 不再区分一元导数和多元偏导数问题，它们在求导过程和求导方法上本质没有任何差别.

⑤ 在求某点的偏导数的时候，可以先将其他自变量的值代入，再求导.

例 19 求 $\left.\frac{\partial f(x,y,z)}{\partial x}\right|_{(1,2,3)}$.

解：可以先将 $y=2$，$z=3$ 代入，再对 x 求偏导，最后将 $x=1$ 代入，

$$\left.\frac{\partial f(x,y,z)}{\partial x}\right|_{(1,2,3)}=\left.\frac{\partial f(x,2,3)}{\partial x}\right|_{x=1}$$

例 20 求导训练题.

① 求函数 $f(x)=\ln|x|$ 的一阶导数.

② 求函数 $f(x)=\cos\left(1+\sin\frac{1}{x}\right)$ 的一阶导数.

③ 设 $y=\mathrm{e}^{\sin 2x}+\sqrt{\cos x}\,2^{\sqrt{\cos x}}$，求 $\frac{\mathrm{d}x}{\mathrm{d}y}$.

④ 设 $y=\sqrt[5]{\frac{x-5}{\sqrt[5]{x^2+2}}}$，求 y'.

⑤ 设 $y=f\left(\frac{3x-2}{3x+2}\right)$，$f'(x)=\arctan x^2$，求 $\left.\frac{\mathrm{d}y}{\mathrm{d}x}\right|_{x=0}$.

⑥ 设 $y\sin x-\cos(x-y)=0$，求 $\mathrm{d}y$.

⑦ 设 $\sqrt{y^2+x^2}=\mathrm{e}^{\arctan\frac{y}{x}}$，求 y'，y''.

⑧ 设 $2x - \tan(x-y) = \int_0^{x-y} \sec^2 t \mathrm{d}t$，求$\frac{\mathrm{d}y}{\mathrm{d}x}$，$\frac{\mathrm{d}^2y}{\mathrm{d}x^2}$.

⑨ 设$\begin{cases} x = \ln(1+t^2), \\ y = \arctan t, \end{cases}$ 求$\frac{\mathrm{d}y}{\mathrm{d}x}$，$\frac{\mathrm{d}^2y}{\mathrm{d}x^2}$.

⑩ 设$\begin{cases} x = f'(t), \\ y = tf'(t) - f(t), \end{cases}$ 其中函数 $f(x)$ 三阶可导，$f''(x) \neq 0$，求$\frac{\mathrm{d}y}{\mathrm{d}x}$，$\frac{\mathrm{d}^2y}{\mathrm{d}x^2}$.

⑪ 已知 $y = \int_1^{1+\sin t} (1 + \mathrm{e}^{\frac{1}{u}}) \mathrm{d}u$，$\begin{cases} x = \cos 2v, \\ t = \sin v, \end{cases}$ 求$\frac{\mathrm{d}y}{\mathrm{d}x}$.

⑫ 已知$\begin{cases} x = 3t^2 + 2t + 3, \\ \mathrm{e}^y \sin t - y + 1 = 0, \end{cases}$ 求$\frac{\mathrm{d}y}{\mathrm{d}x}$.

⑬ 设函数 $f(x)$ 在 $\mathbf{R}$ 上连续，求$\frac{\mathrm{d}\int_0^x s^{n-1} f(x^n - s^n)\mathrm{d}s}{\mathrm{d}x}$.

解：①$f(x) = \begin{cases} \ln x, & x > 0, \\ \ln(-x), & x < 0, \end{cases}$

$$f'(x) = \frac{1}{x}.$$

② $f'(x) = \sin\left(1 + \sin\frac{1}{x}\right)\cos\frac{1}{x}\frac{1}{x^2}$.

③$y' = \mathrm{e}^{\sin 2x}\sin 2x - \frac{1}{2}\cos^{-\frac{1}{2}x}\sin x 2^{\cos\frac{1}{2}x} + \frac{1}{2}\sin x 2^{\cos\frac{1}{2}x}\ln 2$.

④ 取对数简化运算：

$$\ln y = \frac{1}{5}\ln(x-5) - \frac{1}{25}\ln(x^2+2),$$

$$y' = y\left(\frac{1}{5(x-5)} - \frac{2x}{25(x^2+2)}\right).$$

⑤ $y'\big|_{x=0} = f'\left(\frac{3x-2}{3x+2}\right)\frac{12}{(3x+2)^2}\bigg|_{x=0} = 3f'(-1) = \frac{3\pi}{4}$.

⑥ 两边同时对 x 求导，有：

$$y'\sin x + y\cos x + \sin(x-y)(1-y') = 0,$$

求出 $y' = \frac{\sin(x-y) + y\cos x}{\sin(x-y) - \sin x}$，

所以 $\mathrm{d}y = \frac{\sin(x-y) + y\cos x}{\sin(x-y) - \sin x}\mathrm{d}x$.

⑦ 两边同时取对数，$\frac{\ln(y^2+x^2)}{2} = \arctan\frac{y}{x}$，两边同时对 x 求导，有

$$\frac{yy' + x}{y^2 + x^2} = \frac{y'x - y}{x^2 + y^2}，\ y' = \frac{x+y}{x-y},$$

$$(1-y')y' + (x-y)y'' = 1 + y'，\ y'' = \frac{1+(y')^2}{x-y}.$$

⑧ 两边同时对 x 求导，$2-\sec^2(x-y)(1-y')=\sec^2(x-y)(1-y')$，

$y'=\sin^2(x-y)$，$y''=2\sin2(x-y)(1-y')=2\sin2(x-y)\cos^2(x-y)$.

⑨ $\dfrac{dy}{dx}=\dfrac{\frac{dy}{dt}}{\frac{dx}{dt}}=\dfrac{1}{2t}$，$\dfrac{d^2y}{dx^2}=\dfrac{d\frac{dy}{dx}}{dx}=\dfrac{\frac{d\frac{1}{2t}}{dt}}{\frac{dx}{dt}}=\dfrac{1+t^2}{-4t^3}$.

⑩ $\dfrac{dy}{dx}=\dfrac{\frac{dy}{dt}}{\frac{dx}{dt}}=t$，$\dfrac{d^2y}{dx^2}=\dfrac{d\frac{dy}{dx}}{dx}=\dfrac{dt}{dx}=\dfrac{1}{f''(t)}$.

⑪ $\dfrac{dy}{dx}=(1+e^{\frac{1}{1+\sin t}})\cos t\dfrac{dt}{dv}\dfrac{dv}{dx}=-(1+e^{\frac{1}{1+\sin t}})\cos t\cos v\dfrac{1}{2\sin2v}=-(1+e^{\frac{1}{1+\sin t}})\dfrac{\cos t}{2\sin v}$.

⑫ 因为 $1=6t\dfrac{dt}{dx}+2\dfrac{dt}{dx}$，

所以$\dfrac{dt}{dx}=\dfrac{1}{6t+2}$.

又 $e^y\sin t\dfrac{dy}{dt}+e^y\cos t-\dfrac{dy}{dx}=0$，

$$\frac{dy}{dt}=\frac{e^y\cos t}{e^y\sin t+1},$$

所以$\dfrac{dy}{dx}=\dfrac{dy}{dt}\dfrac{dt}{dx}=\dfrac{e^y\cos t}{e^y\sin t+1}\dfrac{1}{6t+2}$.

⑬ 原式$=x^{n-1}f(0)-n\int_0^x x^{n-1}s^{n-1}f'(x^n-s^n)ds=x^{n-1}f(0)+nx^{n-1}\int_0^x f'(x^n-s^n)d(x^n-s^n)$

$-x^{n-1}f(0)+nx^{n-1}[f(0)-f(x^n)]=(n+1)x^{n-1}f(0)-nx^{n-1}f(x^n)$.

例 21 求下列高阶导数.

① 已知 $y=\dfrac{1}{x^2+x-2}$，求 $y^{(n)}$.

② 已知 $y=\dfrac{x}{\sqrt[3]{x+1}}$，求 $y^{(n)}$.

③ 已知 $y=\sin^3x$，求 $y^{(n)}$.

④ 已知 $y=e^{x^2}$，使用泰勒展式求$y^{(n)}\big|_{x=0}$.

解：①$y=\dfrac{1}{3}\left(\dfrac{1}{x-1}-\dfrac{1}{x+2}\right)$，$\left(\dfrac{1}{x-1}\right)^{(n)}=((x-1)^{-1})^{(n)}=(-1)^n n!\ (x-1)^{-n-1}$，

$$\left(\frac{1}{x+2}\right)^{(n)}=((x+2)^{-1})^{(n)}=(-1)^n n!\ (x+2)^{-n-1},$$

$$y^{(n)}=\frac{(-1)^n n!\ [(n-1)^{-n-1}-(x+2)^{-n-1}]}{3}.$$

② $y=\dfrac{x+1-1}{(x+1)^{\frac{1}{3}}}=(x+1)^{\frac{2}{3}}-(x+1)^{-\frac{1}{3}}$，

$$\left((x+1)^{\frac{2}{3}}\right)^{(n)}=\frac{2\times(-1)\times\cdots(5-3n)}{3^n}(x+1)^{\left(\frac{2}{3}-n\right)},$$

$$\left((x+1)^{\frac{1}{3}}\right)^{(n)}=\frac{(-1)\times(-4)\times\cdots(2-3n)}{3^n}(x+1)^{\left(-\frac{1}{3}-n\right)},$$

所以

$$y^{(n)}=\frac{2\times(-1)\times\cdots(5-3n)}{3^n}(x+1)^{\left(\frac{2}{3}-n\right)}-\frac{(-1)\times(-4)\times\cdots(2-3n)}{3^n}(x+1)^{\left(-\frac{1}{3}-n\right)}.$$

③ $y=\sin^3 x=\frac{3\sin x}{4}-\frac{\sin 3x}{4}$,

$$\left(\frac{3\sin x}{4}\right)^{(n)}=\frac{3\sin\left(\frac{n\pi}{2}+x\right)}{4},$$

$$\left(\frac{\sin 3x}{4}\right)^{(n)}=\frac{3^n\sin\left(\frac{n\pi}{2}+3x\right)}{4},$$

所以 $y^{(n)}=\frac{3\sin\left(\frac{n\pi}{2}+x\right)}{4}-\frac{3^n\sin\left(\frac{n\pi}{2}+3x\right)}{4}.$

④ $y=e^{x^2}=1+x^2+\frac{x^4}{2!}+\frac{x^6}{3!}+\cdots$

当 $n=2k$, $k\in\mathbf{N}$ 时,

$$y^{(n)}=\frac{(2k)!}{k!}+\frac{(2k+2)(2k+1)\cdots(3)}{(k+1)!}x^2+\frac{(2k+4)(2k+3)\cdots(5)}{(k+2)!}x^4+\cdots$$

所以$y^{(n)}\big|_{x=0}=\frac{(2k)!}{k!}$,

当 $n=2k+1$, $k\in\mathbf{N}$ 时, $y^{(n)}\big|_{x=0}=0$.

例 22 偏导数有关问题.

① 设$f(x, y)=4xy\varphi(x, y)$, $\varphi(x, y)$ 二阶可导, 求$f_{xy}(0, 0)$.

② 设$f(x, y, z)=(x^2+y^2+z^2)u+v$, $u(x, y, z)$, $v(x, y, z)$ 三阶可导, 且

$$\frac{\partial^2 u}{\partial x^2}+\frac{\partial^2 u}{\partial y^2}+\frac{\partial^2 u}{\partial z^2}=0,\ \frac{\partial^2 v}{\partial x^2}+\frac{\partial^2 v}{\partial y^2}+\frac{\partial^2 v}{\partial z^2}=0.$$

③ 设$v=u\left(\frac{x}{x^2+y^2}, \frac{y}{x^2+y^2}\right)$, $u(x,y)$ 二阶可导, 且$\frac{\partial^2 u}{\partial x^2}+\frac{\partial^2 u}{\partial y^2}=0$, 证明: $\frac{\partial^2 v}{\partial x^2}+\frac{\partial^2 v}{\partial y^2}=0$.

④ 设 $x=u\sin v$, $y=u\cos v$, $z=ue^v$, 求 z_x, z_y.

⑤ 设 $x=x(u, y)$ 满足方程组 $u=f(x, y)+xv$, $y=g(x, v)+yu$, 其中f, g 一阶可导, $(f_x+v)g_v\neq xg_x$, 求$\frac{\partial x}{\partial y}$.

⑥ 设$x=x(u, v)$, $y=y(u, v)$ 满足方程组$f(x, \varphi(y, u))=0$, $g(\psi(x, v), y)=0$, 其中f, g, φ, ψ 一阶可导, $f_2g_1\varphi_y\psi_x\neq f_1g_2$, 求 x_u, y_u.

⑦ 设 $u=f(z)$，$z=x+y\varphi(z)$，其中 f，φ 足够可微，则 $\dfrac{\partial^n u}{\partial y^n}=\dfrac{\partial^{n-1}}{\partial y^{n-1}}(\varphi(z)u_x)$.

⑧ 设 $u=yf(x^2-y^2)$，其中 f 足够可微，证明：$\dfrac{u_x}{x}+\dfrac{u_y}{y}=\dfrac{u_x}{y^2}$.

① **解**：$f_x=4y\varphi(x,\ y)+4xy\varphi_x(x,\ y)$，

$$f_{xy}=4\varphi(x,\ y)+4y\varphi_y(x,\ y)+4x\varphi_x(x,\ y)+4xy\varphi_{xy}(x,\ y),$$

所以 $f_{xy}(0,\ 0)=4\varphi(0,\ 0)$.

② **证明**：$f_{xx}+f_{yy}+f_{zz}=6u+4(xu_x+yu_y+zu_z)$.

证明：$f_x=2xu+(x^2+y^2+z^2)u_x+v_x$，

$$f_{xx}=2u+4xu_x+(x^2+y^2+z^2)u_{xx}+v_{xx},$$

由对称性知

$$f_{xx}+f_{yy}+f_{zz}=6u+4(xu_x+yu_y+zu_z).$$

③ **证明**：$v_x=u_1\dfrac{-x^2+y^2}{(x^2+y^2)^2}-u_2\dfrac{2yx}{(x^2+y^2)^2}$,

$$v_{xx}=u_{11}\left(\frac{-x^2+y^2}{(x^2+y^2)^2}\right)^2+u_{12}\frac{-2xy(-x^2+y^2)}{(x^2+y^2)^4}+u_1\frac{2x^3-6xy^2}{(x^2+y^2)^3}$$

$$-u_{21}\frac{2xy(-x^2+y^2)}{(x^2+y^2)^4}-u_{22}\left(\frac{2xy}{(x^2+y^2)^2}\right)^2-u_2\frac{-6yx^2+2y^3}{(x^2+y^2)^3}$$

由对称性知 $v_{xx}+v_{yy}=0$.

④ **解**：$1=u_x\sin v+u\cos v v_x$，$0=u_x\cos v-u\sin v v_x$，

所以 $u_x=\sin v$，$v_x=\dfrac{\cos v}{u}$,

从而 $z_x=u_x\mathrm{e}^v+u\mathrm{e}^v v_x=\mathrm{e}^v(\sin v+\cos v)$，

同理 $z_y=u_y\mathrm{e}^v+u\mathrm{e}^v v_y=\mathrm{e}^v(\cos v-\sin v)$.

⑤ **解**：y，u 是自变量，方程组两边同时对 y 求偏导：

$$0=f_x\frac{\partial x}{\partial y}+f_y+v\frac{\partial x}{\partial y}+x\frac{\partial v}{\partial y},$$

$$1=g_x\frac{\partial x}{\partial y}+u+g_v\frac{\partial v}{\partial y},$$

上述两式消去 $\dfrac{\partial v}{\partial y}$，得到：

$$\frac{\partial x}{\partial y}=\frac{-x-g_vf_y+ux}{g_vf_x+vg_u-xg_x}.$$

⑥ **解**：u，v 是自变量，方程组两边同时对 u 求偏导：

$$f_1\frac{\partial x}{\partial u}+f_2\varphi_1\frac{\partial y}{\partial u}+f_2\varphi_2=0,$$

$$g_1\psi_1\frac{\partial x}{\partial u}+g_2\frac{\partial y}{\partial u}=0,$$

上述两式消去$\frac{\partial y}{\partial u}$，得到

$$\frac{\partial x}{\partial u}=\frac{-g_2f_2\varphi_2}{g_2f_1-f_2\varphi_1g_1\psi_1}.$$

同理可得

$$\frac{\partial y}{\partial u}=\frac{g_1f_2\varphi_2\psi_1}{g_2f_1-f_2\varphi_1g_1\psi_1}.$$

⑦ **解**：x，y 是自变量，方程组两边同时对 x 求偏导：

$$z_x=1+y\varphi'(z)z_x\Rightarrow z_x=\frac{1}{1-y\varphi'(z)},$$

$$u_x=f'(z)z_x\Rightarrow u_x=\frac{f'(z)}{1-y\varphi'(z)}.$$

方程组两边同时对 y 求偏导：

$$z_y=\varphi(z)+y\varphi'(z)z_y\Rightarrow z_y=\frac{\varphi(z)}{1-y\varphi'(z)},$$

$$u_y=f'(z)z_y\Rightarrow\frac{\partial u}{\partial y}=\frac{f'(z)\varphi(z)}{1-y\varphi'(z)}=\frac{\partial^n u}{\partial y^n}=\frac{\partial^{n-1}\left(\frac{f'(z)\varphi(z)}{1-y\varphi'(z)}\right)}{\partial y^{n-1}}=\frac{\partial^{n-1}}{\partial y^{n-1}}(\varphi(z)u_x).$$

⑧ **证明**：x，y 是自变量，方程组两边同时分别对 x，y 求偏导：

$$u_x=2xyf'(x^2-y^2),$$

$$u_y=-2y^2f'(x^2-y^2)+f(x^2-y^2),$$

所以

$$x^{-1}u_x+y^{-1}u_y=y^{-1}f(x^2-y^2)=y^{-2}u.$$

3.4 微分中值定理

在与导数有关的存在性问题的证明过程中，通常寻找导数的原函数，再利用原函数在闭区间上的有关存在性定理来证明. 例如，使用罗尔中值定理、拉格朗日中值定理、柯西中值定理和泰勒展式这些定理来证明是微分中值定理使用的基本策略.

3.4.1 费马定理

条件：① 函数 $f(x)$ 在某点 x_0 处是极值；② 函数在此点可导.

结论：此点的导数是 0，即 $f'(x_0)=0$.

证明：假设此点为极大值，则有 $\forall x\in U^0(x_0,\delta)$，$f(x)<f(x_0)$，故由导数的定义知：

$$f'_-(x_0)=\lim_{x\to x_0}\frac{f(x)-f(x_0)}{x-x_0}=a\geqslant 0,$$

且

$$f'_+(x_0)=\lim_{x\to x_0}\frac{f(x)-f(x_0)}{x-x_0}=a\leqslant 0,$$

从而 $$f'(x_0)=f'_-(x_0)=f'_+(x_0)a=0.$$

3.4.2 罗尔定理

条件：① 函数$f(x)$在闭区间$[a, b]$上连续（俗称闭连）；② 在开区间(a, b)上可导（俗称开导）；③ 端点值相等$f(a)=f(b)$.

结论：在开区间(a, b)上至少存在一点x_0，此点的导数是0，即$f'(x_0)=0$.

此定理的特点是：导数等于0.

证明：函数$f(x)$在闭区间$[a, b]$上连续，则函数$f(x)$在$[a, b]$上存在最大、最小值，而端点值相等，$f(a)=f(b)$，说明若最大、最小值同时出现在端点，此函数为常数函数，结论成立；若不同时出现在端点，则必有最大或者最小值出现在开区间(a, b)上某点x_0，由于开区间可导，故此点x_0必为可导极值点，故$f'(x_0)=0$.

罗尔定理是一个特殊的微分中值定理，根据“特殊引导一般，一般转化为特殊”的思想，可以依次得到如下更加一般化的微分中值定理.

3.4.3 拉格朗日定理

条件：① 函数$f(x)$在闭区间$[a, b]$上连续（俗称闭连）；② 在开区间(a, b)上可导（俗称开导）.

结论：在开区间(a, b)上至少存在一点x_0，此点的导数等于两个端点连线的斜率，即$f'(x_0)=\dfrac{f(b)-f(a)}{b-a}$.

证明：根据“一般转化为特殊，特殊引导一般”有，要证明$f'(x_0)=\dfrac{f(b)-f(a)}{b-a}$只需要证明$f'(x_0)-\dfrac{f(b)-f(a)}{b-a}=0$，由罗尔定理，可以对左边的原函数$F(x)=f(x)-\dfrac{f(b)-f(a)}{b-a}x$进行罗尔定理三个条件的验证，结果全部满足，故原结论成立.

3.4.4 柯西中值定理

条件：① 函数$f(x)$，$g(x)$在闭区间$[a, b]$上连续（俗称闭连）；② 在开区间(a, b)上可导（俗称开导）；③ 端点值相等$g(b)\neq g(a)$，$g'(x)\neq 0$.

结论：在开区间(a, b)上至少存在一点x_0，满足$\dfrac{f'(x_0)}{g'(x_0)}=\dfrac{f(b)-f(a)}{g(b)-g(a)}$.

证明：根据“一般转化为特殊，特殊引导一般”有，要证明$\dfrac{f'(x_0)}{g'(x_0)}=\dfrac{f(b)-f(a)}{g(b)-g(a)}$，只需要证明$(g(b)-g(a))f'(x_0)-(f(b)-f(a))g'(x_0)=0$，由罗尔定理，可以对左边的原函数$F(x)=(g(b)-g(a))f(x_0)-(f(b)-f(a))g(x_0)$进行罗尔定理三个条件的验证，结果全部满足，故原结论成立.

注意：① 柯西中值定理是两个函数在同一个闭区间上的定理，但不是拉格朗日定理简单的两个函数的除法；

② 使用中值定理在证明存在性问题的时候，构造函数是关键. 基本的构造方法是以题目中的导数部分为基础，寻找它对应的原函数，然后逐一检查构造函数是否满足定理的条件；

③ 中值定理同样可以用来证明不等式相关问题，核心也是原函数的构造问题，方法类似.

④ 可以使用拉格朗日或者柯西中值定理的问题，一般而言是一阶问题，此类问题中有原函数的端点值的差，如果是高阶问题，那么可以尝试反复使用这类定理.

题型一：存在性问题的证明.

处理方法步骤：第一，原函数是什么？第二，在哪个区间上使用中值定理？第三，条件的验证；第四，下结论.

例 23 设函数 $f(x)$ 在区间 $[0, a]$ 上连续，在区间 $(0, a)$ 上可导，$f(a)=0$，证明：$\exists \zeta \in (0, a)$，使得 $f(\zeta)+\zeta f'(\zeta)=0$.

证明：原函数的构造：由 $f(\zeta)+\zeta f'(\zeta)=0$ 的右边是 0，考虑使用罗尔定理，找该式的左边函数 $f(x)+xf'(x)$ 的原函数，为 $F(x)=xf(x)$.

验证函数 $F(x)=xf(x)$ 在区间 $[0, a]$ 上连续，在区间 $(0, a)$ 上可导，$F(0)=0=F(a)$，故 $\exists \zeta \in (0, a)$，使得 $f(\zeta)+\zeta f'(\zeta)=0$.

例 24 设函数 $f(x)$ 在区间 $[a, b]$ 上连续，在区间 (a, b) 上可导，证明：$\exists \xi \in (0, a)$，使得 $\xi f'(\xi)\ln\dfrac{b}{a}=f(b)-f(a)$.

证明：观察结论存在双函数的差，考虑使用柯西中值定理，函数 $f(x)$，$\ln x$ 在区间 $[a, b]$ 上连续，在区间 (a, b) 上可导，故存在 $\xi \in (a, b)$，s. t. $\dfrac{f(b)-f(a)}{\ln b-\ln a}=\dfrac{f'(\xi)}{\dfrac{1}{\xi}} \Rightarrow \xi f(\xi)\ln\left(\dfrac{b}{a}\right)=f(b)-f(a)$.

例 25 设函数 $f(x)$ 在 $x=0$ 的邻域内具有 n 阶导数，且 $f(0)=f'(0)=\cdots=f^{(n-1)}(0)=0$，证明：$\exists \theta \in (0, 1)$，使得 $\dfrac{f(x)}{x^n}=\dfrac{f^{(n)}(\theta x)}{n!}$.

证明：观察结论存在双函数的差，考虑使用柯西中值定理，函数 $f(t)$，t^n 在区间 $[0, x]$ 上连续，在区间 $(0, x)$ 上可导，故存在 $\xi \in (0, x)$，s. t. $\dfrac{f(x)-f(0)}{x^n-0^n}=\dfrac{f'(\xi)}{n\xi^{n-1}} \Rightarrow \dfrac{f(x)}{x^n}=\dfrac{f'(\xi)}{n\xi^{n-1}}$.

进一步，函数 $f'(t)$，nt^{n-1} 在区间 $[0, \xi]$ 上连续，在区间 $(0, \xi)$ 上可导，故存在

$$\xi_1 \in (0, \xi),\ \text{s. t. } \frac{f'(\xi)-f'(0)}{n\xi^{n-1}-0^n}=\frac{f''(\xi_1)}{n(n-1)\xi_1^{n-2}} \Rightarrow \frac{f(x)}{x^n}=\frac{f'(\xi)}{n\xi^{n-1}}=\frac{f''(\xi_1)}{n(n-1)\xi_1^{n-2}}.$$

如此，连使用 n 次柯西中值定理可以得到结论.

特别说明：这个结论可以用来证明泰勒展式.

题型二：证明不等式.

处理方法步骤：第一，函数是什么？第二，在哪个区间上使用中值定理？第三，消去

中值，即可得不等式.

例 26 证明如下不等式.

① 当 $x>1$ 时，$e^x>xe^x$；② 当 $x>0$ 时，$\dfrac{x}{1+x}<\ln(x+1)<x$.

证明： ① 对函数 $f(t)=e^t$ 在区间 $[1,x]$ 上使用拉格朗日中值定理有，存在

$$\xi\in(1,x),\ \text{s.t.}\ \frac{e^x-e^1}{x-1}=e^{\xi}.$$

由 $$1<\xi<x\Rightarrow e^1<e^{\xi}<e^x$$

故 $$e^x-e^1=(x-1)e^{\xi}>(x-1)e^1\Rightarrow e^x>xe^x.$$

② 对函数 $f(t)=\ln(1+t)$ 在区间 $[0,x]$ 上使用拉格朗日中值定理有，存在

$$\xi\in(0,x),\ \text{s.t.}\ \frac{\ln(1+x)-\ln(1+0)}{x-0}=\frac{1}{1+\xi},$$

由 $$0<\xi<x\Rightarrow\frac{1}{0+1}>\frac{1}{\xi+1}>\frac{1}{x+1},$$

故 $$\ln(x+1)=\frac{1}{1+\xi}\Rightarrow\frac{x}{1+x}<\ln(x+1)<x.$$

题型三，求差的极限.

例 27 ① 求极限 $\lim\limits_{x\to\infty}(\ln\arctan(1+x))-\ln\arctan x$；

② 已知函数 $\lim\limits_{x\to\infty}f'(x)=k$，求 $\lim\limits_{x\to\infty}(f(x+a)-f(x))$.

解： ① 对函数 $f(t)=\ln\arctan t$ 在区间 $[x,x+1]$ 上使用拉格朗日中值定理有，存在 $\xi\in(x,x+1)$，s.t. $\dfrac{\ln\arctan(x+1)-\ln\arctan x}{(x+1)-x}=\dfrac{1}{(1+\xi^2)\arctan\xi}$,

故 $\lim\limits_{x\to\infty}(\ln\arctan(x+1)-\ln\arctan x)=\lim\limits_{\xi\to\infty}\dfrac{1}{(1+\xi^2)\arctan\xi}=0.$

② 不妨设 $a\geqslant 0$，对函数 $f(t)$ 在区间 $[x,x+a]$ 上使用拉格朗日中值定理，存在

$$\xi\in(x,x+a),\ \text{s.t.}\ \frac{f(x+a)-f(x)}{(x+a)-x}=f'(\xi)\Rightarrow f(x+a)-f(x)=af'(\xi),$$

故 $\lim\limits_{x\to\infty}(f(x+a)-f(x))=\lim\limits_{\xi\to\infty}af'(\xi)=ak.$

3.5 泰勒展式(高阶微分中值定理)

例 28 设函数 $f(x)$ 在 $x=0$ 的某邻域内具有 n 阶导数，且

$f(0)=f'(0)=f''(0)=\cdots=f^{n-1}(0)=0$. 证明：存在中值 $\dfrac{f(x)}{x^n}=\dfrac{f^{(n)}(\theta x)}{n!}(0<\theta<1)$.

证明： 对两个函数 $f(t)$，t^n 在区间 $[0,x]$ 或者 $[x,0]$ 上使用柯西中值定理，有

$$\frac{f(x)}{x^n}=\frac{f(x)-f(0)}{x^n-0^n}=\frac{f'(x_0)}{nx_0^{n-1}}\ (x_0\text{ 介于 }0\text{ 与 }x\text{ 之间}).$$

对两个函数 $f'(t)$，nt^{n-1} 在区间 $[0,x_0]$ 或者 $[x_0,0]$ 上使用柯西中值定理，有

$$\frac{f(x)}{x^n}=\frac{f'(x_0)}{nx_0^{n-1}}=\frac{f'(x_0)-f'(0)}{nx_0^{n-1}-n\cdot 0^{n-1}}=\frac{f''(x_1)}{n(n-1)x_1^{n-2}}\ (x_1\text{ 介于 }0\text{ 与 }x_0\text{ 之间}).$$

如此下去.

对两个函数 $f^{(n-1)}(t)$，$n!\ t$ 在区间 $[0, x_{n-2}]$ 或者 $[x_{n-2}, 0]$ 上使用柯西中值定理有

$$\frac{f(x)}{x^n}=\frac{f^{(n-1)}(x_{n-2})}{n!\ x_{n-2}}=\frac{f^{(n-1)}(x_{n-2})-f^{(n-1)}(0)}{n!\ x_{n-2}-n!\cdot 0}=\frac{f^{(n)}(x_{n-1})}{n!}=\frac{f^{(n)}(\theta x)}{n!}(0<\theta<1).$$

下面由特例引导一般.

例 29 设函数 $f(x)$ 在 $x=x_0$ 的某邻域内具有 n 阶导数，证明：

$$f(x)=f(x_0)+f'(x_0)(x-x_0)+f''(x_0)\frac{(x-x_0)^2}{2!}+\cdots+\frac{f^{(n)}(x_0+\theta(x-x_0))}{n!}(x-x_0)^n$$
$$(0<\theta<1).$$

证明：对两个函数

$$F(t)=f(t)-f(x_0)-f'(x_0)(t-x_0)-f''(x_0)\frac{(t-x_0)^2}{2!}-\cdots-f^{(n-1)}(x_0)\frac{(t-x_0)^{n-1}}{(n-1)!}\text{ 与}$$

$G(t)=(t-x_0)^n$ 验证上述例子的条件，发现均满足，故上述例子有：

$$\frac{F(x)}{G(x)}=\frac{f(x)-f(x_0)-f'(x_0)(x-x_0)-f''(x_0)\frac{(x-x_0)^2}{2!}-\cdots-f^{(n-1)}(x_0)\frac{(x-x_0)^{n-1}}{(n-1)!}}{(x-x_0)^n}$$

$$=\frac{f^{(n)}(x_0+\theta(x-x_0))}{n!}(0<\theta<1).$$

故

$$f(x)=f(x_0)+f'(x_0)(x-x_0)+f''(x_0)\frac{(x-x_0)^2}{2!}+\cdots+\frac{f^{(n)}(x_0+\theta(x-x_0))}{n!}(x-x_0)^n$$
$$(0<\theta<1).$$

这就是泰勒展式.

当 $x=0$ 时，有

$$f(x)=f(0)+f'(0)x+f''(0)\frac{x^2}{2!}+\cdots+\frac{f^{(n)}(\theta x)}{n!}x^n\quad(0<\theta<1).$$

这就是麦克劳林公式.

麦克劳林公式是泰勒公式的特例，当然，我们只需要记住麦克劳林公式即可，使用平移的方法得到泰勒展式.

关于泰勒展式，最重要的基本任务是要牢记五大类基本函数的展式，它们是基本记忆公式.

就泰勒展式的本质而言，其实是高阶的中值定理. 因此，遇到高阶的问题，不妨首先考虑从泰勒定理入手，入手之前，要先问清楚如下问题：

对哪个函数展开？这个函数在哪个点处展开？公式中的变量 x 取何值？

具体相关问题为：

① 使用函数泰勒展式在 0 点的展式(麦克劳林公式)，采用套用公式的方法，求解此

函数在其他任何点的展开公式;

② 使用泰勒展式进行极限中的0相互替换,求$\frac{0}{0}$型极限;

③ 使用泰勒展式去解决2阶以及2阶以上的相关导数问题(这是一个关于高阶问题最基本的思考方法);

④ 近似计算问题与近似逼近;

⑤ 求某点的高阶导数.

例30　已知$y=x^3\sin x$,求$y^{(6)}(0)$.

解:函数$\sin x$的麦克劳林公式为

$$\sin x = x - \frac{x^3}{3!} + \frac{x^5}{5!} - \frac{x^7}{7!} + \cdots$$

$$x^3\sin x = x^4 - \frac{x^6}{3!} + \frac{x^8}{5!} - \frac{x^{10}}{7!} + \cdots$$

所以$(x^3\sin x)\Big|_{x=0}^{(6)} = 120$.

题型一:套公式和逐项求导,逐项求积分展式.

例31　求e^{-x^2}的麦克劳林公式.

解:函数e^x的麦克劳林公式为

$$e^x = 1 + x + \frac{x^2}{2!} + \frac{x^3}{3!} + \cdots$$

将公式中的x替换成$-x^2$,即可得到

$$e^{-x^2} = 1 - x^2 + \frac{x^4}{2!} - \frac{x^6}{3!} + \cdots$$

例32　求$\arctan x$的麦克劳林公式.

解:函数$\frac{1}{1+x}$的麦克劳林公式为

$$\frac{1}{1+x} = 1 - x + x^2 - x^3 + \cdots$$

将公式中的x替换成x^2,即可得到

$$\frac{1}{1+x^2} = 1 - x^2 + x^4 - x^6 + \cdots$$

对上面等式两边逐项积分得到

$$\arctan x = c + x - \frac{x^3}{3} + \frac{x^5}{5} - \frac{x^7}{7} + \cdots (c\text{为常数})$$

令$x=0$,代入上面等式恒成立,计算出$c=0$,得到

$$\arctan x = x - \frac{x^3}{3} + \frac{x^5}{5} - \frac{x^7}{7} + \cdots$$

例33　求函数$\ln x$在$x=4$处的泰勒展式.

解:$\frac{1}{1+x}$的麦克劳林公式为

$$\frac{1}{1+x}=1-x+x^2-x^3+\cdots$$

对上面等式两边逐项积分得到

$$\ln(1+x)=x-\frac{x}{2}+\frac{x^3}{3}-\frac{x^4}{4}+\cdots$$

变形 $$\ln x=\ln 4+\ln\left(1+\frac{x-4}{4}\right)$$

将

$$\ln(1+x)=x-\frac{x^2}{2}+\frac{x^3}{3}-\frac{x^4}{4}+\cdots$$

中的 x 替换为$\frac{x-4}{4}$代入上面等式得到答案.

题型二：使用泰勒展式求极限.

例 34 求以下函数的极限.

① $\lim\limits_{x\to 0}\frac{\frac{x^2}{2}+1-\sqrt{1+x^2}}{(\cos x-e^{x^2})\sin x^2}$；② $\lim\limits_{n\to\infty}\left[n-n^2\ln\left(1+\frac{1}{n}\right)\right]$；

③ $\lim\limits_{x\to\infty}(\sqrt[3]{x^3+3x^2}-\sqrt[4]{x^4-2x^3})$；④ $\lim\limits_{x\to 0}\frac{\cos x-e^{-\frac{x^2}{2}}}{(x+\ln(1-x))\sin x^2}$.

解： ① $\lim\limits_{x\to 0}\frac{\frac{x^2}{2}+1-\sqrt{1+x^2}}{(\cos x-e^{x^2})\sin x^2}=\lim\limits_{x\to 0}\frac{\frac{x^2}{2}+1-1-\frac{x^2}{2}+\frac{x^4}{8}}{\left(1-\frac{x^2}{2}-1-x^2\right)x^2}=-\frac{4}{3}$;

② $\lim\limits_{n\to\infty}\left[n-n^2\ln\left(1+\frac{1}{n}\right)\right]=\lim\limits_{n\to\infty}\left[n-n^2\left(\frac{1}{n}-\frac{1}{2n^2}\right)\right]=\frac{1}{2}$;

③ $$\lim_{x\to\infty}\left(\sqrt[3]{x^3+3x^2}-\sqrt[4]{x^4-2x^3}\right)\xlongequal{x=\frac{1}{t}}\lim_{t\to 0}\frac{\sqrt[3]{1+3t}-\sqrt[4]{1-2t}}{t}$$

$$=\lim_{t\to 0}\frac{1+t-1+\frac{t}{2}}{t}=\frac{3}{2};$$

④ $$\lim_{x\to 0}\frac{\cos x-e^{-\frac{x^2}{2}}}{(x+\ln(1-x))\sin x^2}=\lim_{x\to 0}\frac{1-\frac{x^2}{2}-1+\frac{x^2}{2}-\frac{x^4}{8}}{\left(x-x-\frac{x^2}{2}\right)x^2}=\frac{1}{4}.$$

例 35 求 a, b，使得当 $x\to 0$ 的时候，$(a+be^{x^2})\sin x$ 和 x^3 是等价无穷小.

解： $$(a+be^{x^2})\sin x=\left(a+b+bx^2+\frac{bx^4}{2}+\cdots\right)\left(x-\frac{x^3}{3!}+\frac{x^5}{5!}-\cdots\right)$$

$$=(a+b)x+\left(b-\frac{a+b}{6}\right)x^3+\left(\frac{a+b}{240}+\frac{b}{3}\right)x^5+\cdots$$

和 x^3 是等价无穷小,

所以 $\begin{cases} a+b=0, \\ b-\dfrac{a+b}{6}=1, \end{cases}$

故 $\begin{cases} a=-1, \\ b=1. \end{cases}$

题型三:使用泰勒展式证明不等式.

例 36 设 $0<x<\dfrac{\pi}{2}$, 证明: $\dfrac{x^2}{\pi}<1-\cos x<\dfrac{x^2}{2}$.

解:由泰勒中值定理: $1-\cos x=\dfrac{x^2}{2}-\dfrac{\xi^4}{4!}$, ξ 介于 0 与 x 之间, 故 $1-\cos x<\dfrac{x^2}{2}$.

令 $f(x)=\dfrac{x^2}{\pi}-1+\cos x$, 则 $f'(x)=\dfrac{2x}{\pi}-\sin x$, $f''(x)=\dfrac{2}{\pi}-\cos x$, $f'''(x)=-\sin x<0$, 故 $f''(x)=\dfrac{2}{\pi}-\cos x$ 单调减, $f''(x)<f''(0)=\dfrac{2}{\pi}-1<0$, 故 $f'(x)=\dfrac{2x}{\pi}-\sin x$ 单调减, $f'(x)<f'(0)=0$, 故 $f(x)=\dfrac{x^2}{\pi}-1+\cos x<f(0)=0$, 故 $\dfrac{x^2}{\pi}<1-\cos x$.

例 37 设 $f(x)$ 在区间 $[0,1]$ 二阶可导, $|f(x)|\leqslant a$, $|f''(x)|\leqslant b$, $(a>0, b>0)$, $\forall x\in(0,1)$, 证明: $|f'(x)|\leqslant 2a+\dfrac{1}{2}b$.

证明:由泰勒展式

$$f(0)=f(x)-xf'(x)+\frac{1}{2}f''(\theta)x^2 \quad (0<\theta<x),$$

$$f(1)=f(x)+(1-x)f'(x)+\frac{1}{2}f''(\eta)(1-x)^2 \quad (x<\eta<1),$$

以上两式相减,

$$f(1)-f(0)=f'(x)+\frac{1}{2}f''(\eta)(1-x)^2-\frac{1}{2}f''(\theta)x^2$$

即

$$\begin{aligned}|f'(x)|&=\left|f(1)-f(0)-\frac{1}{2}f''(\eta)(1-x)^2+\frac{1}{2}f''(\theta)x^2\right|\\ &<|f(1)|+|-f(0)|+\left|-\frac{1}{2}f''(\eta)(1-x)^2\right|+\left|\frac{1}{2}f''(\theta)x^2\right|\\ &<2a+\frac{b}{2}(2x^2-2x+1)<2a+\frac{b}{2}.\end{aligned}$$

题型四:使用泰勒展式证明存在性问题.

解决此类问题需要明确三个问题:

① 对什么函数实施泰勒展开(题目有高阶导数的函数就是目标函数);

② 在此函数哪个点处做展式(此点一般有导数的暗示);

③ 泰勒展式中的 x 取何值(此点有函数值的暗示,或者取某区间的端点、中点等).

例 38 设$f(x)$在区间$[0, 1]$二阶连续可导，$f(0)=f'(0)=f'(1)=0$，$f(1)=1$，证明：$\xi \in (0, 1)$，s. t $f''(\xi)=0$.

证明：由泰勒展式

$$f(x)=f(0)+xf'(0)x+x\frac{1}{2}f''(\theta)x^2 \quad (0<\theta<x),$$

令$x=1$，得$2=f''(\theta)$.

由泰勒展式

$$f(x)=f(1)+(x-1)f'(1)+\frac{1}{2}f''(\eta)(x-1)^2 \quad (x<\eta<1),$$

令$x=0$，得$-2=f''(\eta)$.

由连续的导函数介值定理，故存在$\xi \in (0, 1)$，s. t. $f''(\xi)=0$.

例 39 设$f(x)$在区间$[a, b]$二阶连续可导，证明：$\exists \xi \in (a, b)$使得

$$f(b)-2f\left(\frac{a+b}{2}\right)+f(a)=\frac{1}{4}(b-a)^2f''(\xi).$$

证明：由泰勒展式

$$f(x)=f\left(\frac{a+b}{2}\right)+\left(x-\frac{a+b}{2}\right)f'\left(\frac{a+b}{2}\right)+\frac{1}{2}f''(\theta)\left(x-\frac{a+b}{2}\right)^2 \quad \left(x<\theta<\frac{a+b}{2}\right),$$

令$x=a$，得

$$f(a)=f\left(\frac{a+b}{2}\right)+\left(\frac{a-b}{2}\right)f'\left(\frac{a+b}{2}\right)+\frac{1}{2}f''(\theta)\left(\frac{a-b}{2}\right)^2.$$

由泰勒展式

$$f(x)=f\left(\frac{a+b}{2}\right)+\left(x-\frac{a+b}{2}\right)f'\left(\frac{a+b}{2}\right)+\frac{1}{2}f''(\eta)\left(x-\frac{a+b}{2}\right)^2 \quad \left(\frac{a+b}{2}<\eta<x\right),$$

令$x=b$，得

$$f(b)=f\left(\frac{a+b}{2}\right)-\left(\frac{a-b}{2}\right)f'\left(\frac{a+b}{2}\right)+\frac{1}{2}f''(\eta)\left(\frac{a-b}{2}\right)^2.$$

以上两式相加，得

$$f(a)+f(b)-2f\left(\frac{a+b}{2}\right)=\frac{1}{2}f''(\eta)\left(\frac{a-b}{2}\right)^2+\frac{1}{2}f''(\theta)\left(\frac{a-b}{2}\right)^2.$$

由二阶导数连续取$f''(\xi)=\frac{1}{2}f''(\eta)+\frac{1}{2}f''(\theta)$即可.

例 40 设函数$f(x)$在区间$[a, b]$二阶可导，$f'(a)=f'(b)=0$，证明：$\exists \xi \in (a, b)$使得$|f(b)-f(a)| \leqslant \frac{1}{4}(b-a)^2|f''(\xi)|$.

证明：由泰勒展式

$$f(x)=f\left(\frac{a+b}{2}\right)+(x-a)f'(a)+\frac{1}{2}f''(\theta)(x-a)^2 \quad (a<\theta<x),$$

令$x=\frac{a+b}{2}$得

$$f\left(\frac{a+b}{2}\right)=f(a)+\frac{1}{2}f''(\theta)\left(\frac{a-b}{2}\right)^2.$$

由泰勒展式

$$f(x)=f(b)+(x-b)f'(b)+\frac{1}{2}f''(\eta)(x-b)^2 \quad (x<\eta<b),$$

令 $x=\frac{a+b}{2}$ 得

$$f\left(\frac{a+b}{2}\right)=f(b)+\frac{1}{2}f''(\eta)\left(\frac{a-b}{2}\right)^2.$$

以上两式相减得到,
则

$$f(b)-f(a)=\left(\frac{a-b}{2}\right)^2\left[\frac{1}{2}f''(\eta)-\frac{1}{2}f''(\theta)\right],$$

即

$$|f(b)-f(a)|=\left(\frac{a-b}{2}\right)^2\left|\frac{1}{2}f''(\eta)-\frac{1}{2}f''(\theta)\right|\leqslant\frac{1}{2}\left(\frac{a-b}{2}\right)^2(|f''(\eta)||f''(\theta)|).$$

由二阶导数连续取 $f''(\xi)=\max\{|f''(\eta)|,\ |f''(\theta)|\}$ 即可.

练 习 三

一、填空题.

(1) 设 $f(x)$ 是奇函数, 已知 $f'(x_0)=3$, 则 $f'(-x_0)=$ ________.

(2) 已知物体的运动规律为 $s=t^3(\mathrm{m})$, 则物体在 $t=2s$ 时的速度为________.

(3) 设 $f(x)$ 在 a 可导, 则 $\lim\limits_{t\to0}\frac{f(a+\alpha t)-f(a+\beta t)}{t}=$ ________.

(4) 设 $f(x)$ 单调可导, $\varphi(x)$ 是 $f(x)$ 的反函数且 $f(2)=4$, $f'(2)=\sqrt{5}$, $f'(4)=6$, 则 $\varphi'(4)=$ ________.

(5) 已知 $f'(x)=g(x)$, $g(x)=\arctan x^2$, 则 $\frac{\mathrm{d}f[g(x)]}{\mathrm{d}x}=$ ________.

(6) 设 $y=f\left(\frac{3x-2}{3x+2}\right)$, 且 $f'(x)=\arctan x^2$, 则 $\left.\frac{\mathrm{d}y}{\mathrm{d}x}\right|_{x=0}=$ ________.

(7) 设 $f(x)=(x+10)^6\mathrm{e}^x$, 则 $f''(2)=$ ________.

(8) 设 $f''(x)$ 存在, 且 $y=f(\sin x^2)$, 则 $\frac{\mathrm{d}^2y}{\mathrm{d}(x^2)^2}=$ ________.

(9) 若函数 $f(x)=(x-1)(x-2)(x-3)(x-4)$, 则 $f'(x)=0$ 有分别位于区间________, ________内的三个实根.

(10) 已知 $f'(x_0)$ 存在, 求 $\lim\limits_{h\to0}\frac{f(x_0+3h^2)-f(x_0)}{h\sin h}=$ ________.

(11) 设 $y=x\sin(\ln x)\ (x>0)$, 则 $\mathrm{d}y=$ ________ $\mathrm{d}\ln x$.

(12) 设方程$(2y)^{x-1}=\left(\dfrac{x}{2}\right)^{y-1}$隐含$y=f(x)$，则$\left.\dfrac{dy}{dx}\right|_{x=1}=$__________.

(13) 若函数$z=xy$，当$x=10$，$y=8$，$\Delta x=0.2$，$\Delta y=-0.1$时，函数的全增量$\Delta z=$__________，全微分$dz=$__________.

二、单项选择题.

(1) 曲线$\begin{cases}x=\sin t,\\ y=\cos 2t\end{cases}$在$t=\dfrac{\pi}{4}$处的切线斜率为(　　).

A. $2\sqrt{2}$　　B. $-2\sqrt{2}$　　C. $-\dfrac{\sqrt{2}}{2}$　　D. -2

(2) $\lim\limits_{\Delta x\to 0^+}\dfrac{\Delta y}{\Delta x}=\lim\limits_{\Delta x\to 0^-}\dfrac{\Delta y}{\Delta x}$是函数$f(x)$在点$x_0$处可导的(　　).

A. 充分条件　　B. 必要条件

C. 充要条件　　D. 既不是充分条件，也不是必要条件

(3) 若$f'(x)=f(1-x)$，则(　　).

A. $f''(x)+f'(x)=0$　　B. $f''(x)-f'(x)=0$

C. $f''(x)+f(x)=0$　　D. $f''(x)-f(x)=0$

(4) 使函数$f(x)=\sqrt[3]{x^2(1-x^2)}$适合罗尔定理条件的区间是(　　).

A. $[0,1]$　　B. $[-1,1]$　　C. $[-2,2]$　　D. $\left[\dfrac{3}{5},\dfrac{4}{5}\right]$

(5) 设$f(x)$，$g(x)$在$a\leqslant x\leqslant b(a<b)$可导，且$f'(x)g(x)+f(x)g'(x)<0$，则当$x\in(a,b)$时，有不等式(　　).

A. $\dfrac{f(x)}{f(a)}>\dfrac{g(x)}{g(a)}$　　B. $\dfrac{f(x)}{f(b)}>\dfrac{g(x)}{g(b)}$

C. $f(x)g(x)<f(a)g(a)$　　D. $f(x)g(x)<f(b)g(b)$

(6) $y=y(x,z)$由方程$yz=\sin(x+y)$确定，则$\dfrac{\partial y}{\partial x}$是(　　).

A. $\dfrac{\cos(x+y)}{z}$　　B. $\dfrac{1}{z-\cos(x+y)}$

C. $\dfrac{\cos(x+y)}{z-\cos(x+y)}$　　D. $\dfrac{1+\cos(x+y)}{z-\cos(x+y)}$

三、解答题.

(1) 设$g(x)$在$x=0$处二阶可导，且$g(0)=0$，试确定a值，使函数

$$f(x)=\begin{cases}\dfrac{g(x)}{x}, & x\neq 0,\\ a, & x=0\end{cases}$$

在$x=0$处可导，并求$f'(0)$.

(2) 求极限$\lim\limits_{x\to 0}\dfrac{x^2}{xe^x-\sin x}$.

(3) 设$f(x)$具有二阶导数，在$x=0$的某去心邻域内$f(x)\neq 0$，且$\lim\limits_{x\to 0}\dfrac{f(x)}{x}=0$，

$f''(0)=4$，求$\lim\limits_{x\to 0}\left(1+\dfrac{f(x)}{x}\right)^{\frac{1}{x}}$.

(4) 已知$\dfrac{\partial f}{\partial x}$，$\dfrac{\partial f}{\partial y}$都存在，求$\lim\limits_{n\to+\infty} n\left[f\left(x+\dfrac{1}{n},\ y\right)-f(x,\ y)\right]$.

(5) 若$f(x,\ y,\ z)=xy^2+yz^2+zx^2$，求$f_{xx}(0,\ 0,\ 1)$，$f_{xz}(1,\ 0,\ 2)$，$f_{zzx}(2,\ 0,\ 1)$.

(6) 已知$y=x^3\sin x$，利用泰勒公式，求$y^{(6)}(0)$.

(7) 设$f(x)$在$[a,\ b]$上连续，在$(a,\ b)$内可导$(b>a\geqslant 0)$且$f(b)\neq f(a)$，证明：存在点ξ，$\eta\in(a,\ b)$，使$f'(\xi)=\dfrac{a+b}{2\eta}f'(\eta)$.

(8) 设抛物线$y=-x^2+bx+c$与x轴有两交点$x=\alpha$，$x=\beta(\alpha<\beta)$，$f(x)$在$[\alpha,\ \beta]$上二阶可导，$f(\alpha)=f(\beta)=0$，且曲线$y=f(x)$与$y=-x^2+bx+c$在$(\alpha,\ \beta)$内有一个交点，证明：在$(\alpha,\ \beta)$内存在一点ξ，使$f''(\xi)=-2$.

(9) 设函数$f(x)$在$[a,\ b]$上有二阶导数，$f'(a)=f'(b)=0$，证明至少存在一点$\xi\in(a,\ b)$，使$|f''(\xi)|\geqslant\dfrac{4}{(b-a)^2}|f(b)-f(a)|$.

(10) 试问方程$\ln x=ax(a>0)$有几个实根.

(11) 设$u=f(x,\ y)$满足方程$y\dfrac{\partial u}{\partial x}-x\dfrac{\partial u}{\partial y}=0$，作变换$\varepsilon=x$，$\eta=x^2+y^2$，试推出$u$在$\varepsilon$，$\eta$下所满足的方程.

(12) 设$z=u(x,\ y)\mathrm{e}^{ax+y}$，$\dfrac{\partial^2 u}{\partial x\partial y}=0$，试确定$a$的值，使$\dfrac{\partial^2 z}{\partial x\partial y}-\dfrac{\partial z}{\partial x}-\dfrac{\partial z}{\partial y}+z=0$.

四、证明下列不等式.

(1) 当$b>a>\mathrm{e}$时，$a^b>b^a$.

(2) 当$x>0$时$\sin x+\cos x>1+x-x^2$.

(3) $\dfrac{1}{2^{p-1}}\leqslant x^p+(1-x)^p\leqslant 1(0\leqslant x\leqslant 1,\ p>1)$.

第四章　导数的基本应用

关于变量的方程形式有四种状态：普通方程(包括显式方程，隐式方程)，参数方程，极坐标方程. 因此应用(求导等) 就会包含不同方程形式下的不同表现，要学会举一反三. 当然，有些应用会受到方程的严格限制，需要特别留意.

即便如此，我们会发现一个潜在的秘密，那就是曲线，不管是哪类方程形式，最为核心的形式是曲线的参数形式，合理地将所有曲线类型转化为参数形式，是一个基本且重要的思维模式.

4.1　曲线的切线和法平面、曲面的切平面和法线

4.1.1　求平面曲线的切线

切线的确定包含两个核心要素，一是切点，二是切线方向.

对于切线方向，在中学阶段没有涉及，主要是以斜率的形式体现，因此在中学阶段我们知道求平面曲线的切线有三大类题型：

(1) 知道曲线上切点求切线. 方法为：求导，将切点代入，得到斜率，写出切线方程；

(2) 知道切线上的点(非切点) 求切线. 方法为：假设切点，求导得到的斜率等于两点确定的斜率，解出切点，斜率，写出方程；

(3) 知道切线的斜率. 方法为：假设切点，求导，得到关于斜率的方程，求出切点，斜率，写出方程.

在这里为了便于学习空间曲线，将它们的规则进行统一.

曲线的切线是曲线上割线的极端情况，下面针对不同的方程形式加以介绍：

显式方程 $y=f(x)$ 在点$(x_0, f(x_0))$ 的切线方向为

$$\begin{aligned}&\lim_{\Delta x\to 0}[(x_0+\Delta x, f(x_0+\Delta x))-(x_0, f(x_0))]\\&=\lim_{\Delta x\to 0}(\Delta x, f(x_0+\Delta x)-f(x_0))=(\mathrm{d}x, \mathrm{d}y)\\&=(\mathrm{d}x, f'(x)\mathrm{d}x)=(1, f'(x))\mathrm{d}x=(1, k)\mathrm{d}x,\end{aligned}$$

除以 $\mathrm{d}x$，得到$(1, k)$.

对于参数方程$\begin{cases}x=f(t),\\y=g(t)\end{cases}$ 在点 $t=t_0$ 的切线方向为$(\mathrm{d}x, \mathrm{d}y)$，同时除以 $\mathrm{d}t$，得到$(f'(t_0), g'(t_0))$.

例 1　求函数 $y=x^3$ 在点$(1, 1)$ 的切线.

解：求导 $y' = 3x^2$，斜率 $k = 3x^2\Big|_{x=1} = 3$，切线方程为 $y - 1 = 3(x - 1)$.

例 2 求函数 $y = x^3$ 过点(1, 1) 的切线.

解：当(1, 1) 为切点时，求导 $y' = 3x^2$，斜率 $k = 3x^2\Big|_{x=1} = 3$，切线方程为 $y - 1 = 3(x - 1)$.

还有一解：当(1, 1) 不为切点时，设切点为(t, t^3)，则斜率 $k = 3t^2 = \dfrac{t^3 - 1}{t - 1} \Rightarrow t = -\dfrac{1}{2}$，斜率 $k = \dfrac{3}{4}$，切点为$\left(-\dfrac{1}{2}, -\dfrac{1}{8}\right)$，切线方程为 $y + \dfrac{1}{8} = \dfrac{3}{4}\left(x + \dfrac{1}{2}\right)$.

例 3 求函数 $y = x^3$ 平行于直线 $y = x$ 的切线.

解：设切点为(t, t^3)，则斜率 $k = 3t^2 = 1 \Rightarrow t = \pm\dfrac{\sqrt{3}}{3}$，

切点为$\left(\dfrac{\sqrt{3}}{3}, \dfrac{\sqrt{3}}{9}\right)$，$\left(-\dfrac{\sqrt{3}}{3}, -\dfrac{\sqrt{3}}{9}\right)$，切线方程为 $y \pm \dfrac{\sqrt{3}}{9} = x \pm \dfrac{\sqrt{3}}{3}$.

特别注意曲线的参数化，如下面的例题所示.

例 4 求 $\rho = \cos x$，$\theta = \dfrac{\pi}{6}$ 处的切线.

解：转化为直角坐标形式为 $\rho = \cos x \Rightarrow \rho^2 = \rho\cos x \Rightarrow x^2 + y^2 = x$，切点为$\left(\dfrac{3}{4}, \dfrac{\sqrt{3}}{4}\right)$，则斜率 $k = \dfrac{\mathrm{d}y}{\mathrm{d}x} = \dfrac{1 - 2x}{2y} = -\dfrac{\sqrt{3}}{3}$，切线方程为 $y - \dfrac{\sqrt{3}}{4} = -\dfrac{\sqrt{3}}{3}\left(x - \dfrac{3}{4}\right)$.

例 5 求曲线$\begin{cases} x = t^2 + t, \\ y = t\ln t \end{cases}$在 $t = 1$ 处的切线.

解：切点为(3, 0)，则斜率 $k = \dfrac{\mathrm{d}y}{\mathrm{d}x} = \dfrac{\frac{\mathrm{d}y}{\mathrm{d}t}}{\frac{\mathrm{d}x}{\mathrm{d}t}} = \dfrac{\ln t + 1}{1 + 2t} = \dfrac{1}{3}$，切线方程为 $y = \dfrac{1}{3}(x - 1)$.

4.1.2 空间曲线的切线、法平面方程和空间曲面的切平面、法线方程

以下分四种题型来分别介绍：

(1) 参数方程下的曲线的切线和法平面方程：

曲线方程形式：

$$\begin{cases} x = f(t), \\ y = g(t), \\ z = m(t), \end{cases}$$

其中，t 为参数，注意这是空间曲线的基本形式.

它在点$(f(t_0), g(t_0), m(t_0))$ 的切线方程为：

$$\frac{x - f(t_0)}{f'(t_0)} = \frac{y - g(t_0)}{g'(t_0)} = \frac{z - m(t_0)}{m'(t_0)}.$$

它在点$(f(t_0), g(t_0), m(t_0))$的法平面方程为：

$$f'(t_0)[x-f(t_0)]+g'(t_0)[y-g(t_0)]+m'(t_0)[z-m(t_0)]=0.$$

(2) 曲面交线下的曲线的切线和法平面方程：

$$\begin{cases} f(x, y, z)=0, \\ g(x, y, z)=0. \end{cases}$$

方法为：根据方程的具体形式，视x，y，z中的某个变量为参数，地位等同于t，两个方程分别对它求导数. 比如，视x为t，将

$$\begin{cases} f(x, y, z)=0, \\ g(x, y, z)=0 \end{cases}$$

中的两个方程分别对x求导，得到方程组：

$$\begin{cases} f_1(x, y, z)+f_2(x, y, z)\dfrac{\mathrm{d}y}{\mathrm{d}x}+f_3(x, y, z)\dfrac{\mathrm{d}z}{\mathrm{d}x}=0, \\ g_1(x, y, z)+g_2(x, y, z)\dfrac{\mathrm{d}y}{\mathrm{d}x}+g_3(x, y, z)\dfrac{\mathrm{d}z}{\mathrm{d}x}=0, \end{cases}$$

求出$\dfrac{\mathrm{d}y}{\mathrm{d}x}$，$\dfrac{\mathrm{d}z}{\mathrm{d}x}$，写出方程，它在点$(x_0, y_0, z_0)$的切线方程为：

$$\frac{x-x_0}{1}=\frac{y-y_0}{\left.\dfrac{\mathrm{d}y}{\mathrm{d}x}\right|_{x_0}}=\frac{z-z_0}{\left.\dfrac{\mathrm{d}z}{\mathrm{d}x}\right|_{x_0}}.$$

它在点(x_0, y_0, z_0)的法平面方程为：

$$(x-x_0)+\left.\frac{\mathrm{d}y}{\mathrm{d}x}\right|_{x_0}(y-y_0)+\left.\frac{\mathrm{d}z}{\mathrm{d}x}\right|_{x_0}(z-z_0)=0.$$

对于空间曲面，过某点(x_0, y_0, z_0)有无数条切线，这些切线都在一个平面内，称此平面为该点的切平面，故设过此点的任意一条曲线为：

$$\begin{cases} x=f(t), \\ y=g(t), \\ z=m(t). \end{cases}$$

则它满足曲面方程$F(x, y, z)=0$，即：$F(f(t), g(t), m(t))=0$，对t求导有$F_x f'(t)+F_y g'(t)+F_z m'(t)=0$，即$(F_x, F_y, F_z)\cdot(f'(t), g'(t), m'(t))=0$，由曲线的任意性知$(F_x, F_y, F_z)$为此点切平面的法方向.

(3) 显式方程下的曲面的切平面和法线方程：

$$z=f(x, y).$$

空间曲面在点(x_0, y_0, z_0)的切平面方程为：

$$f_x|_{(x_0, y_0)}(x-x_0)+f_y|_{(x_0, y_0)}(y-y_0)-(z-z_0)=0.$$

曲面在点(x_0, y_0, z_0)的法线方程为：

$$\frac{(x-x_0)}{f_x|_{(x_0, y_0)}}=\frac{(y-y_0)}{f_y|_{(x_0, y_0)}}=\frac{(z-z_0)}{-1}.$$

(4) 隐式方程下的切平面和法线方程为：

$$F(x, y, z)=0.$$

空间曲面在点(x_0, y_0, z_0)的切平面方程为：

$$F_x|_{(x_0, y_0, z_0)}(x-x_0)+F_y|_{(x_0, y_0, z_0)}(y-y_0)+F_z|_{(x_0, y_0, z_0)}(z-z_0)=0.$$

空间曲面在点(x_0, y_0, z_0)的法线方程为：

$$\frac{(x-x_0)}{F_x|_{(x_0, y_0, z_0)}}=\frac{(y-y_0)}{F_y|_{(x_0, y_0, z_0)}}=\frac{(z-z_0)}{F_z|_{(x_0, y_0, z_0)}}.$$

解决此类问题，先分辨清楚是哪类问题，然后严格按照以上公式求解即可.

4.2 通过一阶导数看原函数的单调性(简称“一阶单调”)

4.2.1 驻点、极值、最值、不等式的证明、零点的个数问题

通过函数的一阶导数可以判断、求解原函数的单调性、极值、最值以及不等式的证明、零点的个数. 以上命题均属于一阶导数的应用，个别不等式的证明会用到高阶，这些应用的本质是导数的正负与函数的单调性的相关性. 具体结论是：导数在某个区间为正，则函数在这个区间单调增；导数在某个区间为负，则函数在这个区间单调减(注意：反之不成立). 由函数的单调性可以推知它的极值和最值，以及不等式的证明，方程根(零点)的个数问题.

(1) 利用一阶导数处理函数相关问题的基本流程为：

第一步，确定原函数$f(x)$(如果是不等式证明和方程根的个数问题，将等式或者不等式的右侧变为0，左侧就是原函数)及其定义域；

第二步，对原函数$f(x)$求导，令$f'(x)=0$，在其定义域内求出驻点，或者导数没有意义的点，也就是不可导点；

第三步，驻点和不可导点将原函数的定义域自动分区，讨论导数在每个区内的正负号，确定原函数的单调性，画出原函数的单调简图；

第四步，根据不同的问题做相应的修改.

(2) 关于极值点的相关结论：

① 函数的极值点出现在驻点或者不可导点：

函数的驻点是它的导数等于0的点(变化率消失的点).

函数的极值点不一定可导，所以不一定是函数的驻点，而在可导的前提下，极值点一定是驻点；反之，驻点不一定是极值点，需要加上两侧的不同的单调性才可以.

举例分析：对函数$y=|x|$而言，点(0, 0)是它的极值点，但不是它的驻点(不可导)；对函数$y=x^3$而言，点(0, 0)是它的驻点，但不是它的极值点.

② 函数极值的两大充分条件：

如果使用一阶导数来说明，则有：

设函数$f(x)$在区间$U(x_0, \delta)$内可微，$f'(x_0)=0$(或者$f(x)$在区间$U(x_0, \delta)$连续，此点不可求导)，若$f'_-(x_0)f_+(x_0)<0$，则$f(x_0)$是函数$f(x)$在区间$U(x_0, \delta)$的极值.

具体为：(1)$f'_-(x_0)>0$，$f_+(x_0)<0$，$f(x_0)$为函数的极大值；(2)$f'_-(x_0)<0$，$f_+(x_0)>0$，$f(x_0)$为函数的极小值；(3)$f'_-(x_0)f_+(x_0)>0$，$f(x_0)$不是函数的极值.

如果使用二阶导数来说明，则有：

设函数$f(x)$在区间$U(x_0, \delta)$内可微，$f'(x_0)=0$，$f''(x_0) \neq 0$，则：(1)$f''(x_0) < 0$，$f(x_0)$为函数的极大值；(2)$f''(x_0) > 0$，$f(x_0)$为函数的极小值.

③ 求函数的极值的一般步骤：

第一步，求一阶导数，令导数等于0，求出驻点，同时找出不可求导点；

第二步，计算驻点、不可求导点左右两侧的一阶导数，判断导数的符号，得出相应的结论；或者继续求此点的二阶导数，判断此点的二阶导数的符号，得出相应的结论.

(3) 函数的最值出现在极值点(驻点或者不可导点)和区间的端点，它是函数的整体性质.

函数最值的求法如下：

第一步，求一阶导数，令导数等于0，求出驻点，同时找出不可求导点；

第二步，计算驻点、不可求导点、区间端点的值，其中最大的就是函数在区间上的最大值，最小的就是函数在区间上的最小值.

(4) 不等式证明的基本流程：

第一步，将不等式右侧变为0(俗称“化0”)；

第二步，将左边设为一个函数，对其求导. 如果导数在某个假定区域恒正或恒负，则确定其单调性，使用单调性来证明；如果在这个假定的区域，导数符号发生变化，则使用函数的最值来证明.

注意：最高级别的证明不等式问题，一阶导数的符号不容易判断，需要继续求导，最多求导到三阶导数，也就是用三阶导数的符号判断二阶导数的单调性，由它的单调性确定二阶导数的符号，继而确定一阶导数的单调性，由它的单调性确定一阶导数的符号，确定原函数的单调性，证明结论.

(5) 关于根的个数问题的方法：

第一步，将等式右侧变为0(俗称“化0”)；

第二步，将左边设为一个函数，对其求导，判断导数在假定区域的正负号，确定其单调性，使用单调性来证明即可；如果在这个假定的区域，导数符号发生变化，则使用最值、端点值，结合单调性简图来处理.

4.2.2　导数与单调性

例6　设函数$f(x)$在区间$[0, 1]$上，$f''(x_0) > 0$，则(　　).

A. $f'(1) > f'(0) > f(1) - f(0)$　　B. $f'(1) > f(1) - f(0) > f'(0)$

C. $f(1) - f(0) > f'(1) > f'(0)$　　D. $f'(1) > f(1) - f(0) > f'(0)$

解：B.

例7　设在**R**上，$f''(x) > 0$，$f(0) \leqslant 0$，则函数$\dfrac{f(x)}{x}$在其定义域上单调性如何.

解：函数$\dfrac{f(x)}{x}$的一阶导数为$\dfrac{xf'(x) - f(x)}{x^2}$，令$g(x) = xf'(x) - f(x)$，则$g'(x) = xf''(x)$.

在区间$(-\infty, 0)$上，$g'(x) < 0$，$g(x) = xf'(x) - f(x)$单调减，即$g(x) > -f(0) \geqslant$

0，函数$\dfrac{f(x)}{x}$为增函数.

在区间$(0, +\infty)$上，$g'(x)>0$，$g(x)=xf'(x)-f(x)$单调增，即$g(x)>-f(0)\geqslant 0$，函数$\dfrac{f(x)}{x}$为增函数.

4.2.3 导数与最值、极值

例 8 函数$y=f(x)$在点x_0处取得极大值，则(　　).

A. $f'(x_0)=0$　　　　B. $f''(x_0)<0$

C. $f'(x_0)=0$且$f''(x_0)<0$　　　　D. $f'(x_0)=0$，或导数不存在

解：D.

例 9 已知函数$f(x)$在区间$U(x_0, \delta)$内有定义，且$\lim\limits_{x\to x_0}\dfrac{f(x)-f(x_0)}{(x-x_0)^n}=k$，$n\in \mathbf{Z}_+$，$k\neq 0$，讨论函数$f(x)$在点$x_0$处是否取得极值.

解：①当$n=1$时，$\lim\limits_{x\to x_0}\dfrac{f(x)-f(x_0)}{x-x_0}=f'(x_0)=k$，则$f(x)$在$x=x_0$处单调，不取极值；

②当$n\geqslant 2$时，$f'(x_0)=0$，$f''(x_0)=0$，…，$[f(x_0)]^{(n)}\neq 0$，而当n为偶数时，取极值，当n为奇数时，不取极值.

例 10 设三次函数$f(x)=x^3+3ax^2+3bx+c$在$x=\alpha$，$x=\beta$处取得极值，用a，b，c表示$f(\alpha)+f(\beta)$.

解：$f'(x)=3x^2+6ax+3b$的根为$x=\alpha$，$x=\beta$，则$\alpha+\beta=-2a$，$\alpha\beta=b$，故

$$f(\alpha)+f(\beta)=4a^3-6ab+c.$$

例 11 已知函数$f(x)$对一切实数满足微分方程$xf''(x)+3x[f'(x)]^2=1-e^{-x}$.

① 若函数$f(x)$在$x=x_0\neq 0$处有极值，证明：它是极小值；

② 若函数$f(x)$在$x=0$处有极值，且它三阶可导，则它是极小值还是极大值.

① **证明**：当$x=x_0$时，有$f'(x_0)=0$，故$f''(x_0)=\dfrac{1-e^{-x_0}}{x_0}(x_0\neq 0)$，当$x_0>0$时，$f''(x_0)>0$，当$x_0<0$时，$f''(x_0)>0$，故当$x_0\neq 0$时，函数$f(x)$在$x=x_0$处取极小值.

② **解**：由题意知$f'(0)=0$，故$f''(0)=1$，故函数$f(x)$在$x=0$处取极小值.

例 12 已知函数$f(x)=-2a+\int_0^x(t^2-a^2)\mathrm{d}t(a>0)$.

① 函数$f(x)$的极大值M用a表示出来；

② 函数$M(a)$取极小值时，a的取值.

解：①$f'(x)=x^2-a^2=0$，则$x=a$，或者$x=-a$，而$f''(x)=2x$，故当$x=-a$时，函数$f(x)$取极大值，为：

$$M(a)=f(-a)=-2a+\int_0^{-a}(t^2-a^2)\mathrm{d}t.$$

②$M'(a)=-2+\int_0^{-a}-2a\mathrm{d}t=-2+2a^2=0$，则$a=1$，$M''(a)=4>0$，故函数$M(a)$

取极小值，为 $M(1)=-2+\int_0^{-1}(t^2-1)\mathrm{d}t$.

例 13 已知函数 $f(x)$ 对一切实数是可导的正函数，且是偶函数，

$$g(x)=\int_{-a}^{a}|x-t|f(t)\mathrm{d}t,\quad -a\leqslant x\leqslant a.$$

① 证明：函数 $g'(x)$ 是单调增函数；

② 求函数 $g(x)$ 取最小值时的 x 值；

③ 将 $g(x)$ 的最小值看作 a 的函数，且等于 $f(a)-a^2-1$，求函数 $f(x)$.

① 证明：

$$g(x)=\int_{-a}^{x}(x-t)f(t)\mathrm{d}t+\int_{x}^{a}(t-x)f(t)\mathrm{d}t,$$

故

$$g'(x)=\int_{-a}^{x}f(t)\mathrm{d}t-\int_{x}^{a}f(t)\mathrm{d}t,$$

$$g''(x)=2f(x)>0.$$

所以函数 $g'(x)$ 是单调增函数.

② **解**：令 $g'(x)=\int_{-a}^{x}f(t)\mathrm{d}t-\int_{x}^{a}f(t)\mathrm{d}t=0$，由于 $f(x)$ 是偶函数，知 $x=0$ 时，$g'(0)=0$，又函数 $g'(x)$ 是单调增函数，故 $g'(0_-)<0$，而 $g'(0_+)>0$，所以

$$g(x)_{\min}=g(0)=2\int_0^a tf(t)\mathrm{d}t.$$

③ **解**：因为 $2\int_0^a tf(t)\mathrm{d}t=f(a)-a^2-1$，

所以 $2af(a)=f'(a)-2a$，

得 $f(x)=-1+ce^{x^2}$，且 $f(0)=1$，故 $f(x)=-1+2e^{x^2}$.

例 14 证明：当 $x\geqslant 0$ 时，$f(x)=\int_0^x(t-t^2)\sin^{2n}t\mathrm{d}t\leqslant\dfrac{1}{(2n+2)(2n+3)}$，$n\in\mathbf{Z}_+$.

证明：令 $f'(x)=(x-x^2)\sin^{2n}x=0$，得 $x=0$ 或 $x=1$，知 $f(x)\leqslant f(1)$.

当 $x\geqslant 0$ 时，$0\leqslant t\leqslant x$，$\sin^{2n}t\leqslant t^{2n}$，故 $f(x)\leqslant\int_0^1(t-t^2)t^{2n}\mathrm{d}t\leqslant\dfrac{1}{(2n+2)(2n+3)}$.

4.2.4 导数与方程根的个数

例 15 设 $y=f(x)$ 在区间 $[a,b]$ 上连续，$f(a)=f(b)=0$，$f'_+(a)f'_-(b)<0$，证明：在开区间 (a,b) 上至少存在一点 ζ，使得 $f(\zeta)=0$.

证明：由于 $f'_+(a)f'_-(b)<0$，不妨设 $f'_+(a)>0$，$f'_-(b)<0$，故存在邻域 $(a,a+\delta_1)$，$(b-\delta_2,b)$，$x_1\in(a,a+\delta_1)$，$x_2\in(b-\delta_2,b)$，$f(x_1)>0$，$f(x_2)<0$，由根的存在定理，存在 $s\in(a,b)$，使得 $f(s)=0$.

例 16 已知 $a_0+\dfrac{a_1}{2}+\dfrac{a_2}{3}+\cdots+\dfrac{a_n}{n+1}=0$，证明：方程 $a_0+a_1x+\cdots+a_nx^n=0$ 在区间 $(0,1)$ 内至少有一根.

证明：令 $f(x)=a_0x+\dfrac{a_1}{2}x^2+\cdots+\dfrac{a_n}{n+1}x^{n+1}$，则 $f(0)=f(1)=0$，由罗尔定理，存在 $\xi\in(0,1)$，$f'(\xi)=0$，即 $x=\xi$ 是方程 $a_0+a_1x+\cdots+a_nx^n=0$ 的解.

例 17 已知函数 $f(x)$ 对一切实数可微，证明：在 $f(x)$ 的任意两个零点之间必有函数 $f(x)+f'(x)$ 的一个零点.

证明：设 a，$b(a<b)$ 是函数 $f(x)$ 的两个零点，有 $f(a)=f(b)=0$，令 $g(x)=f(x)e^x$，则 $g(a)=g(b)=0$，由罗尔定理知，存在 $\xi\in(0,1)$，$g'(\xi)=f'(\xi)e^{\xi}+f(\xi)e^{\xi}=0$，即 $x=\xi$ 是函数 $f(x)+f'(x)=0$ 的零点.

例 18 证明：方程 $\ln x=\frac{x}{e}-\int_0^{\pi}\sqrt{1-\cos 2x}\,dx$ 在区间 $(0,+\infty)$ 内有且仅有两个是实根.

证明：令

$$f(x)=\ln x-\frac{x}{e}+\int_0^{\pi}\sqrt{1-\cos 2x}\,dx=\ln x-\frac{x}{e}+2\sqrt{2},$$

则 $f'(x)=\frac{1}{x}-\frac{1}{e}=0$，得 $x=e$ 是该函数的驻点，进一步判断该点为最大值点，$f(x)_{\max}=2\sqrt{2}>0$，而 $f(0_+)<0$，$f(+\infty)<0$，故方程 $\ln x=\frac{x}{e}-\int_0^{\pi}\sqrt{1-\cos 2x}\,dx$ 仅有两个是实根，分别位于区间 $(0,e)$，$(e,+\infty)$ 内.

4.2.5 证明不等式

例 19 证明如下不等式.

① 当 $x>0$ 时，$1+\frac{1}{2}x>\sqrt{1+x}$；

② 当 $x>0$ 时，$1+x\ln(x+\sqrt{1+x^2})>\sqrt{1+x^2}$.

证明：

① 令 $f(x)=1+\frac{1}{2}x-\sqrt{1+x}$，则 $f'(x)=\frac{1}{2}-\frac{1}{2\sqrt{1+x}}>0$，故函数 $f(x)$ 在区间 $(0,+\infty)$ 内单调增加，$f(x)>f(0)=0$，即 $1+\frac{1}{2}x>\sqrt{1+x}$.

② 令 $f(x)=1+x\ln(x+\sqrt{1+x^2})-\sqrt{1+x^2}$，则 $f'(x)=\ln(x+\sqrt{1+x^2})$，

$f''(x)=\frac{1}{\sqrt{1+x^2}}>0$，故函数 $f'(x)=\ln(x+\sqrt{1+x^2})>f'(0)=0$，

故函数 $f(x)=1+x\ln(x+\sqrt{1+x^2})-\sqrt{1+x^2}>f(0)=0$，从而

$$1+x\ln(x+\sqrt{1+x^2})>\sqrt{1+x^2}.$$

4.3 通过二阶导数看函数的凸凹性与拐点

函数的凸凹性质、拐点使用它的二阶导数来进行判定. 俗称，一阶单调，二阶凸凹. 在某个区间二阶导数为正数，函数在这个区间是凹函数，二阶导数为负数，函数在这个区间是凸函数，凸凹的交汇点为函数的拐点.（注意：拐点出现在不可导点，例如，$y=\sqrt[3]{x}$ 在

$x=0$处，或者二阶可导的导数等于0的点，但是二阶导数为0，不一定是拐点，如$y=x^4$在$x=0$处）. 此外，请留心函数凸凹性的定义，$\forall x_1, x_2 \in I$，有$f\left(\frac{x_1+x_2}{2}\right) \leqslant \frac{f(x_1)+f(x_2)}{2}$，则称函数在区间$I$上是凹函数，严格的不等式是严格的凹函数；$\forall x_1, x_2 \in I$，有$f\left(\frac{x_1+x_2}{2}\right) \geqslant \frac{f(x_1)+f(x_2)}{2}$，则称函数在区间$I$上是凸函数，严格的不等式是严格的凸函数. 注意这个定义在证明不等式中的用途.

例20　函数$y=x^3+3ax^2+3bx+c$在$x=-1$处取得极值，点(0，3)是它的拐点，求a，b，c的值.

解：$y'=3x^2+6ax+3b$，当$x=-1$时，有

$$y'|_{x=-1}=3-6a+3b=0,\ y''=6x+6a,\ y''|_{x=0}=6a=0,$$

所以$a=0$，$b=-1$，又$y|_{x=0}=c=3$，从而$a=0$，$b=-1$，$c=3$.

例21　证明如下不等式：

① $\frac{x_1^n+x_2^n}{2} > \left(\frac{x_1+x_2}{2}\right)^n (x>0,\ n>1)$；

② $x\ln x+y\ln y > (x+y)\ln\frac{x+y}{2} (x>0,\ y>0,\ x\neq y)$.

证明：① 令$f(x)=x^n(n>1)$，当$x>0$时，则$f''(x)=n(n-1)x^{n-2}>0$，故$f(x)=x^n(n>1)$在区间$(0, +\infty)$上为凸函数，故$\frac{x_1^n+x_2^n}{2} > \left(\frac{x_1+x_2}{2}\right)^n$.

② 令$f(x)=x\ln x$，当$x>0$时，则$f''(x)=\frac{1}{x}>0$，故$f(x)=x\ln x$在区间$(0, +\infty)$上为凸函数，故$\frac{x_1\ln x_1+x_2\ln x_2}{2} > \left(\frac{x_1+x_2}{2}\right)\ln\left(\frac{x_1+x_2}{2}\right)$，从而$x_1\ln x_1+x_2\ln x_2 > (x_1+x_2)\ln\left(\frac{x_1+x_2}{2}\right)$.

4.4　条件极值与非条件极值

4.4.1　多元函数的无条件极值

对于多元函数的无条件极值，求解步骤为：

第一步，求关于自变量的偏导数f'_x，f'_y，令偏导数$f'_x=0$，$f'_y=0$，求出驻点(x_0, y_0)，(x_1, y_1)，…，(x_n, y_n). 注意：驻点不一定是极值点，具有偏导数的极值点一定是驻点.

第二步，对每个驻点，求出相应的二阶导数：$A=f''_{xx}$，$B=f''_{xy}$，$C=f''_{yy}$，计算B^2-AC.

第三步，下结论：

(1)$B^2-AC<0$，则此驻点是极值点，进一步，如果 $A<0$，则此极值点是极大值点；如果 $A>0$，则此极值点是极小值点；

(2)$B^2-AC>0$，则此驻点不是极值点；

(3)$B^2-AC=0$，则此驻点不能确定是不是极值点.

4.4.2 条件极值的拉格朗日乘数法

条件为 $f(x, y, z)=0$，求 $u=g(x, y, z)$ 的极值问题.

方法一：在 $f(x, y, z)=0$ 中求出 z，代入 $u=g(x, y, z)$ 中消去 z，转化为无条件极值问题.

方法二：使用拉格朗日乘数法，构造拉格朗日函数：

$$l=g(x, y, z)+\lambda f(x, y, z).$$

分别对 x，y，z，λ 求偏导，令偏导等于0，求出驻点，结合实际，判断是否为极值点(最值点).

4.5 函数的渐近线

对于函数 $y=f(x)$，有 $\lim\limits_{x\to\infty}f(x)=a$，$\lim\limits_{x\to+\infty}f(x)=a$，$\lim\limits_{x\to-\infty}f(x)=a$，则称 $y=a$ 是函数 $y=f(x)$ 的水平渐近线.

对于函数 $y=f(x)$，有 $\lim\limits_{x\to x_0}f(x)=\infty$，$\lim\limits_{x\to x_{0+}}f(x)=\infty$，$\lim\limits_{x\to x_{0-}}f(x)=\infty$，则称 $x=x_0$ 是函数 $y=f(x)$ 的竖直渐近线. 竖直渐近线多出现在定义域不存在的地方，但是定义域不存在的地方不一定是竖直渐近线，出现的地方是第二类间断的无穷间断点.

例如，$f(x)=\dfrac{x-1}{x^2+2x-3}$ 的竖直渐近线是 $x=-3$，而不是 $x=1$.

对于函数 $y=f(x)$，有 $\lim\limits_{x\to\infty}f(x)-kx-b=0$，$\lim\limits_{x\to+\infty}f(x)-kx-b=0$，$\lim\limits_{x\to-\infty}f(x)-kx-b=0$，则称 $y=kx+b$ 是函数 $y=f(x)$ 的倾斜渐近线.

求法为：使用三种形式 $\lim\limits_{x\to\infty}\dfrac{f(x)}{x}=k$，$\lim\limits_{x\to+\infty}\dfrac{f(x)}{x}=k$，$\lim\limits_{x\to-\infty}\dfrac{f(x)}{x}=k$ 中的一种求斜率，使用 $\lim\limits_{x\to\infty}f(x)-kx=b$，$\lim\limits_{x\to+\infty}f(x)-kx=b$，$\lim\limits_{x\to-\infty}f(x)-kx=b$ 三种中的一种求常数 b.

注意：当水平渐近线不存在的时候，不要忘记考虑倾斜渐近线的存在.

例 22 求函数 $y=\dfrac{1+e^{-x^2}}{1-e^{-x^2}}$ 的水平和竖直渐近线.

解：$\lim\limits_{x\to\infty}y=\lim\limits_{x\to\infty}\dfrac{1+e^{-x^2}}{1-e^{-x^2}}=1$，故水平渐近线为 $y=1$，令 $1-e^{-x^2}=0$，得 $x=0$，且 $\lim\limits_{x\to0}y=\lim\limits_{x\to0}\dfrac{1+e^{-x^2}}{1-e^{-x^2}}=\infty$，故竖直渐近线为 $x=0$.

例 23 求函数 $y=x+\sqrt{x^2-x+1}$ 的渐近线.

解：$\lim\limits_{x\to-\infty}y=\lim\limits_{x\to-\infty}(x+\sqrt{x^2-x+1})=\dfrac{1}{2}$，故水平渐近线为 $y=\dfrac{1}{2}$，而 $\lim\limits_{x\to+\infty}\dfrac{y}{x}=$

$\lim\limits_{x\to+\infty}\dfrac{x+\sqrt{x^2-x+1}}{x}=2=k$，且 $\lim\limits_{x\to-\infty}(y-2x)=\lim\limits_{x\to-\infty}(-x+\sqrt{x^2-x+1})=-\dfrac{1}{2}=b$，故倾斜渐近线为 $y=2x-\dfrac{1}{2}$.

4.6 函数作图的基本流程

(1) 求出函数的定义域；

(2) 判断函数的初等性质，如奇偶性(对称性)，周期性；

(3) 求函数的一阶导数，求出驻点(导数 = 0) 和不可导点，求二阶导数的零点以及二阶导数不存在的点；

(4) 求出渐近线(水平，竖直，倾斜)；

(5) 根据求(3) 中的各点将定义域分若干区域，通过每个区域的一阶导数的正负确定单调性，通过二阶导数确定凸凹性.

(6) 绘制图像. 请读者完成以下图像的作图.

① 绘制函数 $y=\dfrac{(x+1)^3}{(x-1)^2}$ 的图像；② 绘制函数 $y=(1+x^2)e^{-x^2}$ 的图像.

4.7 曲线曲率

曲线上某点处的切线的微分就是此点处的弧长微分，基本计算公式为：

$$dS=\sqrt{(dx)^2+(dy)^2}.$$

在不同的方程形式下有不同的具体表达形式.

曲线的曲率是曲线上某点处的切线角度对弧长的瞬时变化率的绝对值：

$$K=\left|\frac{d\alpha}{dS}\right|.$$

曲线的曲率在不同的方程形式下有不同的具体计算公式.

四种不同的曲线方程为显式方程、隐式方程、参数方程和极坐标方程，分别对应四种不同的曲率公式，因此有四种不同的题型.

曲率公式的本质：曲率刻画的是曲线的弯曲程度，曲率越大，弯曲的程度越大，当方程形式是普通方程 $y=f(x)$，$f(x, y)=0$ 时，因为

$$\left.\begin{aligned}\tan\alpha&=\frac{dy}{dx}=y',\\ \sec^2\alpha&=1+\tan^2\alpha,\\ \sec^2\alpha\frac{d\alpha}{dx}&=\frac{d^2y}{dx^2}=y'',\\ dS=\sqrt{(dx)^2+(dy)^2}&=\sqrt{1+(y')^2}\,|dx|,\end{aligned}\right\}\Rightarrow K=\left|\frac{y''}{(\sqrt{1+(y')^2})^3}\right|.$$

当方程形式是参数方程$\begin{cases}y=f(t),\\ x=g(t)\end{cases}$时，

$$\left.\begin{array}{r}\tan\alpha=\dfrac{\mathrm{d}y}{\mathrm{d}x}=\dfrac{\dfrac{\mathrm{d}y}{\mathrm{d}t}}{\dfrac{\mathrm{d}x}{\mathrm{d}t}}=\dfrac{f'(t)}{g'(t)},\\ \sec^2\alpha=1+\tan^2\alpha,\\ \sec^2\alpha\dfrac{\mathrm{d}\alpha}{\mathrm{d}t}=\dfrac{f''(t)g'(t)-f'(t)g''(t)}{(g'(t))^2},\\ \mathrm{d}S=\sqrt{(\mathrm{d}x)^2+(\mathrm{d}y)^2}=\sqrt{(f'(t))^2+(g'(t))^2}\,|\mathrm{d}t|,\end{array}\right\}\Rightarrow K=\left|\dfrac{f''(t)g'(t)-f'(t)g''(t)}{\left(\sqrt{(f'(t))^2+(g'(t))^2}\right)^3}\right|.$$

曲率为0的曲线是直线. 曲率为常数的曲线是圆.
曲率圆的半径:

$$R=\frac{1}{K}.$$

曲率圆的圆心$(a,\ b)$为:

$$a=x-\frac{y'[1+(y')^2]}{y''},\quad b=y(x)-\frac{[1+(y')^2]}{y''}.$$

例 24 求$\begin{cases}x=a(t-\sin t),\\ y=a(1-\cos t)\end{cases}$ $(0\leqslant t\leqslant 2\pi)$的曲率.

解: $x'=a-a\cos t$, $x''=a\sin t$, $y'=a\sin t$, $y''=a\cos t$,
故

$$K=\left|\frac{a\sin t a\cos t-(a-a\cos t)a\cos t}{((a-a\cos t)^2+a^2\sin^2 t)^{\frac{3}{2}}}\right|$$
$$=\frac{1-\cos t}{a(2-2\cos t)^{\frac{3}{2}}}.$$

例 25 求$y=\ln x$在点$(1,\ 0)$处的曲率圆.

解: $y'=\dfrac{1}{x}$, $y''=-\dfrac{1}{x^2}$, 则$K=\dfrac{\dfrac{1}{x^2}}{\left(1+\dfrac{1}{x^2}\right)^{\frac{3}{2}}}=\dfrac{1}{\sqrt[3]{4}}$,

所以$R=\sqrt[3]{4}$, $a=5$, $b=2$, 则所求曲率圆为$(x-5)^2+(y-2)^2=\sqrt[3]{16}$.

练 习 四

一、填空题.

(1) 曲线$\begin{cases}x=\dfrac{3at}{1+t^2},\\ y=\dfrac{3at^2}{1+t^2}\end{cases}$ 在$t=2$处的法线方程为__________.

(2) 曲线$\begin{cases}z=3-(x^2+y^2),\\ x=1\end{cases}$ 在点$(1,\ 1,\ 1)$处的切线与y轴正向的倾角为

________.

(3) 设$f(x)$在(a, b)内可导，则$f'(x)>0$是$f(x)$在(a, b)内单调增加的________条件.

(4) 若$f(x)$在$[a, b]$上连续，在(a, b)内可导，且$x\in(a, b)$时，$f'(x)>0$，又$f(a)<0$，则$f(x)$在$[a, b]$上________.

(5) 若点$(1, 3)$为曲线$y=ax^3+bx^2$的拐点，则$a=$________，$b=$________.

(6) 曲线$y=\dfrac{1}{x^2-4x-5}$的水平渐近线是________，铅直渐近线是________.

(7) 当$x=\pm1$时，函数$f(x)=x^3+3px+1$达到极值，则$p=$________.

二、单项选择题.

(1) 曲线$\begin{cases}x=\sin t,\\ z=\cos 2t\end{cases}$在$t=\dfrac{\pi}{4}$处的切线斜率为(　　).

A. $2\sqrt{2}$　　B. $-2\sqrt{2}$　　C. $-\dfrac{\sqrt{2}}{2}$　　D. -2

(2) 平面曲线$x^2+3xy+4y^2=2$在$(-1, 1)$处指向右侧的切向量$\boldsymbol{a}$及指向上侧的法向量$\boldsymbol{n}$分别为(　　).

A. $\boldsymbol{a}=\{-5, 1\}$，$\boldsymbol{n}=\{1, 5\}$

B. $\boldsymbol{a}=\{5, -1\}$，$\boldsymbol{n}=\{1, 5\}$

C. $\boldsymbol{a}=\{-5, 1\}$，$\boldsymbol{n}=\{-1, -5\}$

D. $\boldsymbol{a}=\{5, -1\}$，$\boldsymbol{n}=\{-1, -5\}$

三、解答题.

(1) 证明：二次曲面$Ax^2+By^2+Cz^2=D$上任一点(x_0, y_0, z_0)处的切平面为$Ax_0x+By_0y+Cz_0z=D$.

(2) 确定a的值，使曲线$y=ax^2$与$y=\ln x$相切.

(3) 设$y=f(x)$在$x=x_0$的某邻域内具有三阶连续导数，如果$f'(x_0)=f''(x_0)=0$，而$f'''(x_0)\neq0$，则$x=x_0$是否为极值点，$(x_0, f(x_0))$是否为拐点.

(4) 设$f(x)=x^3+ax^2+bx+1$在$x_1=1$和$x_2=2$处取得极值，试确定a，b的值，并证明：$f(x_1)$是极大值，$f(x_2)$是极小值.

(5) 设$f(x)$在$x=a$的某一邻域内连续，若$\lim\limits_{x\to a}\dfrac{f(x)-f(a)}{(x-a)^2}=-1$，证明：$f(x)$在$x=a$处取得极大值.

(6) 设函数$u=f(x, y, z)$在条件$\phi(x, y, z)=0$下有极值$u_0=f(x_0, y_0, z_0)$，其中f及ϕ具有连续的一阶偏导数且不全部为0，证明：曲面$u_0=f(x, y, z)$与曲面$\phi(x, y, z)=0$在点(x_0, y_0, z_0)处相切.

第三部分　积　分　学

积分学包括函数的不定积分，一元定积分，重积分，曲线积分，曲面积分以及简单的常微分方程等内容.

第五章 不定积分(微分的逆运算)

5.1 全微分与不定积分的定义

5.1.1 两种差运算符号 Δ 与 d

Δ 差是一种看得见的差，对于一元函数 $y=f(x)$ 而言，它是发生在 x 轴上的“故事”，定点 x_0 只能在轴上寻找与它相近的动点 $x_0+\Delta x$，可以看出，动点 $x_0+\Delta x$ 只能在定点 x_0 的两侧方向上.

$\Delta x=(x_0+\Delta x)-x_0$ 表示自变量 x 在它的某个取值 x_0 处的差；

$\Delta y=f(x_0+\Delta x)-f(x_0)$ 表示因变量 y 对应自变量 x 在它的某个取值 x_0 处对应值的差，注意这里强调自然对应.

微分的本质是微差，就是在某点做差的两个对象无限接近的变量对象的差.

有如下极限形式：

$\lim\limits_{\Delta x\to 0}\Delta x=\lim\limits_{\Delta x\to 0}((x+\Delta x)-x)=\mathrm{d}x$;

$\lim\limits_{\Delta x\to 0}\Delta y=\lim\limits_{\Delta x\to 0}(f(x+\Delta x)-f(x))=\mathrm{d}y=\mathrm{d}f(x)$;

或者简单写作，当 $t\to 0$ 时，$\mathrm{d}f=f(x+t)-f(x)$;

我们很容易发现一个“残酷的现实”：$\mathrm{d}f=f(x+\Delta x)-f(x)$ 无法计算，在数学上，如果仅仅从形式而言，有这样的转化规则：

$$\begin{aligned}\mathrm{d}f&=\lim_{\Delta x\to 0}\Delta f=\lim_{\Delta x\to 0}[f(x+\Delta x)-f(x)]\\&=\frac{\lim\limits_{\Delta x\to 0}[f(x+\Delta x)-f(x))}{\lim\limits_{\Delta x\to 0}[(x+\Delta x)-x]}\lim_{\Delta x\to 0}[(x+\Delta x)-x]\\&=\frac{\mathrm{d}f(x)}{\mathrm{d}x}\mathrm{d}x=f'(x)\mathrm{d}x=f'(x)\mathrm{d}x.\end{aligned}$$

因此，在一元函数 $y=f(x)$ 的前提下，微分的基本公式可以简单理解为微商的乘法形式：

$$\frac{\mathrm{d}f(x)}{\mathrm{d}x}=f'(x),$$

或者

$$\mathrm{d}y=f'(x)\mathrm{d}x.$$

5.1.2 微分公式推导

严格的微分公式的推导：

$$\Delta y=\Delta f(x)=f(x+\Delta x)-f(x)=f'(\theta)\Delta x,$$

其中 θ 是中值，介于 x，$x+\Delta x$ 之间.

当 $\Delta x\to 0$ 时，上式变为

$$dy=df(x)=f'(x)dx=y'dx,$$

这就是微分公式.

微分可以用来近似计算，请注意微分的前提，就是做差的两个对象要充分接近，当 $t\to 0$ 时，才有公式：

$$f(x_0+t)=f(x_0)+f'(x_0)t.$$

5.1.3　多元函数的全微分

对于二元函数 $z=f(x, y)$ 而言，它是发生在平面 XOY 上的“故事”，定点 (x_0, y_0) 可以在全平面上寻找与它相近的动点 $(x_0+\Delta x, y_0+\Delta y)$，可以看出，动点 $(x_0+\Delta x, y_0+\Delta y)$ 可以在定点 (x_0, y_0) 的周围任意方向上. 因此，由定点指向动点的方向具有全局性，它们逼近的方向具有全局性(方向的任意性).

差的形式类似一元函数，同样也分为看得见的差增量和看不见的微差(微分).

$$\Delta z\big|_{(x_0, y_0)}=\Delta f(x_0, y_0)=f(x_0+\Delta x, y_0+\Delta y)-f(x_0, y_0);$$

$$dz=\lim_{(\Delta x, \Delta y)\to(0, 0)}\Delta z\Big|_{(x_0, y_0)}=\lim_{(\Delta x, \Delta y)\to(0, 0)}\Delta f(x, y)\Big|_{(x_0, y_0)}.$$

二元函数的全微分推导如下：

$$\Delta z\big|_{(x_0, y_0)}=[f(x_0+\Delta x, y_0+\Delta y)-f(x_0, y_0+\Delta y)]+[f(x_0, y_0+\Delta y)-f(x_0, y_0)]$$

$$=\frac{f(x_0+\Delta x, y_0+\Delta y)-f(x_0, y_0+\Delta y)}{\Delta x}\Delta x+\frac{f(x_0, y_0+\Delta y)-f(x_0, y_0)}{\Delta y}\Delta y.$$

对上式两边取极限可以得出

$$dz=\frac{\partial z}{\partial x}\bigg|_{(x_0, y_0)}dx+\frac{\partial z}{\partial y}\bigg|_{(x_0, y_0)}dy.$$

形式推导如下：

全微分为：

$$dz=f(x+dx, y+dy)-f(x, y)$$

$$=[f(x+dx, y+dy)-f(x, y+dy)]+[f(x, y+dy)-f(x, y)]$$

$$=\frac{[f(x+dx, y+dy)-f(x, y+dy)]}{dx}dx+\frac{[f(x, y+dy)-f(x, y)]}{dy}dy$$

$$=\frac{\partial f(x, y)}{\partial x}dx+\frac{\partial f(x, y)}{\partial y}dy.$$

全微分的全方向性由 dx，dy 的无关性提供.

二元全增量公式：

$$\Delta z=f(x+\Delta x, y+\Delta y)-f(x, y),$$

即将 dx，dy 改成对应的 Δx，Δy 就可以得到全增量公式.

三元函数 $w=f(x, y, z)$ 的全微分公式为：

$$dw=\frac{\partial f(x, y, z)}{\partial x}dx+\frac{\partial f(x, y, z)}{\partial y}dy+\frac{\partial f(x, y, z)}{\partial z}dz.$$

一元近似计算中，要把握两点：其一，$t \to 0$；其二，函数是什么？导数是什么？在哪个点的附近对目标进行计算？

多元函数也类似.

例 1 ①函数$y=x^2-x$在$x=1$处，$\Delta x=0.01$，则$\Delta y=$__________，$dy=$__________.

②若函数$z=xy$，当$x=10$，$y=8$，$\Delta x=0.2$，$\Delta y=-0.1$时，函数的全增量$\Delta z=$__________，全微分$dz=$__________.

解：

① 增量为 $\Delta y=[(x+\Delta x)^2-(x+\Delta x)]-(x^2-x)$

$$=2x\Delta x+(\Delta x)^2-\Delta x\big|_{x=1,\ \Delta x=0.01}=0.0101.$$

微分为 $dy=(2x-1)\big|_{x=1}dx=dx.$

② 全增量为 $\Delta z=[(x+\Delta x)(y+\Delta y)]-xy$

$$=x\Delta y+y\Delta x+\Delta x\Delta y\big|_{x=10,\ \Delta x=0.2,\ y=8,\ \Delta y=-0.1}=0.58.$$

全微分为 $dz=xdy+ydx\big|_{x=10,\ y=8}=8dx+10dy.$

5.1.4 微分和积分互为逆运算

不定积分是微分的逆运算.

(1) 对于一元函数而言：

逆运算公式为：

$$\int df(x)=\int d(f(x)+c)=f(x)+c,$$

或者

$$d\int f(x)dx=f(x)+c.$$

演变公式为：

$$\int f'(x)dx=f(x)+c.$$

例如，$\int d\sin x^2=\sin x^2+c$ 或者 $\int 2x\sin x^2dx=\sin x^2+c.$

(2) 对于二元函数而言：

逆运算公式为：

$$\int df(x,\ y)=f(x,\ y)+c,$$

或者

$$d\int f(x,\ y)dx=f(x,\ y).$$

演变公式为：

$$\int df(x,\ y)=\int f_x(x,\ y)dx+f_y(x,\ y)dy=f(x,\ y)+c.$$

请特别留心这个演变公式，也就是全微分函数存在原函数.

例如，$\int dxy=xy+c$ 或者 $\int xdy+ydx=xy+c.$

(3) 对于三元函数而言：

$$\int \mathrm{d}f(x, y, z) = f(x, y, z) + c,$$

或者

$$\mathrm{d}\int f(x, y, z)\mathrm{d}x = f(x, y, z).$$

演变公式为:

$$\int \mathrm{d}f(x, y, z) = \int f_x(x, y, z)\mathrm{d}x + f_y(x, y, z)\mathrm{d}y + f_z(x, y, z)\mathrm{d}z = f(x, y, z) + c.$$

请特别留心这个演变公式, 也就是全微分函数存在原函数.

例如, $\int \mathrm{d}xyz = xyz + c$ 或者 $\int xz\mathrm{d}y + yz\mathrm{d}x + zy\mathrm{d}z = xyz + c$.

注意: 在这个方面, 类似于函数和反函数公式, 请读者体会之.

5.2 不定积分

5.2.1 不定积分计算基本视角

(1) 背公式, 对五大类基本函数(俗称"五指山") 的公式要做到烂熟于心, 此外, 还需要熟练掌握定积分中变限积分的导数求法(俗称"六指琴魔").

(2) 套公式, 将公式中的变量部分同步被同一性质对象替代.

例如, 当记忆了公式 $\int \sin x\mathrm{d}x = -\cos x + c$ 后, 直接套用此公式, 可以很容易得到 $\int \sin e^x\mathrm{d}x = -\cos e^x + c$, 究其本质, 就是将原公式中的变量 x 替换成了函数形式 e^x.

(3) 基本三大技术: ① 常数的处理; ②"d 前" 与"d 后"; ③"出来减去交换"(分部积分公式), 这是函数积分的核心技术, 读者要仔细体会之, 后面会详细论述.

(4) 从被积分函数的四则运算开始着手选择对应的处理方式.

(5) 从函数形式考虑相应的换元法, 以及相应的积分模式, 主要表现在分式、根号、三角函数的处理.

(6) 递推关系式, 或者循环式(主要应用"出来减去交换")(主要依赖三角函数导数回旋特性).

以上论述简单概括为"积分面前三大招式": ① 三大核心技术不离手; ② 积分从被积函数的四则运算入手; ③ 四则运算不通则从被积分函数的函数类型出发选择相应处理模式.

5.2.2 不定积分的计算思路

总体而言, 不定积分的求法包括三种类型: 套公式; 循环式; 关于整数的递推式.

套用公式计算不定积分或者使用递推关系式的方式是不定积分计算的唯一途径, 因此记忆公式和掌握套用法则是最基本的. 套用法则是公式中等式两边的变量部分可以被一个相同的变量或者其他的函数替代, 这是基本原则, 也是运用三大技术对积分进行处理的基本变形目标.

当然，还有一部分不定积分找不到原函数，应用“出来减去交换”可得到类似 $A=B-mA$ 的循环式形式，从而求出 A.

5.2.3 不定积分计算

下面从函数角度看不定积分的定义的本质.

若 $F'(x)=f(x)$，则 $\int f(x)\mathrm{d}x=F(x)+c$.

函数 $F(x)$ 称为函数 $f(x)$ 的一个原函数，函数 $f(x)$ 称为函数 $F(x)$ 的导函数(导数).

如果将原函数置于上层，函数则置于中层，导数则在函数的下层，形成三层楼的态势，就有如下形象的表述：

家有三层楼，上楼积分，下楼求导，函数居中.

这句话的意思是：不定积分 $\int f(x)\mathrm{d}x$ 的导数是 $f(x)$，自然有如下一些公式：

$$\int f'(x)\mathrm{d}x=f(x)+c,\quad \left[\int f(x)\mathrm{d}x\right]'=f(x).$$

其中 c 是一个常数，代表不定的意思，不定积分的不定的本意是函数的原函数不唯一，且彼此只差一个常数.

当然，还可以得出类似 $\left[\int f(x)\mathrm{d}x\right]''=f'(x)$ 等很多公式. 以后看到这样的题目不要奇怪，例如 $\left[\int\frac{\sin x}{x}\mathrm{d}x\right]''=\left(\frac{\sin x}{x}\right)'=\frac{x\cos x-\sin x}{x^2}$.

原函数有向上、向下两种转化方式，这是由不定积分的函数角度定义决定的. 若函数 $g(x)$ 是函数 $f(x)$ 的原函数，则有如下表述：

① 上楼(向上)：$g(x)+c=\int f(x)\mathrm{d}x$；

② 下楼(向下)：$g'(x)=f(x)$.

例 2 设 $f(x)$ 的原函数 $F(x)>0$，且 $F(0)=1$，当 $x\geqslant 0$ 时，有 $f(x)F(x)=\sin^2 2x$，求 $f(x)$.

解：$f(x)$ 的原函数 $F(x)>0$，故 $F(x)+c=\int f(x)\mathrm{d}x$，所以 $\int f(x)F(x)\mathrm{d}x=\int\sin^2 2x\mathrm{d}x$，即

$$\int F(x)\mathrm{d}F(x)=\int\frac{1-\cos 4x}{2}\mathrm{d}x\Rightarrow\frac{F^2(x)}{2}+c=\frac{x}{2}-\frac{\sin 4x}{8}.$$

又 $F(0)=1$，故 $F(x)=\sqrt{x-\frac{\sin 4x}{4}}\Rightarrow f(x)=F'(x)=\frac{1-\cos 4x}{2\sqrt{x-\frac{\sin 4x}{4}}}$.

1. 不定积分的三大核心技术

技术一：常数的处理.

常数有两种四则运算位置，即加法位和乘法位.

对于加法位置的常数：可以在 $\mathrm{d}x$ 中 x 处任意加上一个常数，也就是公式

$$\mathrm{d}x=\mathrm{d}(x+c).$$

例 3 求$\int \sin(x+2)\mathrm{d}x$.

解：$\int \sin(x+2)\mathrm{d}x = \int \sin(x+2)\mathrm{d}(x+2) = -\cos(x+2)+c$.

对于乘法位，乘法常数 k 可以在三个位置自由地变动，

$$k\int f(x)\mathrm{d}x = \int kf(x)\mathrm{d}x = \int f(x)\mathrm{d}kx.$$

例 4 求$\int \sin x\cos x\mathrm{d}x$.

解：$\int \sin x\cos x\mathrm{d}x = \int \frac{1}{2}\sin 2x\mathrm{d}x = \frac{1}{2}\int \sin 2x\mathrm{d}x = \frac{1}{4}\int \sin 2x\mathrm{d}2x = -\frac{1}{4}\cos 2x + c$.

技术二："d 前" 与"d 后".

所谓"d 前" 与"d 后" 是以 d 为中心，将 d 的前后两部分分别记为"d 前" 与"d 后". 积分处理原则为"后置积分，前置求导".

将"d 前" 的乘法因子移到"d 后"，先将它对"d 后" 的对象积分，将积分结果替换"d 后" 的部分即可，这个称为后置积分. 后置积分的本质公式为

$$f'(x)\mathrm{d}x = \mathrm{d}f(x).$$

将"d 后" 的部分(必须是整体，不能是局部因子) 先求导，再将结果放到"d 前" 作为一个因子，"d 后" 保留求导的对象(对谁求导)，这个过程称为前置求导. 前置求导的本质为

$$\mathrm{d}f(x) = f'(x)\mathrm{d}x.$$

例 5 求 ① $\int x\mathrm{e}^{x^2}\mathrm{d}x$；②$\int x\mathrm{d}\ln x$.

解：① $\int x\mathrm{e}^{x^2}\mathrm{d}x = \frac{1}{2}\int \mathrm{e}^{x^2}\mathrm{d}x^2 = \frac{1}{2}\mathrm{e}^{x^2} + c$.

②$\int x\mathrm{d}\ln x = \int x\cdot\frac{1}{x}\mathrm{d}x = x + c$.

技术三："出来减去交换"(分部积分公式).

$$\int f(x)\mathrm{d}g(x) = f(x)g(x) - \int g(x)\mathrm{d}f(x).$$

证明：$[f(x)g(x)]' = f'(x)g(x) + f(x)g'(x)$,

求导式：$\frac{\mathrm{d}[f(x)g(x)]}{\mathrm{d}x} = g(x)\frac{\mathrm{d}f(x)}{\mathrm{d}x} + f(x)\frac{\mathrm{d}g(x)}{\mathrm{d}x}$,

改微分式：$\mathrm{d}[f(x)g(x)] = g(x)\mathrm{d}f(x) + f(x)\mathrm{d}g(x)$,

两边同时积分：$\int \mathrm{d}[f(x)g(x)] = \int g(x)\mathrm{d}f(x) + \int f(x)\mathrm{d}g(x)$,

即
$$\int f(x)\mathrm{d}g(x) = f(x)g(x) - \int g(x)\mathrm{d}f(x).$$

"出来减去交换" 主要针对乘法，它自身还有一个"副产品"，产生循环式，或者针对关于正整数次幂的递推式，尤其注意指数函数在不断前置后置，"出来减去交换" 变化过程中独特的降低次方的作用，以及三角函数在不断前置后置，"出来减去交换" 过程中的循环交替.

例 6 ①$\int xe^x dx$ ；②$\int x^2 e^x dx$ ；③$\int x\sin x dx$ ；④$\int x^2\sin x dx$；⑤$\int x\ln x dx$；⑥$\int \sin x e^x dx$.

解：①$\int xe^x dx = \int x\, de^x = xe^x - \int e^x dx = xe^x - e^x + c$;

②$\int x^2 e^x dx = \int x^2\, de^x = x^2 e^x - \int e^x dx^2 = x^2 e^x - 2xe^x + 2e^x + c$;

③$\int x\sin x dx = -\int x d\cos x = -x\cos x + \int \cos x dx = -x\cos x + \sin x + c$;

④$\int x^2 \sin x dx = -\int x^2 d\cos x = -x^2\cos x + \int \cos x dx^2$

$$= -x^2\cos x + 2\int x\cos x dx = -x^2\cos x + 2x\sin x + \cos x + c;$$

⑤$\int x\ln x dx = \frac{1}{2}\int \ln x dx^2 = \frac{1}{2}x^2\ln x - \frac{1}{2}\int x^2 d\ln x$

$$= \frac{1}{2}x^2\ln x - \frac{1}{2}\int x dx = \frac{1}{2}x^2\ln x - \frac{1}{4}x^2 + c;$$

⑥$\int \sin x e^x dx = \int \sin x\, de^x = \sin x e^x - \int e^x d\sin x = \sin x e^x - \int e^x \cos x dx$,

$$\int \cos x e^x dx = \int \cos x de^x = \cos x e^x - \int e^x d\cos x = \cos x e^x + \int e^x \sin x dx$$

以上两式相减，有$\int \sin x e^x dx = \frac{\sin x e^x - \cos x e^x}{2} + c$.

注意：还可以使用欧拉公式：

$$e^{ix} = \cos x + i\sin x.$$

$$\int e^x e^{ix} dx = \frac{1}{1+i}\int e^{x(1+i)} d(1+i)x = \frac{1}{1+i}e^{x(1+i)} = \frac{1}{2}(1-i)e^x(\cos x + i\sin x) + c$$

故$\int \sin x e^x dx = \frac{\sin x e^x - \cos x e^x}{2} + c$.

例 7 计算 ①$\int \sin^n x dx$；②$\int \tan^n x dx$；③$\int \sec^n x dx$.

解：①$I_1 = \int \sin x dx = -\cos x + c$,

$I_2 = \int \sin^2 x dx = -\int \sin x d\cos x = -\sin x\cos x + \int \cos x d\sin x = -\sin x\cos x + \int \cos^2 x dx$,

得到$\int \sin^2 x dx = -\sin x\cos x + \int (1 - \sin^2 x) dx$.

于是$\int \sin^2 x dx = \frac{x - \sin x\cos x}{2} + c$.

设 $I_n = \int \sin^n x dx = \int \sin^{n-1} x d\cos x = \sin^{n-1} x\cos x - (n-1)\int \sin^{n-2} x \cos^2 x dx$

$$nI_n = \sin^{n-1} x\cos x - (n-1)I_{n-2},$$

得到递推关系式，由数列知识从而可以求出通项

$$I_n = \int \sin^n x dx.$$

②$I_1=\int\tan x\mathrm{d}x=\int\frac{\sin x}{\cos x}\mathrm{d}x=-\int\frac{1}{\cos x}\mathrm{d}\cos x=-\ln|\cos x|+c$,

$I_2=\int\tan^2x\mathrm{d}x=\int(\sec^2x-1)\mathrm{d}x=\tan x-x+c$,

$I_n=\int\tan^nx\mathrm{d}x=\int\tan^{n-2}x(\sec^2x-1)\mathrm{d}x=\int\tan^{n-2}x\sec^2x\mathrm{d}x-\int\tan^{n-2}x\mathrm{d}x=\frac{\tan^{n-1}x}{n-1}-I_{n-2}$,

得到递推关系式，由数列知识从而可以求出通项：

$I_n=\int\tan^nx\mathrm{d}x.$

③$I_1=\int\sec x\mathrm{d}x=\int\frac{1}{\cos x}\mathrm{d}x=\int\frac{\cos x}{\cos^2x}\mathrm{d}x=\frac{1}{2}\ln\left|\frac{1+\cos x}{1-\cos x}\right|+c$,

$I_2=\int\sec^2x\mathrm{d}x=\tan x+c$,

$I_n=\int\sec^nx\mathrm{d}x=\int\sec^{n-2}x\mathrm{d}\tan x=\tan x\sec^{n-2}x-(n-2)\int\tan x\mathrm{d}\sec^{n-2}x$

$=\tan x\sec^{n-2}x-(n-2)\int(\sec^nx-\sec^{n-2}x)\mathrm{d}x$,

$(n-1)I_n=\tan x\sec^{n-2}x+(n-2)I_{n-2}$,

得到递推关系式，由数列知识从而可以求出通项

$I_n=\int\sec^nx\mathrm{d}x.$

2. 从被积分函数的四则运算确立积分方法

积分从被积分函数的四则运算开始，也就是由被积分函数四则运算来确定积分计算的方式.

(1) 加法(减法).

可以分开积分，也就是

$$\int(af(x)+bg(x))\mathrm{d}x=a\int f(x)\mathrm{d}x+b\int g(x)\mathrm{d}x.$$

这说明求导运算具有线性性质，这也是后来微分方程有特殊的线性解结构的原因所在.

例 8 计算$\int\mathrm{e}^x\left(2-\frac{\mathrm{e}^{-x}}{x}\right)\mathrm{d}x$.

解：表面上是乘法，其实是减法，

$$\int\mathrm{e}^x\left(2-\frac{\mathrm{e}^{-x}}{x}\right)\mathrm{d}x=\int2\mathrm{e}^x\mathrm{d}x-\int\frac{1}{x}\mathrm{d}x=2\mathrm{e}^x-\ln|x|+c.$$

(2) 乘法的积分.

选部分因子后置(d 后)，出现两种结果：其一，可以直接套用公式积分；其二，不可以直接套用公式，则使用“出来减去交换”，也就是

$$\int f(x)\mathrm{d}g(x)=f(x)g(x)-\int g(x)\mathrm{d}f(x).$$

例 9 ①$\int\left(1-\frac{1}{x^2}\right)\mathrm{e}^{x+\frac{1}{x}}\mathrm{d}x$；②$\int\frac{\ln x}{x(\ln^2x-1)}\mathrm{d}x$.

解：① 乘法，选部分因子后置，然后套公式，有

$$\int\left(1-\frac{1}{x^2}\right)e^{x+\frac{1}{x}}dx=\int e^{x+\frac{1}{x}}d\left(x+\frac{1}{x}\right)=e^{x+\frac{1}{x}}+c.$$

② 表面看是除法，其实是乘法，选部分因子后置，然后套公式(注意两次后置的积分对象不一样，中间穿插常数的处理)，有

$$\int\frac{\ln x}{x(\ln^2x-1)}dx=\int\frac{\ln x}{(\ln^2x-1)}d\ln x=\frac{1}{2}\int\frac{1}{(\ln^2x-1)}d(\ln^2x-1)=\frac{1}{2}\ln|\ln^2x-1|+c.$$

(3) 商的积分.

有两种处理方法：

一是看作乘法，使用乘法的方式处理，在使用乘法处理商运算时，着重考虑分子是否是分母的导数，也就是公式

$$\int\frac{f'(x)}{f(x)}dx=\ln|f(x)|+c.$$

例如，$\int\frac{1+\cos x}{x+\sin x}dx=\ln|x+\sin x|+c$，$\int\frac{1}{x\ln x}dx=\ln|\ln x|+c$.

二是看作分式，如果将商运算看作分式，那么分式的“三分”就成为必备的技巧和方法. 所谓“三分”就是分式的通分、约分、部分分式.

对于约分，注意反向约分的重要性.

例 10 计算$\int\frac{1}{x(1+x^7)}dx$.

解：看作分式，反向约分

$$\int\frac{1}{x(1+x^7)}dx=\int\frac{x^6}{x^7(1+x^7)}dx=\frac{1}{7}\int\frac{1}{x^7(1+x^7)}dx^7$$

$$=\frac{1}{7}\int\frac{1}{x^7}dx^7-\frac{1}{7}\int\frac{1}{(1+x^7)}dx^7=\frac{1}{7}\ln\frac{x^7}{1+x^7}+c.$$

例 11 计算$\int\csc x dx$.

解：看作分式，反向约分

$$\int\csc x dx=\int\frac{1}{\sin x}dx=\int\frac{\sin x}{\sin^2x}dx=-\frac{1}{2}\ln\left|\frac{1+\cos x}{1-\cos x}\right|+c.$$

对于部分分式法，应熟练掌握分式的四大基本形式的积分方式和部分分式的两种变换模式，具体如下：

分式的四种基本形式与方法：

①$\int\frac{1}{(x+a)^n}dx=\frac{1}{(-n+1)(x+a)^{n-1}}+c\ (n\geqslant 2)$.

②$\int\frac{1}{(x+a)}dx=\ln|x+a|+c$.

③$\int\frac{1}{ax^2+bx+c}dx\ (b^2-4ac<0)$.

首先配方$\int \frac{1}{a\left(x+\frac{b}{2a}\right)^2+\frac{4ac-b^2}{4a}}\mathrm{d}x$，

然后使用公式$\int \frac{1}{a^2+x^2}\mathrm{d}x=\frac{1}{a}\arctan\frac{x}{a}+c$ 即可.

$\int \frac{1}{(ax^2+bx+c)^n}\mathrm{d}x\,(b^2-4ac<0,\ n\geqslant 2)$ 依然是先配方，然后使用三角换元法来处理，对于$\int \frac{1}{(a^2+x^2)^n}\mathrm{d}x$ 形式的积分，具体为：令 $x=a\tan x$，则

$$\int \frac{1}{(a^2+x^2)^n}\mathrm{d}x=\frac{1}{a^{2n-1}}\int \frac{1}{(1+\tan^2x)^n}\mathrm{d}\tan x=\frac{1}{a^{2n-1}}\int \frac{\sec^2x}{\sec^{2n}x}\mathrm{d}x=\frac{1}{a^{2n-1}}\int \cos^{2n-1}x\mathrm{d}x.$$

可参看例 7.

④$\int \frac{mx+n}{ax^2+bx+c}\mathrm{d}x\,(b^2-4ac<0)$. 先使用公式$\int \frac{f'(x)}{f(x)}\mathrm{d}x=\ln|f(x)|+c$，消去分子中的一次项，具体为

$$\int \frac{\frac{m}{2a}(ax^2+bx+c)'}{ax^2+bx+c}\mathrm{d}x+\int \frac{n-\frac{bm}{2a}}{ax^2+bx+c}\mathrm{d}x.$$

上式第一部分使用上述公式，第二部分的积分是形式 ③.

下面介绍部分分式的操作流程，将原分式的分母因式分解，以原分母的因子为新分母，新分子的次方低于新分母的次方，将原分式写成新分式的和的形式. 这就是待定系数法拆分的本质，习惯上称为“强拆”；此外，注意新分式的四种基本形态以及三大基本部分分式公式：

$$\frac{a+b}{ab}=\frac{1}{a}+\frac{1}{b};$$

$$\frac{a-b}{ab}=\frac{1}{b}-\frac{1}{a};$$

$$\frac{b+ma}{a}=\frac{b}{a}+m.$$

将分子、分母凑成公式左边形式，上述第三个公式较为常用，称为公式拆分法.

此外，如果分子的次方高于分母的次方，则可以直接使用分式的长除法来降次. 第三个公式告诉我们，分子的次方一定可以降到低于分母的次方.

例 12 ①$\int \frac{\sin x-\cos x}{\sqrt[3]{\sin x+\cos x}}\mathrm{d}x$；②$\int \frac{x+1}{(x-1)(x^2+1)}\mathrm{d}x$；③$\int \frac{1}{x^2(1+x^2)^2}\mathrm{d}x$.

解：(1) 看作乘法来处理.

$$\int \frac{\sin x-\cos x}{\sqrt[3]{\sin x+\cos x}}\mathrm{d}x=\int \frac{1}{\sqrt[3]{\sin x+\cos x}}\mathrm{d}(\sin x+\cos x)$$

$$=-\frac{1}{3}(\sin x+\cos x)^{\frac{2}{3}}+c.$$

② 应用分式"三分"中的部分分式法.

$$\int \frac{x+1}{(x-1)(x^2+1)}dx = \int \frac{x+1}{(x-1)(x^2+1)}dx = \int \frac{1}{x-1}dx - \int \frac{1}{x^2+1}dx$$

$$= \ln|x-1| - \arctan x + c.$$

③ 应用分式"三分"中的部分分式法.

因为$\frac{1}{x^2(1+x^2)^2} = \frac{(x^2+1)-x^2}{x^2(1+x^2)^2} = \frac{1}{x^2(1+x^2)} - \frac{1}{(1+x^2)^2} = \frac{1}{x^2} - \frac{1}{1+x^2} - \frac{1}{(1+x^2)^2}$,

所以$\int \frac{1}{x^2(1+x^2)^2}dx = \int \frac{1}{x^2}dx - \int \frac{1}{1+x^2}dx - \int \frac{1}{(1+x^2)^2}dx$

$$= -\frac{1}{x} - \arctan x - \frac{x}{2} - \frac{\sin 2x}{4} + c.$$

3. 从被积分函数的具体函数形态确立积分方法

复合函数使用反函数换元法，实现函数的简化. 其本质是内层函数的整体替换方法.

例 13 ①$\int \sin(\ln x)dx$；②$\int \frac{x^2}{1+x^2}\arctan x dx$；③$\int \frac{\arccos x}{(\sqrt{1-x^2})^3}dx$.

解：① 令内层函数 $\ln x = t$，则 $x = e^t$，代入原积分，有

$$\int \sin(\ln x)dx = \int \sin t\, de^t = e^t\sin t - \int e^t d\sin t = e^t\sin t - \int e^t\cos t dt$$

$$= e^t\sin t - \int \cos t\, de^t = e^t\sin t - e^t\cos t + \int e^t d\cos t$$

$$= e^t\sin t - e^t\cos t - \int e^t\sin t dt$$

故$\int \sin(\ln x)dx = \int e^t\sin t dt = \frac{e^t\sin t - e^t\cos t}{2} + c = \frac{x\sin(\ln x) - x\cos(\ln x)}{2} + c.$

② 反函数换元法，$x = \tan t$，代入原积分，有

$$\int \frac{x^2}{1+x^2}\arctan x dx = \int \frac{\tan^2 t}{\sec^2 t}t d\tan t = \int t\tan^2 t dt$$

$$= \int t(\sec^2 t - 1)dt = \int t\sec^2 t dt - \int t dt$$

$$= \int t d\tan t = t\tan t - \int \tan t dt - \frac{t^2}{2}$$

$$= x\arctan x + \ln\left|\sqrt{1+x^2}\right| - \frac{(\arctan x)^2}{2} + c.$$

③ 反函数换元法，$x = \cos t$ 代入原积分，有

$$\int \frac{\arccos x}{(\sqrt{1-x^2})^3}dx = \int \frac{t}{(\sin t)^3}d\cos t = -\int \frac{t}{(\sin t)^2}dt = \int t d\cot t$$

$$= t\cot t - \int \cot t dt = t\cot t - \ln|\sin t| + c$$

$$= \frac{\sqrt{1-x^2}}{x}\arccos x - \ln\left|\sqrt{1-x^2}\right| + c.$$

4. 根号积分的两大换元法

被积函数中如果含有根号的积分，此时主要是使用根号的换元法，包括根号的整体换元和根号的三角换元.

根号的整体换元适用于可以反求 x 的类型(判别标准是反解 x 后，根号消失了)；三角换元：$\sqrt{a^2-x^2}$ 使用$\sin^2x+\cos^2x=1$ 的关系来换元；$\sqrt{a^2+x^2}$ 使用 $1+\tan^2x=\sec^2x$ 的关系来换元；$\sqrt{x^2-a^2}$ 使用 $1+\tan^2x=\sec^2x$ 的关系来换元.

提示：在换元过程中，应注意定义域和三角函数的符号，此外，还应结合直角三角形和三角函数在直角三角形下的定义与勾股定理.

例 14 ①$\int e^{-\sqrt{x}}dx$；② $\int\frac{1}{\sqrt{x}+\sqrt[3]{x}}dx$.

解：① 令$\sqrt{x}=t$，则 $x=t^2$，代入原式，有

$$\begin{aligned}\int e^{-\sqrt{x}}dx&=\int e^{-t}dt^2=2\int te^{-t}dt=-2\int t\,de^{-t}\\&=-2te^{-t}+2\int e^{-t}dt\\&=-2te^{-t}-2e^{-t}+c\\&=-2\sqrt{x}e^{-\sqrt{x}}-2e^{-\sqrt{x}}+c.\end{aligned}$$

② 令 $x=t^6$，代入原式，有

$$\begin{aligned}\int\frac{1}{\sqrt{x}+\sqrt[3]{x}}dx&=\int\frac{1}{t^3+t^2}dt^6=6\int\frac{t^5}{t^3+t^2}dt=6\int\frac{t^3}{t+1}dt\\&=2t^3-3t^2+6t-6\ln|t+1|+c\\&=2\sqrt{x}-3\sqrt[3]{x}+6\sqrt[6]{x}-6\ln|\sqrt[6]{x}+1|+c.\end{aligned}$$

例 15 ①$\int\sqrt{a^2-x^2}dx$；② $\int\sqrt{a^2+x^2}dx$；③$\int\sqrt{x^2-a^2}dx$.

解：① 令 $x=a\sin t$，$t\in\left[-\frac{\pi}{2},\frac{\pi}{2}\right]$，则

$$\begin{aligned}\int\sqrt{a^2-x^2}dx&=\int a\cos t\,da\sin t=\frac{a^2}{2}(t-\sin t\cos t)+c\\&=\frac{a^2}{2}\left(\arcsin\frac{x}{a}-\frac{x\sqrt{a^2-x^2}}{a^2}\right)+c.\end{aligned}$$

② 令 $x=a\tan t$，$t\in\left(-\frac{\pi}{2},\frac{\pi}{2}\right)$，则

$$\begin{aligned}\int\sqrt{a^2+x^2}dx&=\int a\sec t\,da\tan t\\&=\frac{a^2}{2}\left(\sec t\tan t+\frac{1}{2}\ln\left|\frac{1+\sin t}{1-\sin t}\right|\right)+c\\&=\frac{a^2}{2}\left(\frac{1}{2}\ln\left|\frac{x+\sqrt{a^2+x^2}}{x-\sqrt{a^2+x^2}}\right|+\frac{x\sqrt{a^2+x^2}}{a^2}\right)+c.\end{aligned}$$

③ 令 $x=a\sec t$，$t\in\left(0,\dfrac{\pi}{2}\right)$，则

$$\int\sqrt{x^2-a^2}\,\mathrm{d}x=\int a\tan t\,\mathrm{d}a\sec t$$
$$=\frac{a^2}{2}\left(\sec t\tan t+\frac{1}{2}\ln\left|\frac{1+\sin t}{1-\sin t}\right|\right)+c$$
$$=\frac{a^2}{2}\left(\frac{1}{2}\ln\left|\frac{x+\sqrt{a^2+x^2}}{x-\sqrt{a^2+x^2}}\right|+\frac{x\sqrt{a^2+x^2}}{a^2}\right)+c.$$

5. 对于三角函数，用万能公式换元和偶次特征处理

万能公式：

$$\tan x=\frac{2\tan\frac{x}{2}}{1-\tan^2\frac{x}{2}};\ \sin x=\frac{2\tan\frac{x}{2}}{1+\tan^2\frac{x}{2}};\ \cos x=\frac{1-\tan^2\frac{x}{2}}{1+\tan^2\frac{x}{2}}.$$

例 16 计算积分 $\int\dfrac{\sin x}{1+\sin x}\mathrm{d}x$.

解：使用万能公式，令 $\tan\dfrac{x}{2}=t$，则 $x=2\arctan t$，$\mathrm{d}x=\dfrac{2}{1+t^2}\mathrm{d}t$，有

$$\int\frac{\sin x}{1+\sin x}\mathrm{d}x=2\int\frac{\tan\frac{x}{2}}{\left(1+\tan\frac{x}{2}\right)^2}\mathrm{d}x$$
$$=4\int\frac{t}{(1+t)^2(1+t^2)}\mathrm{d}t=2\int\frac{1}{1+t^2}\mathrm{d}t+2\int\frac{-1}{(1+t)^2}\mathrm{d}t$$
$$=2\arctan t+\frac{2}{1+t}+c=x+\frac{2}{1+\tan\frac{x}{2}}+c.$$

三角函数的积分，通过基本的运算，出现三角函数的偶次方，是一个很好的途径，平方的处理方式基本有三种：

一是，使用六边形中的平方关系：

$$\sin^2x+\cos^2x=1;\ \tan^2x+1=\sec^2x;\ \cot^2x+1=\csc^2x.$$

二是，使用倍角公式达到降次升角或者降角升次：

$$\sin^2x=\frac{1-\cos2x}{2};\ \cos^2x=\frac{1+\cos2x}{2};\ 2\sin x\cos x=\sin2x.$$

三是，将分母中的 2 次方分离出来，变成乘法，再积分，也就是切变割方、割变切割的反向使用.

例 17 计算下列积分 ① $\int\dfrac{\sin x}{1+\sin x}\mathrm{d}x$；② $\int\dfrac{1}{1+\cos x+\sin x}\mathrm{d}x$；③ $\int\dfrac{x+\sin x}{1+\cos x}\mathrm{d}x$.

解：①$\int \frac{\sin x}{1+\sin x}dx = \int \frac{2\sin\frac{x}{2}\cos\frac{x}{2}}{\left(\sin\frac{x}{2}+\cos\frac{x}{2}\right)^2}dx = 2\int \frac{\tan\frac{x}{2}}{\left(1+\tan\frac{x}{2}\right)^2}dx$

$$= 4\int \frac{t}{(1+t)^2(1+t^2)}dt = 2\int \frac{1}{1+t^2}dt + 2\int \frac{-1}{(1+t)^2}dt$$

$$= 2\arctan t + \frac{2}{1+t} + c = x + \frac{2}{1+\tan\frac{x}{2}} + c.$$

②$\int \frac{1}{1+\cos x+\sin x}dx = \int \frac{1}{2\cos^2\frac{x}{2}+2\sin\frac{x}{2}\cos\frac{x}{2}}dx = \int \frac{1}{1+\tan\frac{x}{2}}d\tan\frac{x}{2}$

$$= \ln\left|\tan\frac{x}{2}+1\right| + c.$$

③$\int \frac{x+\sin x}{1+\cos x}dx = \int \frac{\sin x}{1+\cos x}dx + \int \frac{x}{2\cos^2\frac{x}{2}}dx$

$$= -\int \frac{1}{1+\cos x}d\cos x + \int x\,d\tan\frac{x}{2}$$

$$= -\ln|1+\cos x| + x\tan\frac{x}{2} - \int \tan\frac{x}{2}dx$$

$$= -\ln|1+\cos x| + x\tan\frac{x}{2} + 2\ln\left|\cos\frac{x}{2}\right| + c.$$

6. 抽象函数的积分方法本质上和上述的积分方法类似，可以换元，也可以用“出来减去交换”.

例 18 ①$\int \frac{f(x)}{f'(x)} - \frac{f^2(x)f''(x)}{(f'(x))^3}dx$；②$\int \frac{f'(\ln x)}{x\sqrt{f'(\ln x)}}dx$；③$\int xf'(2x)dx$，其中，$f(x)$ 的原函数为$\frac{\sin x}{x}$.

解：①$\int \frac{f(x)}{f'(x)} - \frac{f^2(x)f''(x)}{(f'(x))^3}dx = \int \frac{f(x)}{f'(x)}dx + \frac{1}{2}\int f^2(x)\,d\frac{1}{(f'(x))^2}$

$$= \int \frac{f(x)}{f'(x)}dx + \frac{1}{2}\frac{f^2(x)}{(f'(x))^2} - \frac{1}{2}\int \frac{1}{(f'(x))^2}df^2(x)$$

$$= \int \frac{f(x)}{f'(x)}dx + \frac{1}{2}\frac{f^2(x)}{(f'(x))^2} - \int \frac{f(x)}{f'(x)}dx$$

$$= \frac{1}{2}\frac{f^2(x)}{(f'(x))^2} + c.$$

②$\int \frac{f'(\ln x)}{x\sqrt{f'(\ln x)}}dx = \int \frac{1}{\sqrt{f'(\ln x)}}df(\ln x) = 2\sqrt{f'(\ln x)} + c.$

③ $f(x)=\left(\frac{\sin x}{x}\right)'=\frac{x\cos x-\sin x}{x^2}$,

因为 $\int f(x)\mathrm{d}x=\frac{\sin x}{x}+c$，所以$\int f(2x)\mathrm{d}x=\frac{\sin 2x}{4x}+c$,

从而$\int xf'(2x)\mathrm{d}x=\frac{1}{2}\int x\mathrm{d}f(2x)=\frac{1}{2}xf(2x)-\frac{1}{2}\int f(2x)\mathrm{d}x=\frac{2x\cos 2x-3\sin 2x}{8x}+c$.

7. 分段函数的积分

特别是分段函数在分段点积分后要保持连续性，可以求一些参数，需要留心.

例 19 ① 已知$f(x)=\begin{cases}x, & x<0,\\ \sin x, & x\geqslant 0.\end{cases}$ 计算：$\int f(x)\mathrm{d}x$；②$\int \max(x^2, x, 1)\mathrm{d}x$.

解：①$\int f(x)\mathrm{d}x=\begin{cases}\frac{x^2}{2}+c-1, & x<0,\\ -\cos x+c, & x\geqslant 0;\end{cases}$

②$\int \max(x^2, x, 1)\mathrm{d}x=\begin{cases}\frac{x^3+2}{3}+c, & x>1,\\ x+c, & -1\leqslant x\leqslant 1,\\ \frac{x^3-2}{3}+c, & x<-1.\end{cases}$

8. 递推关系式求积分

有两类题型：

一是，$\int f(x)\mathrm{d}x=A-k\int f(x)\mathrm{d}x$ 型；

二是，数列的递推关系型，这里将用到求数列通项的基本技巧和方法，例如叠加法、叠乘法、数列的重构等基本方法. 例如，$I_n=f(x)+kI_{n-1}$ 等.

例 20 ①$\int \mathrm{e}^x\sin x\mathrm{d}x$；②$a_n=\int x^n\mathrm{e}^x\mathrm{d}x$.

解：①$\int \mathrm{e}^x\sin x\mathrm{d}x=\int \sin x\,\mathrm{d}\mathrm{e}^x=\mathrm{e}^x\sin x-\int \mathrm{e}^x\mathrm{d}\sin x$

$$=\mathrm{e}^x\sin x-\int \mathrm{e}^x\cos x\mathrm{d}x=\mathrm{e}^x\sin x-\mathrm{e}^x\cos x-\int \mathrm{e}^x\sin x\mathrm{d}x,$$

从而$\int \mathrm{e}^x\sin x\mathrm{d}x=\frac{\mathrm{e}^x\sin x-\mathrm{e}^x\cos x}{2}$.

②$a_n=\int x^n\mathrm{e}^x\mathrm{d}x=\int x^n\,\mathrm{d}\mathrm{e}^x=\mathrm{e}^x x^n-n\int \mathrm{e}^x x^{n-1}\mathrm{d}x=\mathrm{e}^x x^n-na_{n-1}$,

$a_0=\int \mathrm{e}^x\mathrm{d}x=\mathrm{e}^x+c$，所以 $a_n=\mathrm{e}^x(x^n-nx^{n-1}+n(n-1)x^{n-2}+\cdots+n!)+c$.

对不定积分的计算方法的总结有以下几个方面：

① 要熟练记忆五大类函数的基本积分公式，掌握不定积分的本质意义以及套公式的基本要义；

② 要时时刻刻提醒自己使用三大核心技术，而且要得心应手；

③ 遇到任何积分，应观察分辨被积函数的四则运算，合理使用四则运算规则，处理积分；

④在四则运算无法确定的时候，恰当地根据被积函数所包含的形式，如根号、复合函数、反函数等暗示，选择相应的换元法来处理；

⑤三角函数的处理，应尽可能转化成三角函数的偶次方来处理，或者使用万能公式，实现三角函数的有理函数转化.

练　习　五

一、选择题.

(1) 若$f(x)$的导函数是$\sin x$，则$f(x)$的一个原函数为(　　).

A. $1+\sin x$　　B. $1-\sin x$　　C. $1+\cos x$　　D. $1-\cos x$

(2) 设$f(x)$是连续函数，$F(x)$是$f(x)$的原函数，则(　　).

A. 当$f(x)$为奇函数时，$F(x)$必是偶函数

B. 当$f(x)$为偶函数时，$F(x)$必是奇函数

C. 当$f(x)$为周期函数时，$F(x)$必是周期函数

D. 当$f(x)$为单调增函数时，$F(x)$必是单调增函数

二、求下列不定积分.

(1) $\int\frac{\sqrt[3]{x}-1}{\sqrt{x}}dx$；　(2) $\int x\sin 2x dx$；　(3) $\int\frac{1}{1-\cos x}dx$；　(4) $\int\frac{\ln x}{(1+x)^2}dx$；

(5) $\int\frac{e^x(1+e^x)}{\sqrt{1-e^{2x}}}dx$；　(6) $\int\frac{\cos x}{1+\sin^2 x}dx$；　(7) $\int\arccos x dx$；　(8) $\int\frac{2x-2}{x^2+2x+5}dx$；

(9) $\int e^{\sqrt{x+1}}dx$；　(10) $\int\sin\sqrt{x}dx$；　(11) $\int\frac{1}{x\sqrt{1+x^2}}dx$；　(12) $\int\frac{\arctan x}{x^2}dx$；

(13) $\int\frac{\sin^5 x}{\cos^4 x}dx$；　(14) $\int\frac{\ln(\ln x)}{x\ln x}dx$；　(15) $\int\frac{x\arcsin x}{\sqrt{1-x^2}}dx$；　(16) $\int\frac{1-\tan x}{1+\tan x}dx$；

(17) $\int\frac{\sin x\cos x}{\sin x+\cos x}dx$；　(18) $\int\max\{1,|x|\}dx$.

三、设$f(x)$在$[1,+\infty)$上可导，$f'(e^x+1)=e^{3x}+2$，$f(1)=0$，试求$f(x)$.

四、设$F(x)$为$f(x)$的原函数，且当$x\geqslant 0$时，$f(x)F(x)=\frac{xe^x}{2(1+x)^2}$，已知$F(0)=1$，$F(x)>0$，求$f(x)$.

第六章 定 积 分

6.1 定积分的符号系统与其含义

熟练掌握离散加法 $\sum_{i=1}^{n} f(x_i)\Delta x_i$ 与连续加法 $\int_a^b f(x)\,\mathrm{d}x$ 之间的对比含义对于数学的学习有着极其重大的意义. 离散的连续化和连续的离散化都是很重要的数学课题.

定积分的正负面积背景是定积分应用的基础，它的本质是同性质的微小分割(正负面积微元)的无穷和.

此外，定义和相关抽象性质的证明均按照分割、求和、取极限的方式进行证明或者解释.

6.1.1 定积分的定义

分割：将积分(做加法的区间)区间 $[a, b]$ 平均分成 n 个小区间，每个区间长度为 $\frac{b-a}{n}$，区间的左端点依次为 a，$a+\frac{b-a}{n}$，$a+2\times\frac{b-a}{n}$，…，$a+(n-1)\frac{b-a}{n}$.

求和：在每个区间取它的左端点为整个区间的代表，得到相应的函数值 $f(a)$，$f\left(a+\frac{b-a}{n}\right)$，$f\left(a+2\times\frac{b-a}{n}\right)$，…，$f\left(a+(n-1)\frac{b-a}{n}\right)$，分别乘以区间长度 $\frac{b-a}{n}$，求和得到 $\sum_{i=0}^{n-1} f\left(a+i\times\frac{b-a}{n}\right)\frac{b-a}{n}$，它是曲面四边形面积(正负)的近似刻画.

取极限：让分割无限细致，有 $\lim_{n\to\infty}\sum_{i=0}^{n-1} f\left(a+i\times\frac{b-a}{n}\right)\frac{b-a}{n}$，如果此极限存在，则为定积分 $\int_a^b f(x)\,\mathrm{d}x$.

6.1.2 $\int_a^b f(x)\,\mathrm{d}x$ 的符号含义

(1) 积分变量 x 取自区间 $[a, b]$，在这个区间上任意取点 x，过此点做区间 $[a, b]$ 所在轴的垂线，此垂线的宽度为 $\mathrm{d}x$($\mathrm{d}x$ 称为底，有正，有负，其正、负和积分下限到上限的方向一致，$\mathrm{d}x=\lim_{\Delta x\to 0}[(x+\Delta x)-x]$，$\Delta x\to 0$ 的方向有两种，正、负与之相对应). 垂线与函数 $y=f(x)$ 的图像有一个交点，交点与 x 点之间的长度为 $f(x)$($f(x)$ 称为高，有正，有负). 这句话简称为用垂直的厚度为 $\mathrm{d}x$ 的"刀"去切积分区域 $[a, b]$.

(2)$f(x)\mathrm{d}x$ 是高 $f(x)$ 与切线厚度 $\mathrm{d}x$ 的乘法运算，表示切 x 点处的微面积，而 $\int_a^b$ 表示把从点 a 到点 b 的所有这样性质的微面积加起来.

定积分的另外一种理解：图像 $y=f(x)$ 向坐标 x 轴投影，得到投影区域 $[a, b]$，在投影区间上任意取点，作坐标轴的垂线，垂足处存在宽度为 $\mathrm{d}x$($\mathrm{d}x$ 称为底，有正，有负，其正负和积分下限到上限的方向一致) 的一条竖线. 其他的理解同上.

自然公式：

$$\int_a^b f(x)\,\mathrm{d}x = -\int_a^b f(x)\,\mathrm{d}x.$$

这个公式的本质是由 $\mathrm{d}x$ 的正负决定的.

奇、偶函数在对称区间上的性质分别为：

$$\int_{-a}^a f(x)\,\mathrm{d}x = 0;\ \int_{-a}^a g(x)\,\mathrm{d}x = 2\int_0^a g(x)\,\mathrm{d}x.$$

其中，$f(x)$ 是奇函数，$g(x)$ 是偶函数. 可积分的奇函数在有限的对称区间上积分为0，可积分的偶函数在对称区间上的积分为半区间上积分的两倍.

使用定义，可以得到如下定积分的性质：

无底无面积公式：

$$\int_a^a f(x)\,\mathrm{d}x = 0.$$

积分区间的可分性：

$$\int_a^b f(x)\,\mathrm{d}x = \int_a^c f(x)\,\mathrm{d}x + \int_c^b f(x)\,\mathrm{d}x\,(a < c < b).$$

积分的线性性质：

$$\int_a^b [f(x) + g(x)]\,\mathrm{d}x = \int_a^b f(x)\,\mathrm{d}x + \int_a^b g(x)\,\mathrm{d}x.$$

积分比较大小：

$$f(x) \leqslant g(x) \Rightarrow \int_a^b f(x)\,\mathrm{d}x \leqslant \int_a^b g(x)\,\mathrm{d}x\,(a < b).$$

积分中值：若函数 $y=f(x)$ 在区间 $[a, b]$ 上连续，则 $\exists t \in [a, b]$，s.t.

$$\int_a^b f(x)\,\mathrm{d}x = f(t)(b-a).$$

其中，$\dfrac{\int_a^b f(x)\,\mathrm{d}x}{b-a}$ 称为函数 $f(x)$ 在区间 $[a, b]$ 上的平均值.

注意：定区间上的定积分为一个常数.

例 1 已知函数 $f(x)$ 满足 $f(x) = x + 2\int_0^2 f(x)\,\mathrm{d}x$，求 $f(x)$.

解：定积分是一个常数，故设 $\int_0^2 f(x)\,\mathrm{d}x = c$，则 $f(x) = x + 2c$，两边同时在区间 $[0, 2]$ 上积分，有 $\int_0^2 f(x)\,\mathrm{d}x = \int_0^2 (x+2c)\,\mathrm{d}x \Rightarrow c = 2 + 4c \Rightarrow c = -\dfrac{2}{3}$，故 $f(x) = x - \dfrac{4}{3}$.

例 2 已知 $f(x) = x^{\int_0^2 f(x)\,\mathrm{d}x} + 2x\int_0^2 f(x)\,\mathrm{d}x$，求 $f'(x)$.

解：$f'(x) = x^{\int_0^2 f(x)dx - 1}\int_0^2 f(x)\,dx + 2\int_0^2 f(x)\,dx.$

例 3　求数列和的极限$\lim\limits_{n\to\infty}\left(\frac{1}{n+1}+\frac{1}{n+2}+\frac{1}{n+3}+\cdots+\frac{1}{n+n}\right)$.

解：$\lim\limits_{n\to\infty}\left(\frac{1}{n+1}+\frac{1}{n+2}+\frac{1}{n+3}+\cdots+\frac{1}{n+n}\right)=\lim\limits_{n\to\infty}\sum\limits_{i=1}^{n}\frac{1}{1+\frac{i}{n}}\frac{1}{n}$

$$=\int_0^1\frac{1}{1+x}dx=\ln(1+x)\Big|_0^1=\ln 2.$$

下面总结几种常见离散与连续互相转化的形式：

(1) $\int_a^b f(x)\,dx=\lim\limits_{n\to\infty}\sum\limits_{i=1}^{n}f\left(a+\frac{i(b-a)}{n}\right)\frac{b-a}{n}$；

(2) $\int_a^b f(x)\,dx=\lim\limits_{n\to\infty}\sum\limits_{i=1}^{n}f\left(a+\frac{(i-1)(b-a)}{n}\right)\frac{b-a}{n}$；

(3) $\int_0^1 f(x)\,dx=\lim\limits_{n\to\infty}\sum\limits_{i=1}^{n}f\left(\frac{i}{n}\right)\frac{1}{n}$.

例 4　① 计算定积分$\int_0^1\sqrt{1-x^2}\,dx$；② $\int_{-1}^{1}\frac{x^2\sin x}{\cos x^3}dx$.

解：① 表示半径为 1 的$\frac{1}{4}$圆的面积，故原式 $=\frac{\pi}{4}$.

② 对称区间上的奇函数正负面积相互抵消，故原式 = 0.

6.2　微积分基本定理

微积分基本定理的表现形式如下：

对于一元函数，其导数式为

$$\left(\int_a^x f(t)\,dt\right)'=f(x).$$

微分式为

$$d\int_a^x f(t)\,dt=f(x)\,dx.$$

对于二元函数，其偏导数公式为

$$\frac{\partial\int_{(a,b)}^{(x,y)}df(u,v)}{\partial x}=\frac{\partial f(x,y)}{\partial x},\quad \frac{\partial\int_{(a,b)}^{(x,y)}df(u,v)}{\partial y}=\frac{\partial f(x,y)}{\partial y}.$$

微分式为

$$d\int_{(a,b)}^{(x,y)}df(u,v)=\frac{\partial f(x,y)}{\partial x}dx+\frac{\partial f(x,y)}{\partial y}dy.$$

三元函数也有类似结论.

变限积分的结果是变限中变量的函数（我们称这类函数为“六指琴魔”），因此具备作为一个函数的所有问题，这里主要集中于函数的极限、求导和积分. 它的极限求法主要是使用洛必达法则；其求导和普通函数比较基本上没有太多的变化，求导遵循的公式如下：

将上限代入乘以上限的导数，或者将下限代入乘以下限的导数的相反数.

上限求导公式：

$$\left[\int_a^{\varphi(x)} f(t)\,\mathrm{d}t\right]' = \frac{\mathrm{d}\int_a^{\varphi(x)} f(t)\,\mathrm{d}t}{\mathrm{d}x} = f[\varphi(x)]\varphi'(x).$$

下限求导公式：

$$\left[\int_{\varphi(x)}^{b} f(t)\,\mathrm{d}t\right]' = \frac{\mathrm{d}\int_{\varphi(x)}^{b} f(t)\,\mathrm{d}t}{\mathrm{d}x} = -f[\varphi(x)]\varphi'(x).$$

上下限混合求导公式：

$$\left[\int_{p(x)}^{\varphi(x)} f(t)\,\mathrm{d}t\right]' = \frac{\mathrm{d}\int_{p(x)}^{\varphi(x)} f(t)\,\mathrm{d}t}{\mathrm{d}x} = f[\varphi(x)]\varphi'(x) - f[p(x)]p'(x).$$

变限积分的函数中，限变量与被积函数均含有求导对象的求导，例如：

$$\left[\int_a^{\varphi(x)} [g(x)f(t) + p(x)]\,\mathrm{d}t\right]' = \frac{\mathrm{d}\int_a^{\varphi(x)} [g(x)f(t) + p(x)]\,\mathrm{d}t}{\mathrm{d}x}$$

$$= \{g(x)f[\varphi(x)] + p(x)\}\varphi'(x) + \int_a^{\varphi(x)} [g'(x)f(t) + p'(x)]\,\mathrm{d}t.$$

注意：在这里有很多问题可以处理，只要把变限积分看作一个普通的函数就可以了，留意求导基本口诀的合理使用.

变限积分融合了两条完全不同的积分路径，它将不定积分和定积分有效地结合在一起. 不定积分是微分的逆运算，而定积分则是无限个同性质的微元的和，两者的融合，极大地促进了微积分学的发展，这也是相关定理称为微积分基本定理的缘故.

N－L 公式：

对于一元函数，有：若$\int f(x)\,\mathrm{d}x = F(x) + c$，则

$$\int_a^x f(t)\,\mathrm{d}t = F(t)\Big|_a^x = F(x) - F(a).$$

对于二元函数，有：若$\int_{(a,\ b)}^{(x,\ y)} \mathrm{d}f(u,\ v) = \int_{(a,\ b)}^{(x,\ y)} \frac{\partial f(x,\ y)}{\partial x}\mathrm{d}x + \frac{\partial f(x,\ y)}{\partial y}\mathrm{d}y = f(x,\ y) + c$，则

$$\int_{(a,\ b)}^{(x,\ y)} \mathrm{d}f(u,\ v) = f(u,\ v)\Big|_{(a,\ b)}^{(x,\ y)} = f(x,\ y) - f(a,\ b).$$

三元函数情况类似.

例 5 ① 求$\lim\limits_{x\to 0}\dfrac{\int_0^x \sin x\cos t^2\,\mathrm{d}t}{x\ln(1+x)}$；② 求$\lim\limits_{x\to 0}\dfrac{\left(\int_0^x \mathrm{e}^{t^2}\,\mathrm{d}t\right)^2}{\int_0^x t\mathrm{e}^{t^2}\,\mathrm{d}t}$；

③ 设函数$f(x)$在$[0,\ +\infty)$内连续，且$\lim\limits_{x\to+\infty}f(x)=1$. 若函数满足$\dfrac{dy}{dx}+y=f(x)$，求$\lim\limits_{x\to+\infty}y(x)$.

解：① $\lim\limits_{x\to0}\dfrac{\int_0^x \sin x\cos t^2 dt}{x\ln(1+x)}=\lim\limits_{x\to0}\dfrac{\sin x\int_0^x\cos t^2 dt}{x^2}=\lim\limits_{x\to0}\dfrac{\int_0^x\cos t^2 dt}{x}=\lim\limits_{x\to0}\dfrac{\cos x^2}{1}=1.$

② $\lim\limits_{x\to0}\dfrac{\left(\int_0^x e^{t^2}dt\right)^2}{\int_0^x te^{t^2}dt}=\lim\limits_{x\to0}\dfrac{2\left(\int_0^x e^{t^2}dt\right)e^{x^2}}{xe^{x^2}}\lim\limits_{x\to0}\dfrac{2ex^2}{1}=2.$

③ 原微分方程的解为$y(x)=ce^{-x}+\dfrac{\int_0^x e^t f(t)dt}{e^x}$,

从而$\lim\limits_{x\to\infty}y(x)=\lim\limits_{x\to\infty}ce^{-x}+\lim\limits_{x\to\infty}\dfrac{\int_0^x e^t f(t)dt}{e^x}=\lim\limits_{x\to\infty}\dfrac{e^t f(x)}{e^x}=1.$

例 6 已知$y=\int_{2x}^{\sin x}(xt\sin^2 t+\sin x)dt$，求$y'$.

解：$y'(x)=(x\sin x\sin^2\sin x+\sin x)\cos x-2(2x^2\sin^2(2x)+\sin x)+\int_{2x}^{\sin x}(t\sin^2 t+\cos x)dt.$

6.3 积分中值定理

第一积分中值定理：设函数$f(x)$在区间$[a,\ b]$连续，设函数$g(x)$在区间$[a,\ b]$连续不变号，至少存在$\zeta\in[a,\ b]$，使得$\int_a^b f(x)g(x)dx=f(\zeta)\int_a^b g(x)dx$.

例 7 设函数$f(x)$在区间$[a,\ b]$可导，且$f'(x)\leqslant M$，$f(a)=0$，证明：$\int_a^b f(x)dx\leqslant\dfrac{1}{2}(b-a)^2$.

证明：因为$\dfrac{f(x)-f(a)}{x-a}=f'(\xi)\leqslant M$，所以$f(x)\leqslant M(x-a)$，从而$\int_a^b f(x)dx\leqslant\int_a^b M(x-a)dx=\dfrac{1}{2}(b-a)^2$.

6.4 积分函数的性质研究

例 8 设函数$f(x)$在区间$[a,\ b]$可导，$f'(x)\leqslant0$，$F(x)=\dfrac{\int_a^x f(t)dt}{x-a}$，证明：在区间$(a,\ b)$上$F'(x)\leqslant0$.

证明：$F'(x)=\dfrac{f(x)(x-a)-\int_a^x f(t)\,\mathrm{d}t}{(x-a)^2}$，令 $g(x)=f(x)(x-a)-\int_a^x f(t)\,\mathrm{d}t$，则 $g'(x)=f'(x)(x-a)\leqslant 0$，所以 $g(x)\leqslant g(a)=0$，故 $F'(x)\leqslant 0$.

例 9 设函数 $f(x)$ 在区间 $[a,b]$ 连续，$f(x)>0$，$g(x)=\int_a^x f(t)\,\mathrm{d}t+\int_b^x \dfrac{1}{f(t)}\mathrm{d}t$，$x\in[a,b]$.

证明：在区间 (a,b) 上 $g(x)=0$ 有且仅有一个根.

证明：$g(a)=\int_b^a \dfrac{1}{f(t)}\mathrm{d}t<0$，$g(b)=\int_a^b f(t)\,\mathrm{d}t>0$，而 $g'(x)=f(x)+\dfrac{1}{f(x)}\geqslant 2$，故 $g(x)=0$ 在区间 $[a,b]$ 上有且仅有一个根.

例 10 设函数 $f(x)$ 在区间 $[a,b]$ 连续，证明：$\int_a^x f(t)(x-t)\,\mathrm{d}t=\int_a^x\int_a^t f(u)\,\mathrm{d}u\mathrm{d}t$.

证明：方法一：令 $g(x)=\int_a^x f(t)(x-t)\,\mathrm{d}t-\int_a^x\int_a^t f(u)\,\mathrm{d}u\mathrm{d}t$，则 $g'(x)=\int_a^x f(t)\,\mathrm{d}t-\int_a^x f(t)\,\mathrm{d}t=0$，所以 $g(x)=g(a)=0$，从而 $\int_a^x f(t)(x-t)\,\mathrm{d}t=\int_a^x\int_a^t f(u)\,\mathrm{d}u\mathrm{d}t$.

方法二：$\int_a^x\int_a^t f(u)\,\mathrm{d}u\mathrm{d}t=\left(t\int_a^t f(u)\,\mathrm{d}u\right)\Bigg|_a^x-\int_a^x t\mathrm{d}\int_a^t f(u)\,\mathrm{d}u$

$$=x\int_a^x f(u)\,\mathrm{d}u-\int_a^x tf(t)\,\mathrm{d}t=\int_a^x (x-t)f(t)\,\mathrm{d}t.$$

6.5 定积分计算的“三大绝招”

1. 定积分的背景

定积分所包含的正、负面积的含义是计算的基本出发点.

明确定积分的符号意义，具体符号 $\int_a^b f(x)\,\mathrm{d}x$ 的含义为：点 x 来自数轴上区间 $[a,b]$，$f(x)$ 是此点的高，$\mathrm{d}x$ 是此点对应的一个小宽度，$f(x)\mathrm{d}x$ 是此点处的一个小面积，$\int_a^b f(x)\,\mathrm{d}x$ 是把区间 $[a,b]$ 所有这样的小面积加起来.

理解这个含义对解题非常重要，特别是对称区间上的定积分.

当 $f(x)$ 为可积分的奇函数时，有：

$$\int_{-a}^a f(x)\,\mathrm{d}x=0.$$

当 $f(x)$ 为可积分的偶函数时，有：

$$\int_{-a}^a f(x)\,\mathrm{d}x=2\int_0^a f(x)\,\mathrm{d}x.$$

当 $f(x)$ 是周期为 T 的函数时，有：

$$\int_a^{a+nT} f(x)\,\mathrm{d}x=n\int_a^{a+T} f(x)\,\mathrm{d}x=n\int_0^T f(x)\,\mathrm{d}x.$$

例 11 计算定积分 ① $\int_0^a \sqrt{a^2-x^2}\,dx$；② $\int_{-\sqrt{2}}^{\sqrt{2}} \sqrt{8-2x^2}\,dx$.

解：① 由定积分的面积背景，原式 $=\dfrac{\pi a^2}{4}$；

② 由定积分的面积背景，原式 $=\pi+2$.

2. 换元法

注意换元基本规则：

① 原上、下限分别代入求新上、下限；

② 换元注意保持换元函数在积分区域的单调性；

③ 换元注意全部替代；

④ 注意在常数的处理过程中，它不是换元，积分限不变.

换元法在定积分中有着很独特的应用，要好好理解和把握. 不定积分的所有途径均可以在计算定积分中得到展示，唯一不同的是，在计算定积分的换元过程中，换元必须同时换上下限，而没有不定积分换元法中的反代入的过程.

特别注意定积分换元法在某些证明和求解问题中的特殊用途，特别是定积分换元导致了部分原函数无法直接求出，但是定积分可算的典型例子.

例 12 证明：$\int_0^{\frac{\pi}{2}} f(\sin x)\,dx=\int_0^{\frac{\pi}{2}} f(\cos x)\,dx$，并据此求 $\int_0^{\frac{\pi}{2}} \sin^2 x\,dx$.

证明：令 $x=\dfrac{\pi}{2}-t$，则 $\int_0^{\frac{\pi}{2}} f(\sin x)\,dx=\int_{\frac{\pi}{2}}^{0} f\left(\dfrac{\pi}{2}-t\right) d\,\dfrac{\pi}{2}-t=\int_0^{\frac{\pi}{2}} f(\cos t)\,dt$，故

$$\int_0^{\frac{\pi}{2}} \sin^2 x\,dx=\int_0^{\frac{\pi}{2}} \cos^2 x\,dx=\frac{1}{2}\int_0^{\frac{\pi}{2}} (\sin^2 x+\cos^2 x)\,dx=\frac{\pi}{4}.$$

例 13 证明：$\int_0^{\pi} xf(\sin x)\,dx=\dfrac{\pi}{2}\int_0^{\pi} f(\sin x)\,dx$，并据此求 $\int_0^{\pi} x\dfrac{\sin x}{1+\cos^2 x}dx$.

证明：令 $x=\pi-t$，

则
$$\int_0^{\pi} xf(\sin x)\,dx=\int_{\pi}^{0} (\pi-t)f(\sin t)\,d(\pi-t)$$
$$=\int_0^{\pi} (\pi-t)f(\sin t)\,dt=\int_0^{\pi} \pi f(\sin t)\,dt-\int_0^{\pi} tf(\sin t)\,dt,$$

故 $\int_0^{\pi} xf(\sin x)\,dx=\dfrac{\pi}{2}\int_0^{\pi} f(\sin x)\,dx$.

故
$$\int_0^{\pi} x\frac{\sin x}{1+\cos^2 x}dx=\frac{\pi}{2}\int_0^{\pi} \frac{\sin x}{1+\cos^2 x}dx=\frac{\pi}{2}\int_0^{\pi} \frac{1}{1+\cos^2 x}d\cos x$$
$$=\frac{\pi}{2}\arctan(\cos x)\Big|_0^{\pi}=-\frac{\pi^2}{4}.$$

题型一：对称区间换元(做负变换：令 $x=-u$).

例 14 设函数 $f(x)$ 在 $\mathbf{R}$ 上连续，且满足 $f(x+y)=f(x)+f(y)$，计算 $\int_{-1}^{1} (x^2+1)f(x)\,dx$.

解：令 $x=y=0$，则 $f(0)=0$，令 $x=-y$，则 $f(x)=-f(-x)$，所以 $\int_{-1}^{1} (x^2+1)f(x)\,dx=$

0.

例 15 设函数 $f(x)$，$g(x)$ 在 $[-a,a]$ 上连续，$g(x)$ 是偶函数，且满足 $A=f(x)+f(-x)$，证明：$\int_{-a}^{a}f(x)g(x)\mathrm{d}x=A\int_{0}^{a}g(x)\mathrm{d}x$，并计算 $\int_{-\frac{\pi}{2}}^{\frac{\pi}{2}}|\sin x|\arctan \mathrm{e}^{x}\mathrm{d}x$.

证明：令 $x=-t$，则 $\int_{-a}^{a}f(x)g(x)\mathrm{d}x=\int_{-a}^{a}f(-t)g(t)\mathrm{d}t$

$$=\frac{\int_{-a}^{a}f(x)g(x)\mathrm{d}x+\int_{-a}^{a}f(-x)g(x)\mathrm{d}x}{2}=A\int_{0}^{a}g(x)\mathrm{d}x,$$

令 $a(x)=\arctan \mathrm{e}^{x}+\arctan \mathrm{e}^{-x}$，则 $a'(x)=\frac{\mathrm{e}^{x}}{1+\mathrm{e}^{2x}}+\frac{-\mathrm{e}^{-x}}{1+\mathrm{e}^{-2x}}=\frac{\mathrm{e}^{x}-\mathrm{e}^{x}}{1+\mathrm{e}^{2x}}=0$，故 $a(x)=a(0)=\frac{\pi}{2}=A$，所以 $\int_{-\frac{\pi}{2}}^{\frac{\pi}{2}}|\sin x|\arctan \mathrm{e}^{x}\mathrm{d}x=A\int_{0}^{\frac{\pi}{2}}|\sin x|\mathrm{d}x=\frac{\pi}{2}\int_{0}^{\frac{\pi}{2}}\sin x\mathrm{d}x=\frac{\pi}{2}$.

例 16 证明：$\int_{0}^{\pi}\frac{\sin 2nx}{\sin x}\mathrm{d}x=0$.

证明：令 $x=\pi-t$，则 $\int_{0}^{\pi}\frac{\sin 2nx}{\sin x}\mathrm{d}x=\int_{\pi}^{0}\frac{-\sin 2nt}{\sin t}\mathrm{d}(\pi-t)=-\int_{0}^{\pi}\frac{\sin 2nt}{\sin t}\mathrm{d}t$，故 $\int_{0}^{\pi}\frac{\sin 2nx}{\sin x}\mathrm{d}x=0$.

题型二：函数换元后重复或者积分区间重复.

例 17 设函数 $f(x)$ 在 $[a,b]$ 上连续，证明：$\int_{a}^{b}f(x)\mathrm{d}x=\int_{a}^{b}f(a+b-x)\mathrm{d}x$.

证明：令 $x=a+b-t$，则 $\int_{a}^{b}f(x)\mathrm{d}x=\int_{b}^{a}f(a+b-t)\mathrm{d}(a+b-t)=\int_{a}^{b}f(a+b-x)\mathrm{d}x$.

例 18 证明：$\int_{x}^{1}\frac{1}{1+t^{2}}\mathrm{d}t=\int_{1}^{\frac{1}{x}}\frac{1}{1+t^{2}}\mathrm{d}t$.

证明：令 $t=\frac{1}{y}$，则 $\int_{x}^{1}\frac{1}{1+t^{2}}\mathrm{d}t=\int_{\frac{1}{x}}^{1}\frac{1}{1+\left(\frac{1}{y}\right)^{2}}\mathrm{d}\frac{1}{y}=\int_{\frac{1}{x}}^{1}\frac{-1}{y^{2}}\cdot\frac{1}{1+\frac{1}{y^{2}}}\mathrm{d}y$

$$=\int_{1}^{\frac{1}{x}}\frac{1}{1+y^{2}}\mathrm{d}y=\int_{1}^{\frac{1}{x}}\frac{1}{1+t^{2}}\mathrm{d}t.$$

例 19 证明：$\int_{0}^{1}(1-x)^{n}x^{m}\mathrm{d}x=\int_{0}^{1}(1-x)^{m}x^{n}\mathrm{d}x$，并计算 $\int_{0}^{1}\sqrt{(1-x)x^{3}}\mathrm{d}x$.

证明：令 $x=1-t$，则 $\int_{0}^{1}(1-x)^{n}x^{m}\mathrm{d}x=\int_{1}^{0}t^{n}(1-t)^{m}\mathrm{d}(1-t)$

$$=\int_{0}^{1}(1-t)^{m}t^{n}\mathrm{d}t=\int_{0}^{1}(1-x)^{m}x^{n}\mathrm{d}x.$$

$$\int_{0}^{1}\sqrt{(1-x)x^{3}}\mathrm{d}x=\int_{0}^{1}x^{\frac{1}{2}}(1-x)^{3}\mathrm{d}x=\int_{0}^{1}x^{\frac{1}{2}}-3x^{\frac{3}{2}}+3x^{\frac{5}{2}}-x^{\frac{7}{2}}\mathrm{d}x=\frac{96}{945}.$$

3. 不定积分 + 代入做差，也就是 N - L 公式

这个公式说明，基本的不定积分的方法都是可用的，可以直接套用过来.

其中尤其重要的是“出来减去交换”(分部积分法)的应用.

例 20 设$f(x)=\int_0^{a-x}e^{y(2a-y)}dy$，求$\int_0^a f(x)dx$.

解：$\int_0^a f(x)dx=\int_0^a\int_0^{a-x}e^{y(2a-y)}dydx=x\int_0^{a-x}e^{y(2a-y)}dy\Big|_0^a+\int_0^a xe^{a^2-x^2}dx$

$$=-\frac{1}{2}e^{a^2-x^2}\Big|_0^a=\frac{1}{2}(e^{a^2}-1).$$

例 21 设$f(x)=\int_0^x e^{y(2-y)}dy$，求$\int_0^1(x-1)^2f(x)dx$.

解：$\int_0^1(x-1)^2f(x)dx=\int_0^1(x-1)^2\int_0^x e^{y(2-y)}dydx=\frac{1}{3}\int_0^1\int_0^x e^{y(2-y)}dyd(x-1)^3$

$$=\frac{1}{3}(x-1)^3\int_0^x e^{y(2-y)}dy\Big|_0^1-\frac{1}{3}\int_0^1(x-1)^3e^{x(2-x)}dx$$

$$=-\frac{1}{6}\int_0^1(x-1)^2e^{-(x-1)^2+1}d(x-1)^2$$

$$=\frac{e-2}{6}.$$

例 22 计算$\int_0^2\int_x^2 e^{-y^2}dydx$.

解：$\int_0^2\int_x^2 e^{-y^2}dydx=x\int_x^2 e^{-y^2}dy\Big|_0^2+\int_0^2 xe^{-x^2}dx=\frac{1}{2}(1-e^{-4})$.

例 23 设函数$f(x)$在区间[0, 1]上连续，且$\int_0^1 f(x)dx=a$，计算$\int_0^1\int_x^1 f(x)f(y)dydx$.

解：令$F(x)=\int_0^x f(t)dt$，则

$$\int_0^1\int_x^1 f(x)f(y)dydx=F(x)\int_x^1 f(y)dy\Big|_0^1+\int_0^1 F(x)f(x)dx=\frac{1}{2}F^2(1)=\frac{1}{2}a^2.$$

注意：① 以上各题均可以使用重积分的积分换序来解决. 这也是变限累次积分的两种核心处理模式，分部积分模式(出来减去交换)和累次积分换序模式.

② 所谓分部积分法，包括两种结果，一种是通过交换后，可以套用公式；另外一种则是循环结构，出现同类积分，或者是一种递推关系.

以下两类积分需要注意：

(1) 绝对值的积分，且绝对值的零点在积分区域内.

例 24 计算$\int_{-1}^1(|x|+\sin x)dx$.

解：$\int_{-1}^1(|x|+\sin x)dx=2\int_0^1 xdx=1$.

(2) 分段函数的分段点在积分区域内.

例 25 已知$f(x)=\begin{cases}2x, & x\leqslant 3,\\ x+5, & x>3,\end{cases}$ 计算$\int_1^4 f(x-1)dx$.

解：令$x-1=t$，则$\int_1^4 f(x-1)dx=\int_0^3 f(t)dt=\int_0^3 2tdt=8$.

题型三：周期函数的积分也是值得关注的对象.

例 26 设函数 $f(x)$ 是正周期为 T 的连续函数，证明：

① $\int_a^{T+a} f(x)\,\mathrm{d}x = \int_0^T f(x)\,\mathrm{d}x$;

② $\int_a^{a+nT} f(x)\,\mathrm{d}x = n\int_0^T f(x)\,\mathrm{d}x (n \in \mathbf{N})$，据此计算 $\int_0^{n\pi}\sqrt{1+\sin 2x}\,\mathrm{d}x$.

证明：① $\int_a^{T+a} f(x)\,\mathrm{d}x = \int_a^T f(x)\,\mathrm{d}x + \int_T^{T+a} f(x)\,\mathrm{d}x = \int_a^T f(x)\,\mathrm{d}x + \int_0^a f(x+T)\,\mathrm{d}(x+T)$

$$= \int_a^T f(x)\,\mathrm{d}x + \int_0^a f(x)\,\mathrm{d}x = \int_0^T f(x)\,\mathrm{d}x;$$

② $\int_a^{a+nT} f(x)\,\mathrm{d}x = \int_a^{a+T} f(x)\,\mathrm{d}x + \int_{nT}^{a+nT} f(x)\,\mathrm{d}x = \int_a^{nT} f(x)\,\mathrm{d}x + \int_0^a f(x+nT)\,\mathrm{d}(x+nT)$

$$= \int_0^{nT} f(x)\,\mathrm{d}x = n\int_0^T f(x)\,\mathrm{d}x,$$

$$\int_0^{n\pi}\sqrt{1+\sin 2x}\,\mathrm{d}x = n\int_0^{\pi}\sqrt{1+\sin 2x}\,\mathrm{d}x = n\int_0^{\pi}|\sin x+\cos x|\,\mathrm{d}x = n\int_0^{\pi}\sqrt{2}\left|\sin\left(x+\frac{3}{4}\right)\right|\mathrm{d}x$$

$$= \sqrt{2}n\int_{\frac{\pi}{4}}^{\frac{5\pi}{4}}|\sin x|\,\mathrm{d}x = \sqrt{2}n\int_0^{\pi}\sin x\,\mathrm{d}x = 2\sqrt{2}n.$$

例 27 设函数 $f(x)$ 是正周期为 T 的连续函数，证明：

① $\int_0^x f(x)\,\mathrm{d}x = kx + g(x)$，其中 k 是常数，$g(x)$ 是正周期为 T 的连续函数；

② $\lim\limits_{x\to\infty}\dfrac{\int_0^x f(x)\,\mathrm{d}x}{x} = \dfrac{1}{T}\int_0^T f(x)\,\mathrm{d}x$;

③ 若 $f(x) \geqslant 0$，$n \in \mathbf{N}$，$nT \leqslant x < (n+1)T$，则

$n\int_0^T f(x)\,\mathrm{d}x \leqslant \int_0^x f(x)\,\mathrm{d}x < (n+1)\int_0^T f(x)\,\mathrm{d}x$;

④ $\int_0^{2\pi} f(a\sin x + b\cos x)\,\mathrm{d}x = \int_0^{2\pi} f(\sqrt{a^2+b^2}\sin x)\,\mathrm{d}x$.

证明：① 令 $(n-1)T \leqslant x \leqslant nT$，$n \in \mathbf{Z}$，则 $\int_0^x f(t)\,\mathrm{d}t = \int_0^{(n-1)T} f(t)\,\mathrm{d}t + \int_0^{x-(n-1)T} f(t)\,\mathrm{d}t$,

令 $\dfrac{\int_0^T f(t)\,\mathrm{d}t}{T} = k$，则左边 $= (n-1)k + \int_0^{x-(n-1)T} f(t)\,\mathrm{d}t = kx + \int_0^{x-(n-1)T}[f(t)-k]\,\mathrm{d}t$,

令 $a(x) = \int_0^{x-(n-1)T}[f(t)-k]\,\mathrm{d}t$,

则 $a(x+T) = \int_0^{x-(n-2)T}[f(t)-k]\,\mathrm{d}t = \int_0^{x-(n-1)T}[f(t)-k]\,\mathrm{d}t + \int_{x-(n-1)T}^{x-(n-2)T}[f(t)-k]\,\mathrm{d}t$

$= g(x) + \int_0^T [f(t)-k]\,\mathrm{d}t = g(x)$，$g(x)$ 是周期为 T 的函数，则 $\int_0^x f(t)\,\mathrm{d}t = kx + g(x)$；

② $\lim\limits_{x\to\infty}\dfrac{\int_0^x f(t)\,\mathrm{d}t}{x} = \lim\limits_{x\to\infty}\dfrac{kx+g(x)}{x}$

$$=k+\lim_{x\to\infty}\frac{g(x)}{x}=k=\frac{1}{T}\int_0^T f(t)\,\mathrm{d}t;$$

③$f(x)\geqslant 0$，则$\int_0^{nT}f(x)\,\mathrm{d}x\leqslant\int_0^x f(t)\,\mathrm{d}t\leqslant n+1\int_0^{(n+1)T}f(x)\,\mathrm{d}x$，

即$n\int_0^T f(x)\,\mathrm{d}x\leqslant\int_0^x f(t)\,\mathrm{d}t\leqslant n+1\int_0^T f(x)\,\mathrm{d}x$；

④$\int_0^{2\pi}f(a\sin x+b\cos x)\,\mathrm{d}x=\int_0^{2\pi}f\left(\sqrt{a^2+b^2}\sin(x+\varphi)\right)\mathrm{d}x$

$$=\int_{\varphi}^{2\pi+\varphi}f\left(\sqrt{a^2+b^2}\sin x\right)\mathrm{d}x=\int_0^{2\pi}f\left(\sqrt{a^2+b^2}\sin x\right)\mathrm{d}x.$$

题型四：积分等式的证明.

例 28　证明：$2\int_a^b f(x)\mathrm{d}x\int_a^x g(t)\mathrm{d}t=\left[\int_a^b f(x)\mathrm{d}x\right]^2$.

证明：方法一：$2\int_a^b f(x)\mathrm{d}x\int_a^x g(t)\mathrm{d}t=2\int_a^b\int_a^x f(t)\mathrm{d}t\mathrm{d}\int_a^x g(t)\mathrm{d}t=\left[\int_a^b f(x)\mathrm{d}x\right]^2$.

方法二：令$G(b)=2\int_a^b f(x)\mathrm{d}x\int_a^x g(t)\mathrm{d}t-\left[\int_a^b f(x)\mathrm{d}x\right]^2$，

故$G'(b)=2f(b)\int_a^b g(t)\mathrm{d}t-2f(b)\int_a^b f(x)\mathrm{d}x=0$. 所以$G(b)=G(a)=0$，

即$2\int_a^b f(x)\mathrm{d}x\int_a^x g(t)\mathrm{d}t-\left[\int_a^b f(x)\mathrm{d}x\right]^2$.

例 29　证明：$\int_a^b\mathrm{d}x\int_a^x(x-t)^{n-1}f(t)\mathrm{d}t=\frac{1}{n}\int_a^b(b-x)^n f(x)\mathrm{d}x$.

$$\int_a^b f(x_1)\mathrm{d}x_1\int_a^{x_1}f(x_2)\mathrm{d}x_2\cdots\int_a^{x_{n-1}}f(x_n)\mathrm{d}x_n=\frac{1}{n!}\left[\int_a^b f(x)\mathrm{d}x\right]^n.$$

证明：令$G(b)=\int_a^b\mathrm{d}x\int_a^x(x-t)^{n-1}f(t)\mathrm{d}t-\frac{1}{n}\int_a^b(b-x)^n f(x)\mathrm{d}x$，

故$G'(b)=\int_a^b(x-t)^{n-1}f(t)\mathrm{d}t-\int_a^b(b-x)^{n-1}f(x)\mathrm{d}x=0$. 所以$G(b)=G(a)=0$，

即$\int_a^b\mathrm{d}x\int_a^x(x-t)^{n-1}f(t)\mathrm{d}t=\frac{1}{n}\int_a^b(b-x)^n f(x)\mathrm{d}x$.

它的推广形式为：

$$\int_a^b\mathrm{d}x_1\int_a^{x_1}\mathrm{d}x_2\cdots\int_a^{x_{n-1}}f(x_n)\mathrm{d}x_n=\frac{1}{(n-1)!}\int_a^b(b-x)^{n-1}f(x)\mathrm{d}x(n\geqslant 1).$$

例 30　设$f(x)$是可微函数，$g(y)$是其反函数.

证明：$\int_a^b f(x)\mathrm{d}x+\int_{f(a)}^{f(b)}g(y)\mathrm{d}y=bf(b)-af(a)$.

证明：令$y=f(t)$，则$\int_{f(a)}^{f(b)}g(y)\mathrm{d}y=\int_a^b t\mathrm{d}f(t)=tf(t)\big|_a^b-\int_a^b f(t)\mathrm{d}t$，

故$\int_a^b f(x)\mathrm{d}x+\int_{f(a)}^{f(b)}g(y)\mathrm{d}y=bf(b)-af(a)$.

6.6 定积分的应用

使用定积分的局部微元求解，整体累加的思想解决实际的问题.

注意定积分的应用也会受到函数四大基本表现形式的影响，也就是显式方程、隐式方程、参数方程、极坐标方程. 不同的形式会有看似不同的形式结论. 注意内在的联系.

6.6.1 几何应用

1. 求曲边形的面积

计算垂直切割线穿过曲线围成的图形内部的长度(充当高度)，再乘以垂直切割线的厚度 dx 或者 dy，即为面积微元，在沿着被切轴 x 轴或者 y 轴在某个区间上累加，就是所求面积.

(1) 普通方程：对于普通直角坐标系下的方程，有两种切割坐标轴的方式：

切 x 轴，如果在区间 $[a, b]$ 内任意作一条垂直于 x 轴的直线和图形的边界只有上下两个交点(个别点可以重合为一个)则：

$$S=\int_a^b(\text{上方程减去下方程})\mathrm{d}x.$$

切 y 轴，如果在区间 $[a, b]$ 内任意做一条垂直于 y 轴的直线和图形的边界只有左右两个交点(个别点可以重合为一个)则：

$$S=\int_a^b(\text{右方程减去左方程})\mathrm{d}y.$$

例 31 自抛物线 $y=x^2-1$ 上的点 P 作抛物线 $y=x^2$ 的切线，证明该切线与 $y=x^2$ 所围成的面积与点 P 无关.

解：设 $P(x_p, x_p^2-1)$，切点为 (x_0, x_0^2)，则切线的斜率为 $2x_0$，切线为 $y=2x_0x-x_0^2$，切线与 $y=x^2-1$ 交点的横坐标为 x_0-1，x_0+1，故围成的面积为 $S=\left|\int_{x_0-1}^{x_0+1}(2x_0x-x_0^2-x^2+1)\mathrm{d}x\right|=\frac{8}{3}$，与点 P 无关.

(2) 参数方程：$\begin{cases}x=g(t),\\y=f(t)\end{cases}$ $(t_1\leqslant t\leqslant t_2)$，则有面积公式

$$S=\left|\int_{t_1}^{t_2}f(t)\mathrm{d}g(t)\right|.$$

例 32 ① 求由曲线 $\begin{cases}x=a\cos\theta,\\y=b\sin\theta\end{cases}$ $(0\leqslant\theta\leqslant 2\pi)$ 围成的面积.

② 求介于二椭圆 $\frac{x^2}{a^2}+\frac{y^2}{b^2}=1$，$\frac{x^2}{b^2}+\frac{y^2}{a^2}=1(a>b>0)$ 之间的面积.

解：①$S=\left|\int_0^{2\pi}a\cos\theta\mathrm{d}b\sin\theta\right|=ab\int_0^{2\pi}\cos^2\theta\mathrm{d}\theta=\pi ab.$

②$S=8\left|\int_0^{\frac{\pi}{4}}b\cos\theta\mathrm{d}a\sin\theta\right|=\pi ab+2ab.$

(3) 极坐标：极坐标可以看作是无数个微扇形(其面积为弧长 $\rho\mathrm{d}\theta$ 和半径 ρ 乘积的一

半)，或者扇环(其面积为外环ρ_1和内环ρ_2弧长的和$(\rho_1+\rho_2)\mathrm{d}\theta$与两环间距$(\rho_1-\rho_2)$的乘积的一半)的加法，其中弧长等于半径和夹角的乘积，也就是

$$S=\frac{1}{2}\int_{\alpha}^{\beta}\rho^2\mathrm{d}\theta \text{ 或 } S=\frac{1}{2}\int_{\alpha}^{\beta}(\rho_1^2-\rho_2^2)\mathrm{d}\theta.$$

例 33 求双纽线$\rho^2=2a^2\cos2\theta(a>0)$所围成的面积.

解：$S=4\int_0^{\frac{\pi}{4}}\rho^2\mathrm{d}\theta=4\int_0^{\frac{\pi}{4}}2a^2\cos2\theta\mathrm{d}\theta=4a^2.$

2. 求旋转体的体积

(1) 绕x轴或者平行x轴旋转，在区间$[a,b]$内任意作一条垂直于x轴的薄面，旋转体的截面面积$S(x)$和截面厚度$\mathrm{d}x$的乘积为截面体积微元，加起来就是总体积，即

$$V=\int_a^b S(x)\mathrm{d}x.$$

(2) 绕y轴或者平行y轴旋转，在区间$[a,b]$内任意作一条垂直于y轴的薄面，旋转体的截面面积$S(y)$和截面厚度$\mathrm{d}y$的乘积为截面体积微元，加起来就是总体积，即

$$V=\int_a^b S(y)\mathrm{d}y.$$

例 34 过点$P(1,0)$作抛物线$y=\sqrt{x-2}$的切线，该切线与上述抛物线及x轴围成一平面图形，求此图形绕x轴旋转的旋转体体积.

解：设切点为$(x_0,\sqrt{x_0-2})$，则$\frac{1}{2\sqrt{x_0-2}}=\frac{\sqrt{x_0-2}}{x_0-1}$，所以$x_0=3$，切线为$y=\frac{x-1}{2}$，旋转体的体积为$\pi\int_1^2\left(\frac{x-1}{2}\right)^2\mathrm{d}x+\pi\int_2^3\left(\frac{x-1}{2}-\sqrt{x-2}\right)^2\mathrm{d}x=\frac{\pi+1}{12}.$

例 35 求星形$x^{\frac{2}{3}}+y^{\frac{2}{3}}=a^{\frac{2}{3}}$所围成的图形绕$y$轴旋转的旋转体体积.

解：$V=2\int_0^a\pi x^2\mathrm{d}y=2\pi\int_0^a\left(a^{\frac{2}{3}}-y^{\frac{2}{3}}\right)^3\mathrm{d}y=\frac{32\pi a^3}{105}.$

3. 求曲线长度(曲线被它的切线替代)

计算曲线在某点的切线长度微元，沿着曲线做累加，就是整个曲线在某段(区间上)的长度.

(1) 普通方程：

显式方程$y=f(x)$在区间$[a,b]$上没有自交点，$\mathrm{d}y=f(x)\mathrm{d}x$，则长度$L=\int_a^b\sqrt{(\mathrm{d}x)^2+(\mathrm{d}y)^2}=\int_a^b\sqrt{1+(f(x))^2}\,|\mathrm{d}x|$，对$y$而言完全类似.

隐式方程$F(x,y)=0$，则$F_x(x,y)+F_y(x,y)\frac{\mathrm{d}y}{\mathrm{d}x}=0\Rightarrow\mathrm{d}y=-\frac{F_x(x,y)}{F_y(x,y)}\mathrm{d}x$，则长度$L=\int_a^b\sqrt{(\mathrm{d}x)^2+(\mathrm{d}y)^2}=\int_a^b\sqrt{1+\left(-\frac{F_x(x,y)}{F_y(x,y)}\right)^2}\,|\mathrm{d}x|.$

(2) 参数方程$\begin{cases}x=g(t),\\y=f(t)\end{cases}(a\leqslant t\leqslant b)$，则$\mathrm{d}x=g'(t)\mathrm{d}t$，$\mathrm{d}y=f'(t)\mathrm{d}t$，从而

$$L=\int_a^b\sqrt{[g'(t)]^2+[f'(t)]^2}\,\mathrm{d}t.$$

例 36 求曲线$\begin{cases}x=t^2,\\ y=\dfrac{t^3}{3}\end{cases}(0\leqslant t\leqslant 2)$的弧长.

解：$L=\int_0^2\sqrt{4t^2+t^4}\,\mathrm{d}t=\dfrac{8(2\sqrt{2}-1)}{3}.$

(3) 极坐标：注意弧长依然是切线的累加，不是弧线的累加.

改变极坐标方程$\rho=\rho(\theta)$，得到参数方程为：

$$\begin{cases}x=\rho(\theta)\cos\theta,\\ y=\rho(\theta)\sin\theta.\end{cases}$$

有

$$\mathrm{d}x=[\rho'(\theta)\cos\theta-\rho(\theta)\sin\theta]\mathrm{d}\theta,$$
$$\mathrm{d}y=[\rho'(\theta)\sin\theta+\rho(\theta)\cos\theta]\mathrm{d}\theta.$$

所以

$$L=\int_\alpha^\beta\sqrt{\rho^2+(\rho')^2}\,\mathrm{d}\theta.$$

例 37 求$\rho=\cos\theta$，$\theta\in\left(0,\dfrac{\pi}{6}\right)$的弧长.

解：$L=\int_0^{\frac{\pi}{6}}\sqrt{\cos^2\theta+\sin^2\theta}\,\mathrm{d}\theta=\dfrac{\pi}{6}.$

4. 绕x轴旋转的旋转体表面积

几种常见的形式与相应的表面积公式为：

(1)$y=f(x)\geqslant 0$，$a\leqslant x\leqslant b$，则

$$S=\int_a^b 2\pi f(x)\sqrt{1+[f'(x)]^2}\,\mathrm{d}x.$$

(2)$\begin{cases}x=f(t),\\ y=g(t)\end{cases}(a\leqslant t\leqslant b)$，则

$$S=\int_a^b 2\pi g(t)\sqrt{[g'(t)]^2+[f'(t)]^2}\,\mathrm{d}t.$$

(3)$\rho=\rho(\theta)\geqslant 0$，$a\leqslant\theta\leqslant b$，则

$$S=\int_a^b 2\pi\rho(\theta)\sin\theta\sqrt{[\rho(\theta)]^2+[\rho'(\theta)]^2}\,\mathrm{d}\theta.$$

6.6.2 物理应用

对于物理上的任何应用，养成一个基本的习惯，首先明确写出相应的物理公式，你会注意到一个基本的事实：大多数物理公式都是一个三元关系，例如，功等于力与位移的乘积，确定其中一个为基础变量，另外一个用这个变量表示出来，并求出这个变量在基础变量上的微元(切割基础变量，求相应的切割点的变量值，在这个切割点处视为一个常量)，在基础变量覆盖的范围内做加法，就是结果.

例 38 一弹簧，用5N的力可以将它拉伸0.01m，求把它拉伸0.1m时，外力做的功.

解：由胡克定理知，$F(x)=500x(\mathrm{N})$，故 $W=\int_0^{0.1}500x\mathrm{d}x=2.5(\mathrm{J})$.

6.7 反常积分

6.7.1 无穷限积分

无穷限积分收敛的概念中要注意双侧无穷限积分 $\int_{-\infty}^{+\infty}f(x)\mathrm{d}x$ 的收敛是指两个单侧 $\int_a^{+\infty}f(x)\mathrm{d}x=\lim\limits_{b\to+\infty}\int_a^b f(x)\mathrm{d}x$，$\int_{-\infty}^a f(x)\mathrm{d}x=\lim\limits_{b\to-\infty}\int_b^a f(x)\mathrm{d}x$ 同时收敛（就是极限存在）. 因此在被积函数是奇、偶函数的时候，$\int_{-\infty}^{+\infty}f(x)\mathrm{d}x=2\int_0^{+\infty}f(x)\mathrm{d}x$，只要一侧收敛，就可以双侧收敛. 当被积函数是奇函数的时候，只有当双侧无穷限积分收敛的条件下，才有 $\int_{-\infty}^{+\infty}f(x)\mathrm{d}x=0$，例如，由于 $\int_0^{+\infty}\frac{x}{1+x^2}\mathrm{d}x$ 发散，所以 $\int_{-\infty}^{+\infty}\frac{x}{1+x^2}\mathrm{d}x$ 发散，结果不等于0；而 $\int_{-\infty}^{+\infty}x\mathrm{e}^{-x^2}\mathrm{d}x=0$.

6.7.2 无穷界积分（瑕积分）

就是被积函数在积分区域内部有定义域不存在的点，而此点函数对应的值是无穷大，此点也称为该函数的奇异点.

奇异点在积分区域中出现的位置与相应的处理方法：

（1）奇异点出现在积分区域的下限，函数 $f(x)$ 在 $x=a$ 处无穷大，则积分求法为

$$\int_a^b f(x)\mathrm{d}x=\lim_{t\to a_+}\int_t^b f(x)\mathrm{d}x.$$

若极限存在则积分收敛，不存在则该积分发散.

（2）奇异点出现在积分区域的上限，函数 $f(x)$ 在 $x=b$ 处无穷大，则积分求法为

$$\int_a^b f(x)\mathrm{d}x=\lim_{t\to b_-}\int_a^t f(x)\mathrm{d}x.$$

若极限存在则积分收敛，不存在则该积分发散.

（3）奇异点同时出现在积分区域的上、下限，函数 $f(x)$ 在 $x=a$，b 处均无穷大，则积分求法为

$$\int_a^b f(x)\mathrm{d}x=\lim_{t\to a_+}\int_t^c f(x)\mathrm{d}x+\lim_{t\to b_-}\int_c^t f(x)\mathrm{d}x\quad(a<c<b)$$

若两极限同时存在则积分收敛，其中至少一个极限不存在则此积分发散.

（4）奇异点出现在积分区域的内部点 c 处，则积分的求法为

$$\int_a^b f(x)\mathrm{d}x=\lim_{t\to c_-}\int_a^t f(x)\mathrm{d}x+\lim_{t\to c_+}\int_c^b f(x)\mathrm{d}x\quad(a<c<b)$$

若两侧极限都存在，此积分收敛. 只要有一侧极限不存在，此积分发散.

注意：（1）两类积分可以通过换元法相互转化，例如令 $x=\frac{1}{t}$ 等.

(2) 留心题目中奇异点的出现(多数出现在非定义域的范围内)，此外注意可能某个积分既是无穷限积分，也是瑕积分，而且瑕积分被掩藏不容易被发现.

计算反常积分的步骤：

第一步，明确该积分的类别，是无穷限积分还是瑕积分，还是二者的混合，注意将奇异点分成两个函数积分(如果奇异点在积分区域内部).

第二步，视作普通积分进行运算，唯一的差别是积分完毕后，要在奇异点取极限，或者在无穷限位置对结果取极限，也就是使用定义处理.

两个核心结论：

对于无穷限积分$\int_a^{+\infty}\frac{1}{x^p}\mathrm{d}x(a>0)$，当$p>1$时收敛；当$p\leqslant 1$时发散.

对于无穷界积分$\int_0^a\frac{1}{x^p}\mathrm{d}x(a>0)$，当$0<p<1$时收敛；当$p\geqslant 1$时发散.

例 39 计算下列反常积分.

① $\int_0^{+\infty}\frac{1}{(1+\mathrm{e}^x)^2}\mathrm{d}x$；② $\int_{-\infty}^{+\infty}\frac{1}{x^2+4x+9}\mathrm{d}x$；③ $\int_0^{+\infty}\frac{1}{\sqrt{x(1+x)^3}}\mathrm{d}x$.

解：① $\int_0^{+\infty}\frac{1}{(1+\mathrm{e}^x)^2}\mathrm{d}x=\int_0^{+\infty}\frac{\mathrm{e}^x}{\mathrm{e}^x(1+\mathrm{e}^x)^2}\mathrm{d}x=\int_1^{+\infty}\frac{1}{t(1+t)^2}\mathrm{d}t$

$$=\int_1^{+\infty}\frac{1}{t}\mathrm{d}t-\int_1^{+\infty}\frac{1}{1+t}\mathrm{d}t-\int_1^{+\infty}\frac{1}{(1+t)^2}\mathrm{d}t=\ln 2-\frac{1}{2}.$$

② $\int_{-\infty}^{+\infty}\frac{1}{x^2+4x+9}\mathrm{d}x=\int_{-\infty}^{+\infty}\frac{1}{(x+2)^2+5}\mathrm{d}x=\frac{1}{\sqrt{5}}\arctan\frac{x+2}{\sqrt{5}}\bigg|_{-\infty}^{+\infty}=\frac{\pi}{\sqrt{5}}.$

③ $\int_0^{+\infty}\frac{1}{\sqrt{x(1+x)^3}}\mathrm{d}x=2\int_0^{+\infty}\frac{1}{\sqrt{(1+x)^3}}\mathrm{d}\sqrt{x}=2\int_0^{+\infty}\frac{1}{\sqrt{(1+t^2)^3}}\mathrm{d}t$

$$=2\int_0^{\frac{\pi}{2}}\cos t\mathrm{d}t=2.$$

6.8 参变微积分

对含参数的积分$I(t)=\int_a^b f(x,t)\mathrm{d}x$，可以对参数$t$进行微分或者积分，以改进被积函数，达到简化积分的目的.

基本公式为：

(1) $g(t)=\int_a^t g'_y(x,y)\mathrm{d}y+g(a)=g(a)+\int_a^t\int_c^b g''_{xy}(x,y)\mathrm{d}x\mathrm{d}y$；

(2) $I(t)=\int_a^b f(x,t)\mathrm{d}x=\frac{\mathrm{d}}{\mathrm{d}t}\int_a^b\int f(x,t)\mathrm{d}t\mathrm{d}x.$

例 40 计算下列积分.

① $\int_0^1\frac{\ln(1-ax^2)}{x^2\sqrt{1-x^2}}\mathrm{d}x(0\leqslant a\leqslant 1)$；② $\int_1^{+\infty}\frac{\arctan ax}{x^2\sqrt{x^2-1}}\mathrm{d}x(a>0)$；

③ $\int_0^{+\infty}\frac{1}{(a^2+x^2)^2}\mathrm{d}x(a>0)$.

解：① 令 $f(a)=\int_0^1\frac{\ln(1-ax^2)}{x^2\sqrt{1-x^2}}\mathrm{d}x$，则 $f(0)=0$，

$$f'(a)=\int_0^1\frac{-1}{(1-ax^2)\sqrt{1-x^2}}\mathrm{d}x=\int_0^{\frac{\pi}{2}}\frac{-1}{\cos t(1-a\sin^2t)}\mathrm{d}\sin t=\int_0^{\frac{\pi}{2}}\frac{-1}{(1-a\sin^2t)}\mathrm{d}t$$

$$=\int_0^{\frac{\pi}{2}}\frac{1}{\sec^2t-a}\mathrm{d}\cot t=\frac{1}{\sqrt{1-a}}\arctan\left(\frac{\cot t}{\sqrt{1-a}}\right)\Bigg|_0^{\frac{\pi}{2}}=\frac{\pi}{2}\frac{1}{\sqrt{1-a}}.$$

所以，$f(a)=\pi-\pi\sqrt{1-a}$.

② 令 $f(a)=\int_1^{+\infty}\frac{\arctan ax}{x^2\sqrt{x^2-1}}\mathrm{d}x$，

$$f'(a)=\int_1^{+\infty}\frac{1}{x(1+a^2x^2)\sqrt{x^2-1}}\mathrm{d}x=\frac{1}{2}\int_1^{+\infty}\frac{1}{t(1+a^2t)\sqrt{t-1}}\mathrm{d}t$$

$$=\frac{1}{2}\int_1^{+\infty}\frac{1}{t\sqrt{t-1}}\mathrm{d}t-\frac{1}{2}\int_1^{+\infty}\frac{a^2}{(1+a^2t)\sqrt{t-1}}\mathrm{d}t$$

$$=\frac{\pi}{2}-\frac{\pi}{2}\frac{a}{\sqrt{1+a^2}}.$$

所以，$f(a)=\int_1^{+\infty}\frac{\arctan ax}{x^2\sqrt{x^2-1}}\mathrm{d}x=\frac{\pi}{2}a-\frac{\pi}{2}\sqrt{1+a^2}+c$，又 $f(+\infty)=\frac{\pi}{2}$，

故 $\int_1^{+\infty}\frac{\arctan ax}{x^2\sqrt{x^2-1}}\mathrm{d}x=\frac{\pi}{2}a-\frac{\pi}{2}\sqrt{1+a^2}+\frac{\pi}{2}$.

③ 方法一：$\int_0^{+\infty}\frac{1}{(a^2+x^2)^2}\mathrm{d}x=-\frac{1}{2a}\int_0^{+\infty}\frac{\mathrm{d}\frac{1}{a^2+x^2}}{\mathrm{d}a}\mathrm{d}x$

$$=-\frac{1}{2a}\frac{\mathrm{d}\int_0^{+\infty}\frac{1}{a^2+x^2}\mathrm{d}x}{\mathrm{d}a}=-\frac{1}{2a}\frac{\mathrm{d}\frac{\pi}{2a}}{\mathrm{d}a}=\frac{\pi}{4a^3};$$

方法二：令 $x=a\tan t$，则 $\int_0^{+\infty}\frac{1}{(a^2+x^2)^2}\mathrm{d}x=\int_0^{\frac{\pi}{2}}\frac{1}{a^4\sec^4t}\mathrm{d}a\tan t$

$$=\int_0^{\frac{\pi}{2}}\frac{\cos^2t}{a^3}\mathrm{d}t=\frac{1}{2a^3}\int_0^{\frac{\pi}{2}}(\cos^2t+\sin^2t)\,\mathrm{d}t=\frac{\pi}{4a^3}.$$

6.9 重积分的符号意义

符号的含义：不妨设 $f(x,y)\geqslant 0$，$\forall(x,y)\in D$，二重积分 $\iint\limits_D f(x,y)\mathrm{d}\sigma$ 的符号含义为将区域 D 上的每一个点的微分对象 $f(x,y)\mathrm{d}\sigma$ 加起来. $f(x,y)\mathrm{d}\sigma$ 表示在区域 D 上任一

点(x, y)处以$f(x, y)$为此点的高，$\mathrm{d}\sigma$为此点对应的一个微分面积的乘积，也就是此点处的一个看不见的微体积，$\mathrm{d}\sigma$是一个一般化的点面积微分，它的特殊化可以表示为$\mathrm{d}x\mathrm{d}y$，这里$\mathrm{d}x\mathrm{d}y$是点(x, y)处的一个微小长方形的面积，注意在这里它是恒正的，因此$\iint\limits_D f(x, y)\mathrm{d}\sigma$是把区域$D$内每一个点的这样的小体积$f(x, y)\mathrm{d}\sigma$微元素加起来，构成一个以$D$为底、以$z=f(x, y)$为顶的曲顶柱体的体积. $\iint\limits_D f(x, y)\mathrm{d}\sigma$因此具备体积背景.

特别地，若在区域上被积分函数$f(x, y)=1$，则$\iint\limits_D f(x, y)\mathrm{d}\sigma=S_D$也就是区域$D$的面积.

例如，$\iint\limits_{x^2+y^2\leqslant R^2}\sqrt{1-x^2-y^2}\,\mathrm{d}\sigma=\dfrac{2}{3}\pi R^3$.

同时，这个含义对于对称区域上的对称函数和轮换函数的积分具有很重大的意义.

例如，对称区域上的对称函数特性：

$$\iint\limits_{x^2+y^2\leqslant 1} xy\mathrm{d}\sigma=0;\quad \iint\limits_{x^2+y^2\leqslant 1} x^2\mathrm{d}\sigma=4\iint\limits_{x^2+y^2\leqslant 1,\ x\geqslant 0,\ y\geqslant 0} x^2\mathrm{d}\sigma.$$

对称区域上的轮换函数特性：

$$\iint\limits_{x^2+y^2\leqslant 1} x\sin y\mathrm{d}\sigma=\iint\limits_{x^2+y^2\leqslant 1} y\sin x\mathrm{d}\sigma,\quad \iint\limits_{x^2+y^2\leqslant 1} x^2\mathrm{d}\sigma=\iint\limits_{x^2+y^2\leqslant 1} y^2\mathrm{d}\sigma=\frac{1}{2}\iint\limits_{x^2+y^2\leqslant 1}(x^2+y^2)\mathrm{d}\sigma.$$

在一些应用背景的题目中，先求某点目标对象，即求微目标，再全区域累加，是定积分应用的一个重要思想.

6.10 二重积分的计算方法

二重积分的计算方法与一元定积分类似，计算的三个基本步骤为：

第一步，二重积分背景的使用，表现为如下三个方面：

(1) 积分的体积背景(体积背景)；

(2) 对称区域上的对称函数；

(3) 对称区域上的轮换函数.

第二步，换元法，注意，换元法的外微分乘法规则与一般换元法公式，重点是极坐标换元法.

第三步，区域横切和区域纵切法，关注点首先是积分区域，其次是积分函数缺了哪个变量形式，也就是对那个变量先积分容易，此外积分换序也是这里的重点，以及一元积分的乘积化为重积分的反向操作思想.

6.11 切割法与积分换序

切割法的本质就是将区域D上的杂乱无章的点实现规则有序化，从而让区域D上的每个点(x, y)的加法对象$f(x, y)\mathrm{d}x\mathrm{d}y$的加法得以实现.

(1) 区域横切：也就是切 y 轴，首先区域 D 投影到 y 上，得到区域的最下端 a 和最上端 b，并在 y 轴上标出；然后在区间 $[a, b]$ 上任意画一条横线 l_y，这一条线的上厚度为 $\mathrm{d}y$，此时 y 视为已知，用 y 表示出此线与区域 D 边界的左右两个交点的 x 值，即：$\varphi(y)$，$\alpha(y)$，也就是此线上 x 的取值范围(这里注意让 y 在区间 $[a, b]$ 移动一下，看看 $\varphi(y)$，$\alpha(y)$ 是否有统一的表达式，如果没有，则将区间 $[a, b]$ 划分几段来处理)，先将此线 l_y 上的点 (x, y) 在范围 $[\varphi(y), \alpha(x)]$ 内对 x 做一次累加(点变得有规则了)，即 $\int_{\varphi(y)}^{\alpha(y)} f(x, y)\mathrm{d}x$ 实现由点到线的转变，再乘以线 l_y 的纵向厚度 $\mathrm{d}y$，即 $\int_{\varphi(y)}^{\alpha(y)} f(x, y)\mathrm{d}x \cdot \mathrm{d}y$ 得割线 l_y 的小体积，实现由点到线的转变，再将 l_y 在区间 $[a, b]$ 上对 y 累加，实现区域 D 上的所有点的全部相加，完成曲线到面的转变，完成该积分的有序化与规则化及 $\mathrm{d}\sigma$ 的特殊化，也就是

$$\iint_D f(x, y)\mathrm{d}\sigma = \int_a^b \int_{\varphi(y)}^{\alpha(y)} f(x, y)\mathrm{d}x\mathrm{d}y.$$

读者根据上述论述画出相应的图形，并做到心中有图.

(2) 区域纵切：也就是切 x 轴，首先区域 D 投影到 x 轴上，得到它的最左端 a 和最右端 b，并在 x 轴上标出；然后在区间 $[a, b]$ 上任意画一条纵线 l_x，注意这一条线的左右厚度为 $\mathrm{d}x$，此时 x 轴视为已知，用 x 表示出此线与区域 D 边界的下上两个交点的 y 值，即：$\varphi(x)$，$\alpha(x)$，也就是此线上 y 的取值范围(这里注意让 x 在区间 $[a, b]$ 移动一下，看看 $\varphi(x)$，$\alpha(x)$ 是否有统一的表达式，如果没有，则将区间 $[a, b]$ 划分几段来处理)，先将此线 l_x 上的点 (x, y) 在范围 $[\varphi(x), \alpha(x)]$ 内对 y 做一次累加(点变得有规则了)，即 $\int_{\varphi(x)}^{\alpha(x)} f(x, y)\mathrm{d}y$ 实现由点到线的转变，再乘以线 l_x 的横向厚度 $\mathrm{d}x$，即 $\int_{\varphi(x)}^{\alpha(x)} f(x, y)\mathrm{d}y \cdot \mathrm{d}x$ 得割线 l_x 的小体积，再将此割线在区间 $[a, b]$ 内对 x 累加，实现区域 D 上的点的全部相加，完成由线到面的转变，完成积分的有序化及 $\mathrm{d}\sigma$ 的特殊化，也就是

$$\iint_D f(x, y)\mathrm{d}\sigma = \int_a^b \int_{\varphi(x)}^{\alpha(x)} f(x, y)\mathrm{d}y\mathrm{d}x.$$

同学们根据上述论述画出相应的图形.

(3) 特别提示：正是由于这两种不同的切法，导致了重积分在变累次积分的时候可以交换积分次序，重积分交换积分次序在某些题目中有着特殊的用途，也是很好的计算某些类型积分的方法，它的功能类似于一元积分的分部积分法，即"出来减去交换".

(4) 六大类核心题型.

① 可以横切也可以纵切.

例 41 计算二重积分 $\iint_D xy\mathrm{d}x\mathrm{d}y$，其中 D 是由直线 $y = x$，$y = 1$，$x = 0$ 所围成的平面区域.

解：观察被积分函数，发现先对 x，y 积分不存在难易差别，故采用横切法，或者纵切法均可.

横切法：

$$\iint_D xy\mathrm{d}x\mathrm{d}y = \int_0^1 \int_0^y xy\mathrm{d}x\mathrm{d}y = \frac{1}{2}\int_0^1 yx^2 \Big|_0^y \mathrm{d}y = \frac{1}{2}\int_0^1 y^3\mathrm{d}y = \frac{1}{8}.$$

纵切法：

$$\iint\limits_D xy\mathrm{d}x\mathrm{d}y = \int_0^1\int_x^1 xy\mathrm{d}x\mathrm{d}y = \frac{1}{2}\int_0^1 xy^2\Big|_x^1\mathrm{d}y = \frac{1}{2}\int_0^1(x - x^3)\mathrm{d}y = \frac{1}{8}.$$

② 被积分函数缺了某个变量，或者对某个变量容易积分.

例 42 计算二重积分$\iint\limits_D\sqrt{y^2 - xy}\,\mathrm{d}x\mathrm{d}y$，其中 D 是由直线 $y = x$，$y = 1$，$x = 0$ 所围成的平面区域.

解：观察被积分函数，发现先对 x 积分容易，故采用横切法：

$$\iint\limits_D\sqrt{y^2 - xy}\,\mathrm{d}x\mathrm{d}y = \int_0^1\int_0^y\sqrt{y^2 - xy}\,\mathrm{d}x\mathrm{d}y = \int_0^1\frac{-2}{3y}(y^2 - xy)^{3/2}\Big|_0^y\mathrm{d}y$$

$$= \int_0^1\frac{-2}{3}y^2\mathrm{d}y = \frac{-2}{9}.$$

例 43 设平面区域 D 由直线 $x = 3y$，$y = 3x$ 及 $x + y = 8$ 围成，计算$\iint\limits_D x^2\mathrm{d}x\mathrm{d}y$.

解：观察被积分函数，发现先对 y 积分容易，故采用纵切法：

$$\iint\limits_D x^2\mathrm{d}x\mathrm{d}y = \int_0^2\int_{x/3}^{3x}x^2\mathrm{d}y\mathrm{d}x + \int_2^6\int_{x/3}^{8-x}x^2\mathrm{d}y\mathrm{d}x$$

$$= \frac{8}{3}\int_0^2 x^3\mathrm{d}x + \int_2^6 x^2\left(1 - \frac{4}{3}x\right)\mathrm{d}x = \frac{416}{3}.$$

③ 积分区域采用某种切割相对容易.

例 44 计算二重积分$\iint\limits_D xy\mathrm{d}x\mathrm{d}y$，其中 D 是由曲线 $y = x^2$，$y = x - 2$ 所围成的平面区域.

解：观察积分区域，发现先对 x，y 积分不存在难易差别，但采用横切法不需要区域划分.

横切法：$\iint\limits_D xy\mathrm{d}x\mathrm{d}y = \int_{-1}^2\int_{y^2}^{y+2}xy\mathrm{d}x\mathrm{d}y = \frac{1}{2}\int_{-1}^2 yx^2\Big|_{y^2}^{y+2}\mathrm{d}y = \frac{45}{8}.$

④ 没有明确积分区域，需要将积分函数做处理确定.

例 45 计算二重积分$\iint\limits_D |x + y - 1|\,\mathrm{d}\sigma$，其中 $D = \{(x, y) \mid 0 \leqslant x \leqslant 1,\ 0 \leqslant y \leqslant 1\}$.

解：$\iint\limits_D |x + y - 1|\,\mathrm{d}\sigma = \iint\limits_{x\geqslant 0,\ y\geqslant 0,\ x+y\leqslant 1}(1 - x - y)\mathrm{d}\sigma + \iint\limits_{x\leqslant 1,\ y\leqslant 1,\ x+y\geqslant 1}(x + y - 1)\mathrm{d}\sigma = \frac{1}{3}.$

例 46 计算 $x^2 + y^2 \leqslant 1$ 与 $x^2 + z^2 \leqslant 1$ 的公共部分的体积.

解：它们的公共部分在第一卦限是一个曲顶柱体的体积，它的底为 $D = \{(x, y) \mid 0 \leqslant x,\ 0 \leqslant y,\ x^2 + y^2 \leqslant 1\}$. 故它的顶为 $z = \sqrt{1 - x^2}$，它的体积为

$$V = 8\iint\limits_D\sqrt{1 - x^2}\,\mathrm{d}\sigma = 8\int_0^1\int_0^{\sqrt{1-x^2}}\sqrt{1 - x^2}\,\mathrm{d}y\mathrm{d}x = \frac{16}{3}.$$

⑤ 积分换序(先切割的后积分；先积分的后切割，转换切割方式，实现积分次序的交换，达到易于积分之目的).

例 47 证明：$\int_0^a\mathrm{d}y\int_0^y\mathrm{e}^{m(a-x)}f(x)\mathrm{d}x = \int_0^a(a - x)\mathrm{e}^{m(a-x)}f(x)\mathrm{d}x.$

证明：$\int_0^a \mathrm{d}y\int_0^y \mathrm{e}^{m(a-x)}f(x)\mathrm{d}x = \int_0^a \mathrm{d}x\int_x^a \mathrm{e}^{m(a-x)}f(x)\mathrm{d}y = \int_0^a (a-x)\mathrm{e}^{m(a-x)}f(x)\mathrm{d}x.$

⑥ 积分的乘积反向变成重积分.

例 48 计算反常积分 $I = \int_0^{+\infty} \mathrm{e}^{-x^2}\mathrm{d}x.$

解：$I^2 = \int_0^{+\infty} \mathrm{e}^{-x^2}\mathrm{d}x\int_0^{+\infty} \mathrm{e}^{-x^2}\mathrm{d}x = \int_0^{+\infty} \mathrm{e}^{-x^2}\mathrm{d}x\int_0^{+\infty} \mathrm{e}^{-y^2}\mathrm{d}y = \int_0^{+\infty}\int_0^{+\infty} \mathrm{e}^{-x^2-y^2}\mathrm{d}x\mathrm{d}y.$

$$\lim_{r\to+\infty}\iint\limits_{x^2+y^2\leqslant r^2,\ x\geqslant 0,\ y\geqslant 0} \mathrm{e}^{-x^2-y^2}\mathrm{d}x\mathrm{d}y = \lim_{r\to+\infty}\int_0^{\frac{\pi}{2}}\int_0^r \mathrm{e}^{-\rho^2}\rho\mathrm{d}\rho\mathrm{d}\theta = \frac{\pi}{4}，故 I = \frac{\sqrt{\pi}}{2}.$$

6.12 外微分与坐标换元法

6.12.1 外微分

外微分是一种形式微分，它的基本规则和意义类似于向量的叉积和混合积以及多元推广.

向量叉积的规则，向量叉积的反交换律：$\boldsymbol{a}\times\boldsymbol{b} = -\boldsymbol{b}\times\boldsymbol{a}$. 注意叉积的背景是叉积的模具有向量形成平行四边形面积的意义，有什么也具备类似的意义呢？微分 $\mathrm{d}x$，$\mathrm{d}y$ 是一个有方向的长度，$\mathrm{d}x\mathrm{d}y$ 具备同样的面积背景，这样的双重类似性，造就了它们在乘法规则上的相似性.

向量的混合积的绝对值具备的几何意义为平行六面体的体积，$\mathrm{d}x\mathrm{d}y\mathrm{d}z$ 也具备同样的几何意义，所有的这些使得形式微分结构具备向量乘法的类似特征.

外微分的基本运算规则：

(1) 反交换律：$\mathrm{d}x\times\mathrm{d}y = -\mathrm{d}y\times\mathrm{d}x$，特别地，$\mathrm{d}x\times\mathrm{d}x = -\mathrm{d}x\times\mathrm{d}x = 0$，这个特例为面积为 0 的公式. 同样也有体积为 0 的公式，如，$\mathrm{d}x\times\mathrm{d}y\times\mathrm{d}x = 0$.

(2) 体积轮换公式：$\mathrm{d}x\times\mathrm{d}y\times\mathrm{d}z = \mathrm{d}y\times\mathrm{d}z\times\mathrm{d}x = \mathrm{d}z\times\mathrm{d}x\times\mathrm{d}y$.

6.12.2 换元法

(1) 设换元的一般式为

$$\begin{cases} x = f(u, v), \\ y = g(u, v). \end{cases}$$

则有

$$\begin{aligned} \mathrm{d}x\times\mathrm{d}y &= (f'_u\mathrm{d}u + f'_v\mathrm{d}v)\times(g'_u\mathrm{d}u + g'_v\mathrm{d}v) \\ &= (f'_ug'_v - f'_vg'_u)\mathrm{d}u\times\mathrm{d}v. \end{aligned}$$

且面积微元的关系为

$$\mathrm{d}x\mathrm{d}y = |\mathrm{d}x\times\mathrm{d}y| = |f'_ug'_v - f'_vg'_u||\mathrm{d}u\times\mathrm{d}v| = \left|\begin{vmatrix} f'_u & f'_v \\ g'_u & g'_v \end{vmatrix}\right|\mathrm{d}u\mathrm{d}v.$$

这里形式乘法“×”具有如下(外微分)规则：同微分的“×”为0，即 $\mathrm{d}u\times\mathrm{d}u = 0$，$\mathrm{d}v\times\mathrm{d}v = 0$，不同微分的“×”具备反交换律：$\mathrm{d}u\times\mathrm{d}v = -\mathrm{d}v\times\mathrm{d}u$. 其实所谓的外微分，类似于向

量的叉积运算，注意叉积具备面积背景，这个是由换元面积背景决定的，数学中有很多类似的联系点很有意思. 而向量的混合有体积背景，这些外微分具备极大的类似性，值得我们学习和应用.

(2) 极坐标换元法.

极坐标换元的公式为

$$\begin{cases} x = \rho\cos\theta, \\ y = \rho\sin\theta. \end{cases}$$

显然，$x^2 + y^2 = \rho^2$. 注意极坐标的换元法中，换元的时候一定要同时换限. 还有默认的范围需要注意，即 $\rho \geqslant 0$，$0 \leqslant \theta \leqslant 2\pi$.

通过外微分方法计算，有

$$\mathrm{d}x\mathrm{d}y = \begin{vmatrix} \cos\theta & -\rho\sin\theta. \\ \sin\theta & \rho\cos\theta \end{vmatrix} \mathrm{d}\rho\mathrm{d}\theta = \rho\mathrm{d}\rho\mathrm{d}\theta.$$

例 49 计算 $\iint\limits_D \mathrm{e}^{\frac{y-x}{y+x}}\mathrm{d}x\mathrm{d}y$，其中 D：$x \geqslant 0$，$y \geqslant 0$，$x + y \leqslant 2$.

解：令 $\begin{cases} x + y = t, \\ x - y = v, \end{cases}$ 有 $\begin{cases} \mathrm{d}x + \mathrm{d}y = \mathrm{d}t, \\ \mathrm{d}x - \mathrm{d}y = \mathrm{d}v, \end{cases}$

$$\mathrm{d}t \times \mathrm{d}v = (\mathrm{d}x + \mathrm{d}y) \times (\mathrm{d}x - \mathrm{d}y) = -2\mathrm{d}x \times \mathrm{d}y.$$

则 D'：$t + v \geqslant 0$，$t - v \geqslant 0$，$t \leqslant 2$，

$$\iint\limits_D \mathrm{e}^{\frac{y-x}{y+x}}\mathrm{d}x\mathrm{d}y = \frac{1}{2}\int_0^2\int_{-v}^{v} \mathrm{e}^{\frac{v}{t}}\mathrm{d}t\mathrm{d}v = \mathrm{e} - \mathrm{e}^{-1}.$$

例 50 求二重积分 $\iint\limits_D \frac{x^2}{y^2}\mathrm{d}x\mathrm{d}y$，其中 D：$x \leqslant 2$，$y \leqslant x$，$xy \geqslant 1$.

解：令 $\begin{cases} xy = t, \\ x/y = v, \end{cases}$ 有 $\begin{cases} y\mathrm{d}x + x\mathrm{d}y = \mathrm{d}t, \\ \dfrac{\mathrm{d}x}{y} - \dfrac{x\mathrm{d}y}{y^2} = \mathrm{d}v, \end{cases}$ D'：$t \geqslant 1$，$v \geqslant 1$，$tv \leqslant 4$.

$\mathrm{d}t \times \mathrm{d}v = (\mathrm{d}x + \mathrm{d}y) \times (\mathrm{d}x - \mathrm{d}y) = \dfrac{-2x}{y}\mathrm{d}x \times \mathrm{d}y \cdot \mathrm{d}x\mathrm{d}y = \dfrac{1}{2v}\mathrm{d}t\mathrm{d}v$，则

$$\iint\limits_D \frac{x^2}{y^2}\mathrm{d}x\mathrm{d}y = \frac{1}{2}\int_1^4\int_1^{\frac{4}{t}} v\mathrm{d}t\mathrm{d}v = \frac{9}{4}.$$

例 51 计算二重积分 $I = \iint\limits_D \dfrac{1 + xy}{1 + x^2 + y^2}\mathrm{d}x\mathrm{d}y$，其中 $D = \{(x, y) \mid x^2 + y^2 \leqslant 1\}$.

解：$I = \iint\limits_D \dfrac{1 + xy}{1 + x^2 + y^2}\mathrm{d}x\mathrm{d}y = \iint\limits_D \dfrac{1}{1 + x^2 + y^2}\mathrm{d}x\mathrm{d}y$

$$= \iint\limits_D \frac{1}{1 + \rho^2}\rho\mathrm{d}\rho\mathrm{d}\theta = \int_0^{2\pi}\mathrm{d}\theta\int_0^1 \frac{\rho}{1 + \rho^2}\mathrm{d}\rho$$

$= \pi\ln 2$.

注意：在这里换元仅仅是一个代数乘法运算体系，微面积之间的切换带上绝对值，这是由于有向微分 $\mathrm{d}x$，$\mathrm{d}y$ 取的是正号，具体表现为积分的下限比上限小.

6.13 三重积分的基本算法

三重积分的基本算法类似于二重积分，它也分三个层次，具体为：

(1) 对称区域上的对称函数，对称区域上轮换函数的积分，分为单个变量对称和多个变量的混合对称问题以及多变量的轮换问题.

(2) 切割法化重积分为累次积分，三重积分的计算有三次累次法、切片法、穿针法以及反向使用.

(3) 外微分换元法、柱坐标换元法、球坐标换元法以及一般坐标换元法.

6.13.1 切割法

三重积分的积分区域是一个立体的实心空间体，所谓三次累次法、切片法、穿针法，其实是将这个实心体的点进行规则化、有序化的一个具体操作方式而已，具体为：

1. 三次累次积分法

将空间积分区域空间实心体 Ω 投影在 XOY 平面上，得到平面投影区域 D_{XOY}，将平面投影区域 D_{XOY} 向 x 轴投影，确定投影区域在 x 轴的最小值 a 和最大值 b.

然后在 XOY 平面内，在 x 轴的区间 $[a, b]$ 上任意画一条直线垂直于 x 轴，注意这一条线的厚度为 dx，此时，x 视为已知，用 x 表示出此线与平面投影区域 D_{XOY} 边界的左右两个交点的 y 值，即 $\varphi(x)$，$\alpha(x)$，也就是此线上 y 的取值范围(这里注意让 x 在区间 $[a, b]$ 移动一下，看看 $\varphi(x)$，$\alpha(x)$ 是否有统一的表达式，如果没有，则将区间 $[a, b]$ 划分几段来处理)，然后在 XOY 平面内，在 y 轴的区间 $[\varphi(x), \alpha(x)]$ 上任意画一条直线垂直于 y 轴，注意这一条线的厚度为 dy，此时，y 视为已知，两直线交点为点 (x, y)，过点 (x, y) 画一条垂直 XOY 平面的直线与立体区域 Ω 成下面和上面两个交点，用 (x, y) 来表示 z，为 $t(x, y)$，$\beta(x, y)$，也就是此线上 z 的取值范围(这里注意让 (x, y) 在平面投影区域 D_{XOY} 上移动一下，看看 $t(x, y)$，$\beta(x, y)$ 是否有统一的表达式，如果没有，则将投影区域 D_{XOY} 划分几部分来处理)，先对 z 做一次累加，得到过点 (x, y) 垂线上体内各点的累加，也就是聚点成线，即

$$\int_{t(x, y)}^{\beta(x, y)} f(x, y, z)\,dz.$$

再对 y 在区间 $[\varphi(x), \alpha(x)]$ 上累加得到左右走向的聚线成面，最后对 x 在区间 $[a, b]$ 累加，聚面成体，即

$$\int_{\varphi(x)}^{\alpha(x)}\int_{t(x, y)}^{\beta(x, y)} f(x, y, z)\,dzdy.$$

完成体上的加法，也就是

$$\iiint_{\Omega} f(x, y, z)\,dV = \int_a^b\int_{\varphi(x)}^{\alpha(x)}\int_{t(x, y)}^{\beta(x, y)} f(x, y, z)\,dzdydx.$$

注意：$\int_{t(x, y)}^{\beta(x, y)} f(x, y, z)\,dz$ 表示一条线上的点累加，$\int_{\varphi(x)}^{\alpha(x)}\int_{t(x, y)}^{\beta(x, y)} f(x, y, z)\,dzdy$ 表示将这样的线 $\int_{t(x, y)}^{\beta(x, y)} f(x, y, z)\,dz$ 累加成面，而 $\int_a^b\int_{\varphi(x)}^{\alpha(x)}\int_{t(x, y)}^{\beta(x, y)} f(x, y, z)\,dzdydx$ 表示将这样的面

$\int_{\varphi(x)}^{\alpha(x)}\int_{t(x,\ y)}^{\beta(x,\ y)}f(x,\ y,\ z)\mathrm{d}z\mathrm{d}y$ 累加成体.

切割次序的不同导致积分次序的不同，积分换次序是很好的一种简化积分的方式，主要依赖被积函数的积分难易确定积分次序，也是一种处理某些问题的重要方式.

2. 切片法(先二后一法)

切片法的使用对被积分函数有特殊的要求，针对被积函数只有一个变量的情况尤其有效，注意被积函数含哪个变量就切哪个轴. 例如仅含有变量 z，将切轴 z.

将空间实心体 Ω 投影到 XOZ 平面上，再投影到 z 轴，得到变量 z 的范围$[a,\ b]$.

在 z 轴上，在区间$[a,\ b]$内任意取一点，过此点作一个垂直于 z 轴的截面，交实心体 V 为一个截面区域，将 z 视为已知，用 z 来表示该截面区域的面积 S_z，则

$$\iiint_{\Omega}f(x,\ y,\ z)\mathrm{d}V=\int_a^b f(z)S_z\mathrm{d}z.$$

3. 穿针法(先一后二)

穿针法的使用对被积分函数也有特殊的要求，针对被积函数只有两个变量的情况尤其有效，注意被积函数含哪两个变量就将实心体 Ω 向哪个坐标平面投影. 例如，含有变量 x，y，将实心体 Ω 向坐标平面 XOY 投影，得到投影区域为 D_{XY}，在投影区域上任取点，过点做投影区域所在平面的垂线(针)交体的下、上两面各一个交点，用$(x,\ y)$来表示交点 z，即为 $t(x,\ y)$，$\beta(x,\ y)$，也就是此线上 z 的取值范围(这里注意让$(x,\ y)$在平面投影区域 D_{XOY} 上移动一下，看看 $t(x,\ y)$，$\beta(x,\ y)$ 是否有统一的表达式，如果没有，则将投影区域 D_{XOY} 划分几部分来处理)，将此“针”上的在体内的点做一次加法，即 $\int_{t(x,\ y)}^{\beta(x,\ y)}f(x,\ y)\mathrm{d}z$，再将投影区域上所有这样的“针”加起来，即

$$\iint_{D_{XY}}\int_{t(x,\ y)}^{\beta(x,\ y)}f(x,\ y)\mathrm{d}z\mathrm{d}\sigma=\iint_{D_{XY}}f(x,\ y)[\beta(x,\ y)-t(x,\ y)]\mathrm{d}\sigma.$$

完成体内的加法，即

$$\iiint_{\Omega}f(x,\ y)\mathrm{d}V=\iint_{D_{XY}}f(x,\ y)[\beta(x,\ y)-t(x,\ y)]\mathrm{d}\sigma.$$

根据被积分函数的特定形式，或者空间体的特定形式，选择合适的累次积分法是计算三重积分的基本的途径.

例 52 计算三重积分 $\iiint_{\Omega}x\mathrm{d}V$，其中 Ω 是平面 $x+2y+z=1$ 和三个坐标平面围成的区域.

解：

三次累次法：

$$\iiint_{\Omega}x\mathrm{d}V=\int_0^1\int_0^{\frac{1-z}{2}}\int_0^{1-z-2y}x\mathrm{d}x\mathrm{d}y\mathrm{d}z=\frac{1}{2}\int_0^1\int_0^{\frac{1-z}{2}}(1-z-2y)^2\mathrm{d}y\mathrm{d}z$$

$$=\frac{1}{12}\int_0^1(1-z)^3\mathrm{d}z=\frac{1}{48}.$$

切片法：切 x 轴，

$$\iiint_{\Omega} x\mathrm{d}V = \int_0^1 \frac{1}{4}(1-x^2)x\mathrm{d}x = \frac{1}{48}.$$

穿针法：从平面 XOY 内“穿针”，

$$\iiint_{\Omega} x\mathrm{d}V = \iint_{x\geqslant 0,\ y\geqslant 0,\ x+2y\leqslant 1} \int_0^{1-2y-x} x\mathrm{d}z\mathrm{d}x\mathrm{d}y = \iint_{x\geqslant 0,\ y\geqslant 0,\ x+2y\leqslant 1} x(1-2y-x)\mathrm{d}x\mathrm{d}y\ \frac{1}{48}.$$

6.13.2 坐标换元法

1. 一般坐标换元法

它的变换公式为 $\begin{cases} x = g(u,\ v,\ w), \\ y = t(u,\ v,\ w), \\ z = m(u,\ v,\ w), \end{cases}$ 则

$$\mathrm{d}x\times\mathrm{d}y\times\mathrm{d}z = (g'_u\mathrm{d}u + g'_v\mathrm{d}v + g'_w\mathrm{d}w)\times(t'_u\mathrm{d}u + t'_v\mathrm{d}v + t'_w\mathrm{d}w)\times(m'_u\mathrm{d}u + m'_v\mathrm{d}v + m'_w\mathrm{d}w)$$

这里形式乘法“×”具有如下规则：同微分的“×”为0，即

$$\mathrm{d}u\times\mathrm{d}u = 0,\ \mathrm{d}v\times\mathrm{d}v = 0,\ \mathrm{d}w\times\mathrm{d}w = 0.$$

不同微分的“×”具备反交换律：

$$\mathrm{d}u\times\mathrm{d}v = -\mathrm{d}v\times\mathrm{d}u \text{ 等}.$$

注意：$\mathrm{d}u\times\mathrm{d}v\times\mathrm{d}w$ 类似于向量的混合积 $\boldsymbol{a}\times\boldsymbol{b}\cdot\boldsymbol{c}$，因此具备体积背景.

根据混合积的三阶矩阵算法，有如下坐标变换形式：

$$\mathrm{d}V = \mathrm{d}x\mathrm{d}y\mathrm{d}z = \left\| \begin{matrix} \frac{\partial g}{\partial u} & \frac{\partial t}{\partial u} & \frac{\partial m}{\partial u} \\ \frac{\partial g}{\partial v} & \frac{\partial t}{\partial v} & \frac{\partial m}{\partial v} \\ \frac{\partial g}{\partial w} & \frac{\partial t}{\partial w} & \frac{\partial m}{\partial w} \end{matrix} \right\| \mathrm{d}u\mathrm{d}v\mathrm{d}w$$

注意：这里是三阶矩阵的绝对值. 它的特例为柱坐标换元和球坐标换元.

2. 柱体极坐标换元法

它的变换公式为

$$\begin{cases} x = \rho\cos\theta, \\ y = \rho\sin\theta, \\ z = z. \end{cases}$$

显然，$x^2 + y^2 = \rho^2$. 注意柱坐标的换元法中，换元的时候一定要同时换限. 还有默认的范围需要注意，即 $\rho \geqslant 0$，$0 \leqslant \theta \leqslant 2\pi$.

由换元基本公式结合外微分规则推出微分部分公式为

$$\mathrm{d}V = \left\| \begin{matrix} \frac{\partial x}{\partial \rho} & \frac{\partial y}{\partial \rho} & \frac{\partial z}{\partial \rho} \\ \frac{\partial x}{\partial \theta} & \frac{\partial y}{\partial \theta} & \frac{\partial z}{\partial \theta} \\ \frac{\partial x}{\partial z} & \frac{\partial y}{\partial z} & \frac{\partial z}{\partial z} \end{matrix} \right\| \mathrm{d}\rho\mathrm{d}\theta\mathrm{d}z = \left\| \begin{matrix} \cos\theta & \sin\theta & 0 \\ -\rho\sin\theta & \rho\cos\theta & 0 \\ 0 & 0 & 1 \end{matrix} \right\| \mathrm{d}\rho\mathrm{d}\theta\mathrm{d}z = \rho\mathrm{d}\rho\mathrm{d}\theta\mathrm{d}z,$$

柱坐标换元适合积分函数或者积分空间体表达式中含有两个变量的平方和的形式，例如 x^2+y^2.

具体操作是先将空间体向平面投影，得到投影区域，根据含义，转动正半轴，它在投影区域内扫过的角度范围，即为 θ 的加法范围，在此范围内，在投影区域内过原点任意做一射线，交投影区域边界，可得 ρ 的范围，它是 θ 的函数，而 z 的范围需要将体 Ω 向平面 XOZ 投影，再向 z 轴投影确定，最后直接代入公式计算即可.

3. 球坐标变换

球坐标变换的公式为

$$\begin{cases} x=\rho\cos\theta\sin\varphi, \\ y=\rho\sin\theta\sin\varphi, \\ x=\rho\cos\varphi. \end{cases}$$

显然，$x^2+y^2+z^2=\rho^2$. 注意球坐标的换元法中，换元的时候一定要同时换限. 还有默认的范围需要注意，$\rho\geqslant 0$，$0\leqslant\theta\leqslant 2\pi$，$0\leqslant\varphi\leqslant\pi$.

注意，θ 是在平面 XOY 上的投影于 x 轴的正半轴的成角，φ 是点对应于原点的向量与 z 轴的正半轴的成角. 由换元基本公式结合外微分规则推出微元的变换公式为

$$\mathrm{d}V=\mathrm{d}x\mathrm{d}y\mathrm{d}z=\left\|\begin{matrix} \dfrac{\partial x}{\partial\rho} & \dfrac{\partial y}{\partial\rho} & \dfrac{\partial z}{\partial\rho} \\ \dfrac{\partial x}{\partial\theta} & \dfrac{\partial y}{\partial\theta} & \dfrac{\partial z}{\partial\theta} \\ \dfrac{\partial x}{\partial\varphi} & \dfrac{\partial y}{\partial\varphi} & \dfrac{\partial z}{\partial\varphi} \end{matrix}\right\|\mathrm{d}\rho\mathrm{d}\theta\mathrm{d}\varphi$$

$$=\left\|\begin{matrix} \sin\varphi\cos\theta & \sin\varphi\sin\theta & \cos\varphi \\ -\rho\sin\varphi\sin\theta & \rho\sin\varphi\cos\theta & 0 \\ \rho\cos\varphi\cos\theta & \rho\cos\varphi\sin\theta & -\rho\sin\varphi \end{matrix}\right\|\mathrm{d}\rho\mathrm{d}\theta\mathrm{d}\varphi=\rho^2\sin\varphi\mathrm{d}\rho\mathrm{d}\theta\mathrm{d}\varphi.$$

柱坐标换元适合积分函数或者积分空间体表达式中含有三个变量的平方和的形式，例如，$x^2+y^2+z^2$.

具体操作为将体 Ω 向 XOY 平面投影，得 D_{XY}，类似极坐标变换，找出投影区域内 θ，ρ 的范围，ρ 是 θ 的函数，在体 Ω 内任意取点，它与原点构成向量，找出此向量与 z 轴正半轴的夹角范围，即 φ 的范围，代入公式即可以计算.

6.14 重积分的相关问题

6.14.1 积分换次序与化重积分为累次积分

例 53 将 $\iint\limits_D f(x, y)\mathrm{d}x\mathrm{d}y$ 化为累次积分，其中 D 为 $x^2+y^2=2ax$ 与 $x^2+y^2=2ay$ 的公共部分.

解：先切 x 轴（D 向 x 轴投影），在范围 $0\leqslant x\leqslant a$ 内给定一个 x，计算 y 的范围为：$a-$

$\sqrt{a^2-x^2} \leqslant y \leqslant \sqrt{2ax-x^2}$，所以累次积分为(先对 y，再对 x 积分)：

$$\iint_D f(x, y)\,dxdy = \int_0^a \int_{a-\sqrt{a^2-x^2}}^{\sqrt{2ax-x^2}} f(x, y)\,dydx.$$

同理，可得

$$\iint_D f(x, y)\,dxdy = \int_0^a \int_{a-\sqrt{a^2-x^2}}^{\sqrt{2ax-x^2}} f(x, y)\,dxdy.$$

例 54 设 V 为平面 $x+y+2z=2$ 与三个坐标平面轴围成的部分，求 $\iiint_V x\,dV$.

解：根据被积函数只含有 x，采用切割 x 轴的切片法：在范围 $0 \leqslant x \leqslant 2$ 内给定一个 x，截面是一个直角三角形，面积 $S=\frac{1}{4}(2-x)^2$，

$$\iiint_V x\,dV = \int_0^2 \iint_{y+2z\leqslant 2-x} x\,dydzdx = \int_0^2 \frac{x}{4}(2-x)^2 dx = \frac{68}{3}.$$

当然，可以根据提供的积分区域的对称性考虑，和函数缺少 z，采用切片法：

$$\iiint_V x\,dV = \frac{1}{2}\iiint_V (x+y)\,dV = \frac{1}{2}\int_0^2 dz \iint_{x+y\leqslant 2-2z} z\,dxdy = \int_0^2 z(1-z)^2 dz = \frac{68}{3}.$$

例 55 求 $\iint_D e^{-y^2} dxdy$，其中 D：$0 \leqslant x \leqslant 2$，$x \leqslant y \leqslant 2$.

解：根据被积分函数缺 x，先切 y，在范围 $0 \leqslant y \leqslant 2$ 内给定一个 y，计算 x 的范围为：$0 \leqslant x \leqslant y$，所以累次积分为(先对 x，再对 y 积分)，$\iint_D e^{-y^2} dxdy = \int_0^2 dy \int_0^y e^{-y^2} dx = \int_0^2 y e^{-y^2} dy = \frac{1}{2} - \frac{e^{-4}}{2}$.

例 56 设 Ω 由 $y=0$，$\frac{x^2}{a^2}+\frac{y^2}{b^2}+\frac{z^2}{c^2}=1(0 \leqslant y \leqslant b)$ 围成，求 $\iiint_\Omega y^2 dxdydz$.

解：根据被积函数仅含有 y，采用切割 y 轴的切片法：在范围 $0 \leqslant y \leqslant b$ 内给定一个 y，$\iiint_V y^2 dV = \int_0^b y^2 \iint_{\frac{x^2}{a^2}+\frac{z^2}{c^2}\leqslant 1-\frac{y^2}{b^2}} dxdzdy = \pi ac \int_0^b y^2\left(1-\frac{y^2}{b^2}\right) dy = \frac{2}{15}\pi acb^3$.

例 57 计算累次积分 $\int_1^2 dx \int_{\sqrt{x}}^x \sin\frac{\pi x}{2y} dy + \int_2^4 dx \int_{\sqrt{x}}^2 \sin\frac{\pi x}{2y} dy$.

解：此积分为先切割 x，恢复积分区域为：$y=\sqrt{x}$，$y=2$，$y=x$ 围成，再改为先切割 y，有

$$\int_1^2 dx \int_{\sqrt{x}}^x \sin\frac{\pi x}{2y} dy + \int_2^4 dx \int_{\sqrt{x}}^2 \sin\frac{\pi x}{2y} dy = \int_1^2 dy \int_y^{y^2} \sin\frac{\pi x}{2y} dx = \frac{2}{\pi}\int_1^2 -y\cos\frac{\pi}{2}y\,dy = \frac{8}{\pi^3} - \frac{4}{\pi^2}.$$

例58 交换累次积分的积分次序：$\int_0^1 dx \int_0^{1-x} dy \int_0^{x+y} f(x, y, z)\,dz$. 换成先对 x，再对 y 的积分.

解：先切 z，再视 z 已知，切 y，最后视 z，y 已知，切 x：

$$\int_0^1 dx\int_0^{1-x} dy\int_0^{x+y} f(x, y, z)dz = \int_0^1 dz\int_0^z dy\int_0^{z-y} f(x, y, z)dx.$$

例 59　计算累次积分：$\int_0^1 dx\int_x^1 dy\int_y^1 y\sqrt{1+z^4}dz$.

解：先切 z，再视 z 已知，切 y，最后视 z，y 已知，切 x：

$$\int_0^1 dx\int_x^1 dy\int_y^1 y\sqrt{1+z^4}dz = \int_0^1 dz\int_0^z dy\int_0^y y\sqrt{1+z^4}dx = \frac{1}{18}(2^{\frac{3}{2}}-1).$$

6.14.2　坐标变换求重积分

例 60　化极坐标为直角坐标积分，$\int_0^{\frac{\pi}{2}} d\theta\int_0^{\cos\theta} f(r\cos\theta, r\sin\theta)rdr$.

解：$r \leqslant \cos\theta \Rightarrow x^2+y^2 \leqslant x$,

$$\int_0^{\frac{\pi}{2}} d\theta\int_0^{\cos\theta} f(r\cos\theta, r\sin\theta)rdr = \int_0^1 dx\int_0^{\sqrt{x-x^2}} f(x, y)dy.$$

例 61　设 $\Omega = \left\{(x, y, z) \mid x^2+y^2+z^2 \leqslant x+y+z+\frac{1}{4}\right\}$，求 $\iiint\limits_{\Omega}(x+y+z)dxdydz$.

解：球坐标变换 $\begin{cases} x = \frac{1}{2}+r\sin\psi\cos\theta, \\ y = \frac{1}{2}+r\sin\psi\sin\theta, \\ z = \frac{1}{2}+r\cos\psi, \end{cases}$

$$\iiint\limits_{\Omega}(x+y+z)dxdydz = \iiint\limits_{\Omega}\left(x+y+z-\frac{3}{2}\right)dxdydz+\frac{3}{2}V = \frac{3}{2}V = \frac{\sqrt{2}\pi}{3}.$$

例 62　求 $\iint\limits_{D}\sqrt{x^2+y^2}dxdy$，其中 D 为 $y = x$ 与 $y = 4x^2$ 围成的部分.

解：采用极坐标换元法，令 $\begin{cases} x = r\cos\alpha, \\ y = r\sin\alpha, \end{cases}$ 则

$$\iint\limits_{D}\sqrt{x^2+y^2}dxdy = \int_0^{\frac{\pi}{4}}\int_0^{\frac{\sin\alpha}{4\cos^2\alpha}} r^2 dr d\alpha = \frac{\sqrt{2}}{1344}.$$

例 63　设 $\Omega = \{(x, y, z) \mid x^2+y^2+z^2 \leqslant 2z\}$，求 $\iiint\limits_{\Omega}(\sqrt{x^2+y^2+z^2})^5 dxdydz$.

解：球坐标变换 $\begin{cases} x = r\sin\psi\cos\theta, \\ y = r\sin\psi\sin\theta, \\ z = r\cos\psi, \end{cases}$

$$\iiint\limits_{\Omega}(\sqrt{x^2+y^2+z^2})^5 dxdydz = \int_0^{2\pi}\int_0^{\frac{\pi}{2}}\int_0^{\cos\psi} r^7\sin\psi dr d\psi d\theta = \frac{7\times5\times3\times1}{8\times6\times4\times2}\frac{\pi^2}{8}.$$

6.14.3　有关等式的证明

例 64　设 $f(x)$ 在区间 $[0, b]$ 上均连续，证明：$2\int_0^b f(x)dx\int_x^b f(t)dt = \left[\int_0^b f(x)dx\right]^2$.

证明：

① 从变限函数的角度证明，令

$$F(b)=2\int_0^b f(x)\,dx\int_x^b f(t)\,dt-\left[\int_0^b f(x)\,dx\right]^2,$$

$$F'(b)=2f(b)\int_b^b f(t)\,dt+2f(b)\int_0^b f(t)\,dt-2\left[\int_0^b f(x)\,dx\right]f(b)=0,\ F(b)=F(0)=0.$$

② 二重积分换序：$\int_0^b f(x)\,dx\int_x^b f(t)\,dt=\int_0^b f(x)\,dx\int_0^x f(t)\,dt$，

$$2\int_0^b f(x)\,dx\int_x^b f(t)\,dt=\int_0^b f(x)\,dx\int_x^b f(t)\,dt+\int_0^b f(x)\,dx\int_0^x f(t)\,dt$$

$$=\int_0^b f(x)\,dx\int_0^b f(t)\,dt=\left[\int_0^b f(x)\,dx\right]^2.$$

例 65 设 $f(x)$ 在区间 $[a,\ b]$ 上均连续，证明：

$$\int_a^b dx\int_a^x (x-t)^{n-2}f(t)\,dt=\frac{1}{n-1}\int_a^b (b-t)^{n-1}f(t)\,dt.$$

证明：

① 从变限函数的角度证明，令

$$F(b)=\int_a^b dx\int_a^x (x-t)^{n-2}f(t)\,dt-\frac{1}{n-1}\int_a^b (b-t)^{n-1}f(t)\,dt,$$

$$F'(b)=\int_a^b (b-t)^{n-2}f(t)\,dt-\frac{1}{n-1}(b-b)^{n-1}f(b)-\int_a^b (b-t)^{n-2}f(t)\,dt=0,$$

$F(b)=F(0)=0.$

② 二重积分换序，

$$\int_a^b dx\int_a^x (x-t)^{n-2}f(t)\,dt=\int_a^b dt\int_x^b (x-t)^{n-2}f(t)\,dx=\frac{1}{n-1}\int_a^b (b-t)^{n-1}f(t)\,dt.$$

6.14.4 重积分不等式的证明

例 66 设 $f(x)$，$g(x)$ 在区间 $[a,\ b]$ 上均连续，证明柯西不等式：

$$\left[\int_a^b f(x)g(x)\,dx\right]^2\leqslant\int_a^b f^2(x)\,dx\int_a^b g^2(x)\,dx.$$

证明：

① 使用二次函数的非负性特征，

$$\int_a^b [tf(x)-g(x)]^2dx=\int_a^b [t^2f^2(x)-2f(x)g(x)+g^2(x)]\,dx\geqslant 0,$$

$$t^2\int_a^b f^2(x)\,dx-2t\int_a^b f(x)g(x)\,dx+\int_a^b g^2(x)\,dx\geqslant 0\Rightarrow\Delta\leqslant 0.$$

② 变上限函数，求一阶导数，单调性，

$$F(b)=\left[\int_a^b f(x)g(x)\,dx\right]^2-\int_a^b f^2(x)\,dx\int_a^b g^2(x)\,dx,$$

$$F'(b)=2\left[\int_a^b f(x)g(x)\,dx\right]f(b)g(b)-f^2(b)\int_a^b g^2(x)\,dx-g^2(b)\int_a^b f^2(x)\,dx$$

$$= \int_a^b [2f(x)g(x)f(b)g(b) - f^2(b)g^2(x) - g^2(b)f^2(x)]\mathrm{d}x \leqslant 0,$$

$F(b) \leqslant F(a) = 0.$

③ 一重积分乘积分化重积分，

$$\int_a^b f^2(x)\mathrm{d}x\int_a^b g^2(x)\mathrm{d}x = \int_a^b f^2(x)\mathrm{d}x\int_a^b g^2(y)\mathrm{d}y = \iint_D f^2(x)g^2(y)\mathrm{d}x\mathrm{d}y,$$

$$\left[\int_a^b f(x)g(x)\mathrm{d}x\right]^2 = \iint_D f(x)g(x)f(y)g(y)\mathrm{d}x\mathrm{d}y,$$

使用：$2g(x)f(y)g(y)f(x) \leqslant g^2(x)f^2(y) + g^2(y)f^2(x)$，可证.

例 67 设 $f(x)$ 是在区间 $[0, 1]$ 上单调增加的连续函数，证明：

$$\frac{\int_0^1 xf^3(x)\mathrm{d}x}{\int_0^1 xf^2(x)\mathrm{d}x} \geqslant \frac{\int_0^1 f^3(x)\mathrm{d}x}{\int_0^1 f^2(x)\mathrm{d}x}.$$

证明：一重积分乘积分化重积分，

$$I = \int_0^1 xf^3(x)\mathrm{d}x\int_0^1 f^2(y)\mathrm{d}y - \int_0^1 f^3(x)\mathrm{d}x\int_0^1 yf^2(y)\mathrm{d}y = \iint_D f^2(y)f^3(x)(x-y)\mathrm{d}x\mathrm{d}y,$$

$$I = \int_0^1 yf^3(y)\mathrm{d}y\int_0^1 f^2(x)\mathrm{d}x - \int_0^1 f^3(y)\mathrm{d}y\int_0^1 xf^2(x)\mathrm{d}x = \iint_D f^2(x)f^3(y)(y-x)\mathrm{d}x\mathrm{d}y,$$

$$2I = \iint_D f^2(x)f^2(y)(f(y)-f(x))(y-x)\mathrm{d}x\mathrm{d}y > 0.$$

6.14.5 化一重积分为二重积分的反向应用

例 68 计算积分 $\int_0^1 \frac{x^b - x^a}{\ln x}\mathrm{d}x (a > 0, b > 0)$.

解：化一重积分为二次积分，换序求解，

$$\int_0^1 \frac{x^b - x^a}{\ln x}\mathrm{d}x = \int_0^1\int_a^b x^y \mathrm{d}y\mathrm{d}x = \int_a^b\int_0^1 x^y \mathrm{d}x\mathrm{d}y = \int_a^b \frac{1}{y+1}\mathrm{d}y = \ln\frac{b+1}{a+1}.$$

例 69 计算积分 $I = \int_0^1 \frac{\ln(1+x)}{1+x^2}\mathrm{d}x$.

解：加入辅助参数，$f(y) = \int_0^1 \frac{\ln(1+yx)}{1+x^2}\mathrm{d}x$，则 $f(1) = I$，$f(0) = 0$，

$$I = f(1) - f(0) = \int_0^1 f'(y)\mathrm{d}y = \int_0^1\int_0^1 \frac{x}{(1+x^2)(1+yx)}\mathrm{d}y\mathrm{d}x = \int_0^1\int_0^1 \frac{x}{(1+x^2)(1+yx)}\mathrm{d}x\mathrm{d}y$$

$$= \int_0^1 \frac{1}{1+y^2}\left[-\ln(1+y) + \frac{1}{2}\ln 2 + \frac{\pi y}{4}\right]\mathrm{d}y = -I + \frac{\pi}{4}\ln 2，\text{所以 } I = \frac{\pi}{8}\ln 2.$$

例 70 计算积分：$I = \int_0^{\frac{\pi}{2}} \ln\left(\frac{1+a\cos x}{1-a\cos x}\right)\frac{\mathrm{d}x}{\cos x} (|a| < 1)$.

解：先对 a 求导，重积分交换积分次序

$$I = \int_0^{\frac{\pi}{2}} \ln\left(\frac{1+a\cos x}{1-a\cos x}\right)\frac{\mathrm{d}x}{\cos x} = \int_0^{\frac{\pi}{2}}\int_0^a \frac{2}{1-y^2\cos^2 x}\mathrm{d}y\mathrm{d}x$$

$$=\int_0^a\int_0^{\frac{\pi}{2}}\frac{2}{1-y^2\cos^2x}dxdy=\pi\int_0^a\frac{1}{\sqrt{1-y^2}}dy=\pi\arcsin a.$$

6.14.6　对称区间、对称函数的积分

例 71　求$I=\iint\limits_D(xy+\cos x\sin y)dxdy$，其中$D$是由$(1,\ 1)$，$(-1,\ 1)$，$(-1,\ -1)$三点所在的直线围成的部分.

解：将积分区域D分成关于x，y轴分别对称的区域：D_1，D_2；D_3，D_4，则

$$\iint\limits_{D_1}xydxdy+\iint\limits_{D_2}xydxdy+\iint\limits_{D_3}xydxdy+\iint\limits_{D_4}xydxdy=0,$$

$$\iint\limits_{D_1}\cos x\sin ydxdy+\iint\limits_{D_2}\cos x\sin ydxdy=0,$$

$$\iint\limits_{D_3}\cos x\sin ydxdy+\iint\limits_{D_4}\cos x\sin ydxdy=2\iint\limits_{D_3}\cos x\sin ydxdy=\frac{1}{2}-\frac{\sin 2}{4}.$$

例 72　设$\Omega_2=\{(x,\ y,\ z)\mid x^2+y^2+z^2\leqslant R^2,\ x,\ y,\ z\geqslant 0\}$，

$\Omega_1=\{(x,\ y,\ z)\mid x^2+y^2+z^2\leqslant R^2,\ z\geqslant 0\}$，则下列各式成立的是(　　).

A. $\iiint\limits_{\Omega_1}xdV=4\iiint\limits_{\Omega_2}xdV$　　B. $\iiint\limits_{\Omega_1}ydV=4\iiint\limits_{\Omega_2}ydV$

C. $\iiint\limits_{\Omega_1}zdV=4\iiint\limits_{\Omega_2}zdV$　　D. $\iiint\limits_{\Omega_1}xyzdV=4\iiint\limits_{\Omega_2}xyzdV$

解：由对称性选择 C.

6.15　关于积分(重)计算的基本方法

一元定积分计算的基本方法：

(1) 定积分的面积背景包含两个途径：

① 面积.

② 对称区间对称积分函数的正负相消性质.

(2) 换元法，换元同时换序，以及基本的一些换元规律：根号换元，内层函数换元等.

(3) N－L 公式，原函数＋代入做差.

二元函数重积分的计算步骤与一元函数定积分的计算方法基本类似.

(1) 重积分的体积背景，它包含三个部分：

① 体积.

② 对称区域上对称积分函数的正负相消性质.

③ 对称区域上轮换积分函数的轮换性质.

(2) 换元法，换元同时换限，以及基本的一些换元规律：极坐标换元和一般坐标换元改变积分区域或者改变被积分函数.

(3) 两次 N－L 公式(横切与纵切法)，原函数＋代入做差，重积分通过积分区域上点

的有序化和面积微元的特殊化变成了累次积分，也就是化为一元函数的积分，先内后外，连续做两次，使用两次 N－L 公式. 附带产生了累次积分的换序策略.

三元重积分的基本算法也有类似性，只需要做少许改变.

(1) 三重积分的背景，它包含两个层面：

① 对称区域上对称积分函数的正负相消性质.

② 对称区域上轮换积分函数的轮换性质.

(2) N－L 公式，化为一元函数或者二元函数的积分，附带产生了累次积分的换序策略.

① 三次 N－L 公式，重积分变成了三次累次积分，连续由内而外使用三次 N－L 公式.

② 被积函数只含有一个变量的切片法(先二次积分，后一次积分).

③ 被积函数含有两个字母的穿针法(先一次积分再二次积分)；也就是化为一元函数或者二元函数的积分，附带产生了累次积分的换序策略.

(3) 换元法，换元同时换限，以及基本的一些换元规律：柱坐标换元法、球坐标换元法，达到改变积分区域或者改变积分函数的目的.

从上述分析可以看出，定积分基本计算的算法模式其实是很类似的，注意一般方法的掌握和差异性的特殊应用.

练 习 六

一、设 D 为 $\sqrt{\frac{x}{a}}+\sqrt{\frac{y}{b}}=1(a>0,\ b>0)$ 与 x，y 轴围成的部分，求 $\iint\limits_D y\mathrm{d}x\mathrm{d}y$.

二、求 $\iint\limits_D \sqrt{1-y^2}\,\mathrm{d}x\mathrm{d}y$，其中 D 为 $y=x$，$x=0$ 与 $y=\sqrt{1-x^2}$ 围成的部分.

三、交换累次积分的积分次序：$\int_0^1\mathrm{d}x\int_{-\sqrt{x}}^{\sqrt{x}}f(x,\ y)\,\mathrm{d}y+\int_1^4\mathrm{d}x\int_{x-2}^{\sqrt{x}}f(x,\ y)\,\mathrm{d}y$.

四、计算累次积分：$\int_0^{\frac{\sqrt{2}r}{2}}\mathrm{e}^{-y^2}\mathrm{d}y\int_0^y\mathrm{e}^{-x^2}\mathrm{d}x+\int_{\frac{\sqrt{2}r}{2}}^r\mathrm{e}^{-y^2}\mathrm{d}y\int_0^{\sqrt{r^2-y^2}}\mathrm{e}^{-x^2}\mathrm{d}x$.

五、设 $\Omega=\{(x,\ y,\ z)\mid x^2+y^2\leqslant 2z,\ z\leqslant 2\}$，求 $\iiint\limits_{\Omega}(x^2+y^2)\,\mathrm{d}x\mathrm{d}y\mathrm{d}z$.

六、求 $\iint\limits_D f(x,\ y)\,\mathrm{d}x\mathrm{d}y$，其中 D 为曲线 $x^2+y^2=2x+2y-1$ 围成的部分.

七、设 $f(x)$ 是半径为 t 的圆的周长，证明：$\iint\limits_{x^2+y^2\leqslant a^2}\mathrm{e}^{-\frac{x^2+y^2}{2}}\mathrm{d}x\mathrm{d}y=\int_0^a f(t)\,\mathrm{e}^{-\frac{t^2}{2}}\mathrm{d}t$.

八、设正整数 m，n 中至少有一个为奇数，证明：$\iint\limits_{x^2+y^2\leqslant a^2}x^n y^m\mathrm{d}x\mathrm{d}y=0$.

九、设 $f(x,\ y)$ 在平面区域 D 上连续，且在 D 的任何一个子区域 D_1 上有 $\iint\limits_{D_1}f(x,\ y)\,\mathrm{d}x\mathrm{d}y=0$，则在区域 D 内恒有 $f(x,\ y)=0$.

十、设 $f(x,\ y)$ 在单位圆上有连续的偏导数，且在单位圆的边界上取值为 0，证明：

$f(0,0)=\lim\limits_{\zeta\to 0}\dfrac{-1}{2\pi}\iint\limits_{D}\dfrac{xf'_x+yf'_y}{x^2+y^2}\mathrm{d}x\mathrm{d}y$，其中$D$：$\zeta^2\leqslant x^2+y^2\leqslant 1$.

十一、设$f(x)$在区间$[0,t]$上均连续，且$g(t)=\int_0^t\mathrm{d}z\int_0^z\mathrm{d}y\int_0^y(y-z)^2f(x)\mathrm{d}x$，证明：

$$\frac{\mathrm{d}g(t)}{\mathrm{d}t}=\frac{1}{3}\int_0^t(t-x)^3f(x)\mathrm{d}x.$$

十二、证明：$\dfrac{\pi}{2}\int_0^n xe^{-x^2}\mathrm{d}x\leqslant\left[\int_0^n e^{-x^2}\mathrm{d}x\right]^2\leqslant\dfrac{\pi}{2}\int_0^{\sqrt{2}n}xe^{-x^2}\mathrm{d}x.$

十三、设$p(x)$在区间$[a,b]$上为非负连续函数，$f(x)$，$g(x)$在区间$[a,b]$上均连续且单调增，证明：

$$\int_a^b f(x)p(x)\mathrm{d}x\int_a^b g(x)p(x)\mathrm{d}x\leqslant\int_a^b p(x)\mathrm{d}x\int_a^b g(x)f(x)p(x)\mathrm{d}x.$$

十四、计算积分$I=\int_0^{\frac{\pi}{2}}\ln(\cos^2x+a^2\sin^2x)\mathrm{d}x(0<a)$.

十五、计算积分$I=\int_0^1\dfrac{\arctan x}{x}\dfrac{1}{\sqrt{1-x^2}}\mathrm{d}x.$

十六、计算积分$I=\int_0^1\sin(-\ln x)\dfrac{x^b-x^a}{\ln x}\mathrm{d}x(0<a<b)$.

十七、设$\Omega=\{(x,y,z)\mid x^2+y^2\leqslant 1,\ |z|\leqslant 1\}$，求$\iiint\limits_{\Omega}(x+y+z)^2\mathrm{d}x\mathrm{d}y\mathrm{d}z.$

十八、设$\Omega=\{(x,y,z)\mid x^2+y^2+z^2\leqslant 2z,\ z\geqslant 1,\ z\geqslant x^2+y^2\}$，求积分$\iiint\limits_{\Omega}(x^3+y^3+z^3)\mathrm{d}x\mathrm{d}y\mathrm{d}z.$

十九、区域D由曲线$y=x^3$，$x=-1$，$y=1$围成，函数$f(x)$是连续函数，计算积分

$$\iint\limits_{D}x[1+yf(x^2+y^2)]\mathrm{d}x\mathrm{d}y.$$

二十、区域D由曲线$y+x=1$，$x=0$，$y=0$围成，函数$f(x)$是连续函数，计算积分$\iint\limits_{D}\dfrac{af(x)+bf(y)}{f(x)+f(y)}\mathrm{d}x\mathrm{d}y.$

第七章 曲线积分与曲面积分

7.1 沿曲线和曲面积分计算的基本方法

7.1.1 基本计算方法综述

定积分的本质是无穷个同性质的无限小的和，通俗而言，就是一个无穷累加. 那么它的核心是搞清楚谁相加？在哪里相加？把握这个基本的想法对于我们理解和掌握所有类型的定积分都有很深层次的意义.

曲线积分和曲面积分的对象受到曲线和曲面的约束，也就是被积分函数中的点在曲线或者曲面上，因此，自然存在曲线和曲面的方程代入消元的过程.

注意：① 曲线 —— 参数方程代入为主；② 曲面 —— 隐函数为主要思考出发点.

也就是曲线积分与曲面积分的核心只有各一种形态.

第一类曲线和曲面积分的基本算法要牢牢把握六个字(三个步骤，不论先后，灵活机动)：

转化：也就是弧长微分与面积微分的转化公式；

代入：点在曲线或曲面上，被积函数与积分对象均满足曲线、曲面方程；

投影：将曲线或者曲面向转化公式后的积分对象(轴或者坐标平面)作投影.

第二类曲线和曲面积分的基本算法要牢牢把握六个字(三个步骤，不论先后，灵活机动)：

方向：也就是微元的正负号问题由两个方向的夹角关系决定；

代入：点在曲线或曲面上被积函数与积分对象均满足曲线、曲面方程；

投影：将曲线或者曲面向转化后的积分对象(轴或者坐标平面)作投影.

曲线积分和曲面积分算法本质其实很简单，就是曲线或者曲面方程代入被积分对象消元结合变量所在的轴或者坐标面投影，由于曲线、曲面方程形式的多样(普通方程(显式和隐式)、参数方程、极坐标方程)，表面看结果会很复杂，但是无论是哪种形式的积分，变量代入，曲线和曲面的投影是解决这类问题的关键.

7.1.2 曲线积分和曲面积分计算的核心套路

(1) 将曲线或者曲面方程代入积分函数和积分微元消去某个或者替换某个变量；

(2) 将曲线或者曲面投影到坐标轴或者坐标平面上，确定积分区域；

(3) 第二类积分的符号，由曲线方向和投影坐标轴正向的夹角确定，或者由曲面的法方向与投影坐标平面的正法方向的夹角确定；

(4) 封闭曲线或封闭曲面的积分由格林公式、高斯公式、斯托克公式进行边界和它所封闭的区域积分进行互化.

7.1.3　沿曲线积分和曲面积分算法的基本步骤

(1) 曲线积分和曲面积分的积分对象函数中的(x, y)，(x, y, z) 在曲线或者曲面上，因此这就导致一个最简单的处理，将曲线或者曲面方程代入，只要注意在代入的过程中，消去的对象由曲线或者曲面在谁上的投影决定，在曲线积分中如果被积分对象是x，则代入消去y；在曲面积分中如果被积分对象是x，y，则代入消去z；

(2) 代入曲线和曲面方程后，在将曲线积分和曲面积分变普通积分的过程中，曲线和曲面要根据题意选择投影，曲线积分选择曲线在坐标轴上的投影，曲面积分选择曲面在坐标平面上的投影，如果投影重叠，则将曲线和曲面分成几个部分分别积分，再累加；

(3) 第二类曲线和曲面积分(对坐标的曲线和对坐标平面的曲面积分) 在投影的过程中，方向的选择很重要，本质上曲线和曲面的方向确定是一致的，只是表面上表现的形式不一样，具体为：

对于曲线，如果是曲线在x轴上的投影，则考虑曲线的切方向和x轴正向之间的夹角，具体为如果夹角为锐角，取正号；如果夹角为钝角，取负号；垂直，则为0. 这时候积分的上下限以大小为依据，小在下，大在上.

对于曲面，如果曲面是在XOY平面上的投影，则考虑曲面的切平面的法方向和XOY平面的正法方向(z轴正向) 之间的夹角，具体为如果夹角为锐角，取正号；如果夹角为钝角，取负号；垂直，则为0.

总之一句话，不管是曲面积分还是曲线积分，就是曲线曲面方程代入，曲线曲面在坐标轴或者坐标平面上的投影确定积分区域，正负号由夹角确定.

7.2　曲线积分的符号系统与其含义

沿曲线积分，简称为曲线积分，它分为两类：

第一类曲线积分，符号为$\int_l f(x, y)\mathrm{d}s$，$\int_\Gamma f(x, y, z)\mathrm{d}s$，其中$l$，$\Gamma$分别表示平面曲线和空间曲线.

意义为它们分别表示在曲线l，Γ上的(x, y)，(x, y, z) 处的线密度函数$f(x, y)$，$f(x, y, z)$ 与对应的微弧长 $\mathrm{d}s$ 的乘积$f(x, y)\mathrm{d}s$，$f(x, y, z)\mathrm{d}s$，表示此点对应的小质量，然后沿直线将所有点的小质量做加法，就是此线的总质量.

第二类曲线积分，符号为$\int_l p(x, y)\mathrm{d}x + q(x, y)\mathrm{d}y$，$\int_\Gamma p(x, y, z)\mathrm{d}x + q(x, y, z)\mathrm{d}y + r(x, y, z)\mathrm{d}z$，其中$l$，$\Gamma$分别表示平面曲线和空间曲线.

意义为它们分别表示在曲线l，Γ上的(x, y)，(x, y, z) 处的x轴分力函数$p(x, y)$，$p(x, y, z)$，y轴分力函数$q(x, y)$，$q(x, y, z)$，z轴分力函数$r(x, y, z)$ 与对应轴上的微位移 $\mathrm{d}x$，$\mathrm{d}y$，$\mathrm{d}z$ 的乘积$p\mathrm{d}x$，$q\mathrm{d}y$，$r\mathrm{d}z$，表示此点对应的各分力做的小功，然后沿直线将所有点的小功做加法，就是沿此线做的总功.

注意：① 积分$\int_{\Gamma} p(x, y, z)\mathrm{d}x$表示沿直线在$x$轴上分力做的总功，其他的类似.

② 定义本身是积分计算的最初方法以及它应用的基础，可以直接被用来计算积分.

7.3　各类曲线积分的具体算法

7.3.1　第一类曲线积分的算法模式

积分形式为$\int_{l} f(x, y)\mathrm{d}s$，$\int_{\Gamma} f(x, y, z)\mathrm{d}s$，曲线$l$，$\Gamma$是一条给定的曲线.

标志为ds表示切线长微元，也就是弧微分.

根据曲线的方程形式，有三种具体算法与之对应.

(1) 结合曲线l，Γ给定的形式，如果曲线l，Γ是参数方程或者可以化为参数方程(优先考虑化为参数方程的形式)，由于$f(x, y)$，$f(x, y, z)$中的点(x, y)，(x, y, z)在曲线上，所以直接将曲线的参数方程代入$\mathrm{d}s=\sqrt{[\alpha'(t)]^2+[\beta'(t)]^2}\mathrm{d}t$，$\mathrm{d}s=\sqrt{[\alpha'(t)]^2+[\beta'(t)]^2+[\gamma'(t)]^2}\mathrm{d}t$，其中曲线$l$，$\Gamma$的方程分别为$\begin{cases}x=\alpha(t),\\ y=\beta(t),\end{cases}$ $\begin{cases}x=\alpha(t),\\ y=\beta(t),\\ z=\gamma(t).\end{cases}$最后得所谓的公式为

$$\int_{l} f(x, y)\mathrm{d}s=\int_{a}^{b} f(\alpha(t), \beta(t))\sqrt{[\alpha'(t)]^2+[\beta'(t)]^2}\mathrm{d}t,$$

$$\int_{\Gamma} f(x, y, z)\mathrm{d}s=\int_{a}^{b} f(\alpha(t), \beta(t), \gamma(t))\sqrt{[\alpha'(t)]^2+[\beta'(t)]^2+[\gamma'(t)]^2}\mathrm{d}t.$$

(2) 如果曲线l，Γ是普通的方程(或者不方便化成参数方程)，则根据方程的形式选择合适的坐标轴作为投影的目标，例如，如果曲线l的方程为$y=g(x)$，则选择x轴作为投影轴，曲线在x轴上的投影范围为区间$[a, b]$，如果出现投影重叠，将曲线分段计算. 由于$f(x, y)$中的点(x, y)在曲线l上，所以直接将曲线的方程$y=g(x)$代入消去y，而$\mathrm{d}s=\sqrt{1+[g'(t)]^2}\mathrm{d}x$.

最后得公式为

$$\int_{l} f(x, y)\mathrm{d}s=\int_{a}^{b} f(x, g(x))\sqrt{1+[g'(x)]^2}\mathrm{d}x.$$

(3) 根据积分的背景意义来计算.

积分的背景意义，在积分$\int_{l} f(x, y)\mathrm{d}s$，$\int_{\Gamma} f(x, y, z)\mathrm{d}s$中$f(x, y)$，$f(x, y, z)$表示的是曲线上的点$(x, y)$，$(x, y, z)$处的线密度，ds是这一点处的一小段弧长，$f(x, y)\mathrm{d}s$，$f(x, y, z)\mathrm{d}s$表示在此点处的一小段质量，而$\int_{l} f(x, y)\mathrm{d}s$，$\int_{\Gamma} f(x, y, z)\mathrm{d}s$则表示沿着曲线的所有小质量的总和，也就是曲线的质量. 当线密度为1的时候就是曲线长.

注意：线密度和桩的高度都有正和负，所以总的面积和质量均可以为0. 特别是在对

称曲线上的对称函数的积分要留意，也就是特别留心对称曲线上的积分，考虑被积分对象在投影坐标轴上的对称性.

7.3.2　第二类曲线积分的算法模式

积分的形式为$\int_l p(x,\ y)\mathrm{d}x + q(x,\ y)\mathrm{d}y$，$\int_\Gamma p(x,\ y,\ z)\mathrm{d}x + q(x,\ y,\ z)\mathrm{d}y + r(x,\ y,\ z)\mathrm{d}z$，其中曲线 l，Γ 是给定的曲线，积分的标志为 $\mathrm{d}x$，$\mathrm{d}y$，$\mathrm{d}z$. 具体算法为：

(1) 结合曲线 l，Γ 给定的形式，如果曲线 l，Γ 是参数方程或者可以化为参数方程(优先考虑化为参数方程的形式)，由于 $p(x,\ y)$，$p(x,\ y,\ z)$ 中的点 $(x,\ y)$，$(x,\ y,\ z)$ 在曲线 l，Γ 上，所以直接将曲线的参数方程代入，$\mathrm{d}x = \alpha'(t)\mathrm{d}t$，其中曲线 l，Γ 的方程分别为$\begin{cases} x = \alpha(t), \\ y = \beta(t), \end{cases}$$\begin{cases} x = \alpha(t), \\ y = \beta(t), \quad a \leqslant t \leqslant b. \\ z = \gamma(t), \end{cases}$

最后得公式为

$$\int_l p(x,\ y)\mathrm{d}x = \pm\int_a^b p(\alpha(t),\ \beta(t))\alpha'(t)\mathrm{d}t,$$

$$\int_\Gamma p(x,\ y,\ z)\mathrm{d}x = \pm\int_a^b p(\alpha(t),\ \beta(t),\ \gamma(t))\alpha'(t)\mathrm{d}t.$$

注意：正负号由曲线切方向和 x 轴的正向的夹角决定，若为锐角，则取正号；若为钝角，则取负号；若为直角，则取 0，其他坐标轴类似，这是由微分的方向性决定的.

(2) 如果曲线 l 是普通的方程，则根据积分对象选择合适的方程变形，例如，如果对 x 积分，即 $\mathrm{d}x$，则选择 x 轴作为投影轴，解出曲线 l 的形式为 $y = f(x)$，曲线在 x 轴上的投影范围为区间 $[a,\ b]$，如果出现投影重叠，将曲线分段计算. 由于 $p(x,\ y)$ 中的点 $(x,\ y)$ 在曲线 l 上，所以直接将曲线的方程 $y = f(x)$ 代入消去 y.

最后得公式为

$$\int_l p(x,\ y)\mathrm{d}x = \pm\int_b^a p(x,\ f(x))\mathrm{d}x.$$

注意：这里的正负号，由曲线切方向和 x 轴的正向的夹角决定：锐角正；钝角负；直角为 0.

(3) 根据积分的意义背景来计算. 背景的意义为在积分$\int_l p(x,\ y)\mathrm{d}x$，$\int_\Gamma p(x,\ y,\ z)\mathrm{d}x$ 中，$p(x,\ y)$，$p(x,\ y,\ z)$ 表示的是曲线上的点 $(x,\ y)$，$(x,\ y,\ z)$ 处的力在 x 轴上的投影分力，$\mathrm{d}x$ 是这一点处的一小段弧长在 x 轴上的投影，$p(x,\ y)\mathrm{d}x$，$p(x,\ y,\ z)\mathrm{d}x$ 表示在此点处的 x 轴上的方向的小功，而$\int_l p(x,\ y)\mathrm{d}x$，$\int_\Gamma p(x,\ y,\ z)\mathrm{d}x$ 则表示的是沿着曲线的所有点在 x 轴上做的总功.

注意：对称曲线上的对称函数，正功和负功相互抵消.

(4) 格林公式(平面曲线).

如果平面曲线 l 是一条封闭的曲线，且没有自相交，沿它的方向(逆时针方向)所包含的区域是一个简单连通区域(如果曲线是顺时针方向，只需要加一个负号换方向即可)，且函数 $p(x,\ y)$ 在这个区域内有定义，则优先考虑使用格林公式：

$$\oint_l p(x, y)\mathrm{d}x + q(x, y)\mathrm{d}y = \iint_D\left(-\frac{\partial p(x, y)}{\partial y} + \frac{\partial q(x, y)}{\partial x}\right)\mathrm{d}x\mathrm{d}y.$$

化曲线积分为二重积分，再使用二重积分的计算公式计算.

注意：这里的 $\mathrm{d}x\mathrm{d}y = |\mathrm{d}x \times \mathrm{d}y|$ 为外微分运算.

(5) 转化为第一类曲线积分，公式为

$$\int_l p(x, y)\mathrm{d}x + q(x, y)\mathrm{d}y = \int_l (p(x, y)\cos\alpha + q(x, y)\cos\beta)\mathrm{d}s,$$

$$\int_\Gamma p(x, y, z)\mathrm{d}x + q(x, y, z)\mathrm{d}y + r(x, y, z)\mathrm{d}z$$

$$= \int_\Gamma (p(x, y, z)\cos\alpha + q(x, y, z)\cos\beta + r(x, y, z)\cos\gamma)\mathrm{d}s.$$

其中，$(\cos\alpha, \cos\beta)$，$(\cos\alpha, \cos\beta, \cos\gamma)$ 分别是点 (x, y)，(x, y, z) 处的曲线的切线方向的方向余弦，依据方程形式，方向的求法为曲线隐函数的偏导数 + 单位化.

① 若曲线为 $y = f(x)$，则 $(\cos\alpha, \cos\beta) = \left(\frac{1}{\sqrt{1 + [f'(x)]^2}}, \frac{f'(x)}{\sqrt{1 + [f'(x)]^2}}\right)$.

② 若为参数方程 $\begin{cases} x = \alpha(t), \\ y = \beta(t), \end{cases}$ $\begin{cases} x = \alpha(t), \\ y = \beta(t), \\ z = \gamma(t) \end{cases}$ 时，则

$$(\cos\alpha, \cos\beta) = \left(\frac{\alpha'(t)}{\sqrt{[\alpha'(t)]^2 + [\beta'(t)]^2}}, \frac{\beta'(t)}{\sqrt{[\alpha'(t)]^2 + [\beta'(t)]^2}}\right);$$

$$(\cos\alpha, \cos\beta, \cos\gamma) = \left(\frac{\alpha'(t)}{\sqrt{[\alpha'(t)]^2 + [\beta'(t)]^2 + [\gamma'(t)]^2}}, \frac{\beta'(t)}{\sqrt{[\alpha'(t)]^2 + [\beta'(t)]^2 + [\gamma'(t)]^2}}, \frac{\gamma'(t)}{\sqrt{[\alpha'(t)]^2 + [\beta'(t)]^2 + [\gamma'(t)]^2}}\right).$$

(6) 斯托克公式(空间曲线)：

$$\oint_\Gamma p\mathrm{d}x + q\mathrm{d}y + r\mathrm{d}z = \iint_\Sigma \begin{vmatrix} \mathrm{d}x\mathrm{d}y & \mathrm{d}y\mathrm{d}z & \mathrm{d}z\mathrm{d}x \\ \frac{\partial}{\partial x} & \frac{\partial}{\partial y} & \frac{\partial}{\partial z} \\ p & q & r \end{vmatrix}.$$

注意：Γ，Σ 的方向符合右手定则，或者理解为外微分，则更加简单明了，即 $\mathrm{d}x\mathrm{d}y = |\mathrm{d}x \times \mathrm{d}y|$.

(7) 平面面积公式

$$S = \oint_l x\mathrm{d}y = -\oint_l y\mathrm{d}x = \frac{1}{2}\oint_l x\mathrm{d}y - y\mathrm{d}x.$$

其中 l 是一个封闭的平面曲线，S 是它围成平面的面积.

对于上述基本途径和方法，做一个总结：

① 对称性解题，源自积分定义；② 曲线参数化，或者直接代入消元；③ 使用边界积分和内部积分进行互逆转化(大量的问题需要把非封闭的边界补充完整)；④ 路径无关性进行路径转化(包括包含奇异点的封闭路径替换)；⑤ 或者恰当积分(某个函数的全微分)

直接找到原函数，多元 N - L 公式求解.

一元 N - L 公式

$$\int_a^b \mathrm{d}f(x)=\int_a^b f'(x)\mathrm{d}x=f(x)\Big|_a^b=f(b)-f(a).$$

二元 N - L 公式

$$\int_{(a,\ b)}^{(c,\ d)}\mathrm{d}f(x,\ y)=\int_{(a,\ b)}^{(c,\ d)}\frac{\partial f(x,\ y)}{\partial x}\mathrm{d}x+\frac{\partial f(x,\ y)}{\partial y}\mathrm{d}y=f(x,\ y)\Big|_{(a,\ b)}^{(c,\ d)}=f(c,\ d)-f(a,\ b).$$

例 1 求积分 $I=\int_l[\mathrm{e}^x\sin y-m(x+y)]\mathrm{d}x+[\mathrm{e}^x\cos y-m]\mathrm{d}y$，其中 l 为以 $A(a,\ 0)$ 到点 $B(0,\ 0)$ 的上半圆：$x^2+y^2=ax(a>0)$，m 为常数.

解：加从点 $B(0,\ 0)$ 到点 $A(a,\ 0)$ 的线段，构成封闭的曲线 l'，由格林公式，有

$$\begin{aligned}I&=\int_l[\mathrm{e}^x\sin y-m(x+y)]\mathrm{d}x+[\mathrm{e}^x\cos y-m]\mathrm{d}y\\&=\int_{l'}[\mathrm{e}^x\sin y-m(x+y)]\mathrm{d}x+[\mathrm{e}^x\cos y-m]\mathrm{d}y\\&=\iint_D m\mathrm{d}x\mathrm{d}y-\int_{(0,\ 0)\to(a,\ 0)}[\mathrm{e}^x\sin y-m(x+y)]\mathrm{d}x+[\mathrm{e}^x\cos y-m]\mathrm{d}y\\&=\frac{\pi a^2}{8}+\int_0^a m\mathrm{d}x\\&=\frac{\pi a^2}{8}+ma.\end{aligned}$$

例 2 求积分 $I=\int_l\frac{-y}{y^2+(x+1)^2}\mathrm{d}x+\frac{x+1}{y^2+(x+1)^2}\mathrm{d}y$，其中，$l$ 为以原点为圆心，r 为半径的圆周，逆时针方向.

解：讨论 r 的大小：当 $r<1$ 时，由格林公式，积分区域内部没有奇异点，此积分为 0；

当 $r>1$ 时，由格林公式，积分区域内部有奇异点为 $(-1,\ 0)$，此积分为在 l 内部，以 $(-1,\ 0)$ 为圆心，ε 为半径的一个圆线 l'，有

$$I=\int_l\frac{-y}{y^2+(x+1)^2}\mathrm{d}x+\frac{x+1}{y^2+(x+1)^2}\mathrm{d}y=\frac{1}{\varepsilon^2}\int_{l'}-y\mathrm{d}x+(x+1)\mathrm{d}y=\frac{2}{\varepsilon^2}\iint_D\mathrm{d}x\mathrm{d}y=2\pi.$$

例 3 求 $I=\int_{y^2+x^2=1}\frac{x-y}{4y^2+x^2}\mathrm{d}x+\frac{x+4y}{4y^2+x^2}\mathrm{d}y.$

解：在积分曲线内部有被积函数的奇异点 $(0,\ 0)$，所以改变积分的曲线为 $x^2+4y^2=1$，先代入，再使用格林公式，有

$$\begin{aligned}I&=\int_{y^2+x^2=1}\frac{x-y}{4y^2+x^2}\mathrm{d}x+\frac{x+4y}{4y^2+x^2}\mathrm{d}y\\&=\int_{4y^2+x^2=1}(x-y)\mathrm{d}x+(x+4y)\mathrm{d}y=2\iint_{x^2+4y^2\leqslant 1}\mathrm{d}x\mathrm{d}y=\pi.\end{aligned}$$

例 4 设积分 $I=\int_l 2xy\mathrm{d}x+f(x,\ y)\mathrm{d}y$ 与积分路径无关，其中 $f(x,\ y)$ 可以求偏导，且

$\int_{(0,0)}^{(x,1)} f(x, v)\,\mathrm{d}v = \int_{(0,0)}^{(1,x)} f(u, y)\,\mathrm{d}u$，求 $f(x, y)$.

解：积分与路径无关，$f'_x = 2x \Rightarrow f(x, y) = x^2 + g(y)$，

$$\int_{(0,0)}^{(x,1)} f(x, v)\,\mathrm{d}v = x + \int_0^x g(y)\,\mathrm{d}y = \int_{(0,0)}^{(1,x)} f(u, y)\,\mathrm{d}u = x^2 + \int_0^1 g(y)\,\mathrm{d}y.$$

两边同时对 x 求导数，$2x - 1 = g(x) \Rightarrow f(x, y) = x^2 + 2y - 1$.

例 5 求积分 $I = \int_\Gamma (y^2 + z^2)\,\mathrm{d}x + (x^2 + z^2)\,\mathrm{d}y + (y^2 + x^2)\,\mathrm{d}z$，其中 Γ 为球面 $x^2 + y^2 + z^2 = 2bx$ 与柱面 $x^2 + y^2 = 2ax\,(b > a > 0)$ 的交线，曲线方向为正方向.

解：先将曲线代入，

$$\begin{aligned} I &= \int_\Gamma (y^2 + z^2)\,\mathrm{d}x + (x^2 + z^2)\,\mathrm{d}y + (y^2 + x^2)\,\mathrm{d}z \\ &= \int_\Gamma (x^2 - 2bx)\,\mathrm{d}x + (-y^2 + 2bx)\,\mathrm{d}y + 2ax\mathrm{d}z. \end{aligned}$$

再使用封闭曲线的斯托克公式，有

$$\int_\Gamma (x^2 - 2bx)\,\mathrm{d}x + (-y^2 + 2bx)\,\mathrm{d}y + 2ax\mathrm{d}z = \iint_\Sigma 2b\mathrm{d}x\mathrm{d}y - 2a\mathrm{d}z\mathrm{d}x.$$

Σ 在 XOZ 平面上的投影是对称的，于是 $\iint_\Sigma -2a\mathrm{d}z\mathrm{d}x = 0$，而 $\iint_\Sigma 2b\mathrm{d}x\mathrm{d}y = 2\pi ba^2$.

例 6 求积分 $I = \int_\Gamma y\mathrm{d}x + z\mathrm{d}y + x\mathrm{d}z$，其中 Γ 为球面 $x^2 + y^2 + z^2 = a^2$ 与平面 $x + y + z = 0$ 的交线，曲线方向为正方向.

解：方法一，使用封闭曲线的斯托克公式：

$$\begin{aligned} I &= \iint_\Sigma -\mathrm{d}x\mathrm{d}y - \mathrm{d}y\mathrm{d}z - \mathrm{d}z\mathrm{d}x \\ &= -3\iint_\Sigma \mathrm{d}x\mathrm{d}y = -\sqrt{3}\pi a^2. \end{aligned}$$

方法二，消元法：$z = -x - y$，代入后，再使用格林公式：

$$\begin{aligned} I &= \int_{l_{XY}} y\mathrm{d}x + (-x - y)\,\mathrm{d}y + x\mathrm{d}(-x - y) \\ &= \int_{l_{XY}} (y - x)\,\mathrm{d}x + (-2x - y)\,\mathrm{d}y \\ &= -3\iint_D \mathrm{d}x\mathrm{d}y = -\sqrt{3}\pi a^2. \end{aligned}$$

例 7 求积分 $I = \int_\Gamma (z + y)\,\mathrm{d}x + (x + z)\,\mathrm{d}y + (x + y)\,\mathrm{d}z$，其中 Γ 为螺线 $x = a\sin^2 t$，$y = a\sin 2t$，$z = a\cos^2 t$，$0 \leqslant t \leqslant \pi$.

解：方法一，直接将螺线参数方程代入，得 $I = 0$.

方法二，由 N－L 公式有 $I = \int_\Gamma (z + y)\,\mathrm{d}x + (x + z)\,\mathrm{d}y + (x + y)\,\mathrm{d}z = \left.\dfrac{(x + y + z)^2}{2}\right|_{(0,0,a)}^{(0,0,a)} = 0$.

方法三，使用封闭曲线的斯托克公式有 $I = \iint_\Sigma 0\mathrm{d}x\mathrm{d}y + 0\mathrm{d}y\mathrm{d}z + 0\mathrm{d}z\mathrm{d}x = 0$.

7.4 全微分与路径无关性

7.4.1 全微分与路径无关

如果第二类曲线积分被积分对象 $p(x, y)\mathrm{d}x + q(x, y)\mathrm{d}y$，$p(x, y, z)\mathrm{d}x + q(x, y, z)\mathrm{d}y + r(x, y, z)\mathrm{d}z$ 分别为函数 $f(x, y)$，$f(x, y, z)$ 的全微分，也就是

$$\mathrm{d}f(x, y) = p(x, y)\mathrm{d}x + q(x, y)\mathrm{d}y,$$

$$\mathrm{d}f(x, y, z) = p(x, y, z)\mathrm{d}x + q(x, y, z)\mathrm{d}y + r(x, y, z)\mathrm{d}z.$$

则由多元N－L公式，线积分 $\int_l p(x, y)\mathrm{d}x + q(x, y)\mathrm{d}y$，$\int_\Gamma p(x, y, z)\mathrm{d}x + q(x, y, z)\mathrm{d}y + r(x, y, z)\mathrm{d}z$ 的结果只与线的起点和终点有关，而与路径无关，这样的性质称为积分的路径无关性.

从另外一个角度，如果使用格林公式(平面曲线)和斯托克公式(空间曲线)，可以知道选取起点到终点的两条路线 l_1，l_2，当路径无关时，相关函数二阶偏导数连续，有

对于平面曲线，有 $\int_{l_1} p(x, y)\mathrm{d}x + q(x, y)\mathrm{d}y = \int_{l_2} p(x, y)\mathrm{d}x + q(x, y)\mathrm{d}y$

$$\Leftrightarrow \int_{l_1 - l_2} p(x, y)\mathrm{d}x + q(x, y)\mathrm{d}y = 0$$

$$\Leftrightarrow \iint_D \left(\frac{\partial q}{\partial x} - \frac{\partial p}{\partial y}\right)\mathrm{d}x\mathrm{d}y = 0$$

$$\Leftrightarrow \frac{\partial q}{\partial x} = \frac{\partial p}{\partial y}.$$

对于空间曲线，有 $\int_{\Gamma_1} p\mathrm{d}x + q\mathrm{d}y + r\mathrm{d}z = \int_{\Gamma_2} p\mathrm{d}x + q\mathrm{d}y + r\mathrm{d}z$

$$\Leftrightarrow \int_{\Gamma_1 - \Gamma_2} p\mathrm{d}x + q\mathrm{d}y + r\mathrm{d}z = 0$$

$$\Leftrightarrow \iint_\Sigma \left(\frac{\partial q}{\partial x} - \frac{\partial p}{\partial y}\right)\mathrm{d}x\mathrm{d}y + \left(\frac{\partial r}{\partial y} - \frac{\partial q}{\partial z}\right)\mathrm{d}y\mathrm{d}z + \left(\frac{\partial p}{\partial z} - \frac{\partial r}{\partial x}\right)\mathrm{d}z\mathrm{d}x = 0$$

$$\Leftrightarrow \frac{\partial q}{\partial x} = \frac{\partial p}{\partial y},\ \frac{\partial r}{\partial y} = \frac{\partial q}{\partial z} \text{ 且 } \frac{\partial p}{\partial z} = \frac{\partial r}{\partial x}.$$

7.4.2 路径无关性的判断

1. $\int_l p(x, y)\mathrm{d}x + q(x, y)\mathrm{d}y$ 是否与积分路径无关的判定

假设 $p(x, y)$，$q(x, y)$ 在积分区域 D 内连续且有连续的一阶偏导数.
下列方法判断此积分与路径有关：

(1) 存在分段光滑的闭曲线 $l \in D$，$\int_l p(x, y)\mathrm{d}x + q(x, y)\mathrm{d}y \neq 0$；

(2) $\exists (x, y) \in D$，s. t. $\frac{\partial q}{\partial x} \neq \frac{\partial p}{\partial y}$.

下列方法判断此积分与路径无关：

(1) $\exists f(x, y)$, s. t. $\mathrm{d}f(x, y) = p(x, y)\mathrm{d}x + q(x, y)\mathrm{d}y$ 也就是全微分形式；

(2) D 是单连通区域，$\forall (x, y) \in D$, s. t. $\dfrac{\partial q}{\partial x} = \dfrac{\partial p}{\partial y}$.

(3) 在 D 内除去一点 $A(x_0, y_0)$（奇异点）是单连通区域，$\forall (x, y) \in D/A$, s. t. $\dfrac{\partial q}{\partial x} = \dfrac{\partial p}{\partial y}$，又存在一条分段光滑的闭曲线 $l \in D$，它包围点 A，$\int_l p(x, y)\mathrm{d}x + q(x, y)\mathrm{d}y = 0$，相当于此奇点可去.

2. 空间曲线的路径无关性判定

假设 $p(x, y, z)$，$q(x, y, z)$，$r(x, y, z)$ 在积分区域 D 内连续或者有连续的一阶偏导数，$\int_\Gamma p(x, y, z)\mathrm{d}x + q(x, y, z)\mathrm{d}y + r(x, y, z)\mathrm{d}z$ 与积分路径无关的充分必要条件为 $\dfrac{\partial q}{\partial x} = \dfrac{\partial p}{\partial y}$，$\dfrac{\partial r}{\partial y} = \dfrac{\partial q}{\partial z}$ 且 $\dfrac{\partial p}{\partial z} = \dfrac{\partial r}{\partial x}$.

例 8 判断积分 $\int_l \dfrac{x\mathrm{d}x + y\mathrm{d}x}{(x^2 + y^2)^{\frac{3}{2}}}$ 在区域为 D: $\{(x, y) \mid y > 0, x \in \mathbf{R}\}$ 上是否与积分路径有关.

解：区域单连通，且满足 $\dfrac{\partial P}{\partial y} = \dfrac{\partial Q}{\partial x}$，路径无关.

例 9 计算积分 $\int_l \dfrac{(x - y)\mathrm{d}x + (x + y)\mathrm{d}x}{x^2 + y^2}$，$l$: $\dfrac{x^2}{a^2} + \dfrac{y^2}{b^2} = 1$ 上半段且逆时针.

解：$\dfrac{\partial P}{\partial y} = \dfrac{\partial Q}{\partial x}$，重新选路径 l_1: $y^2 + x^2 = 1$ 上半部分，逆时针，有

$$\int_{l_1} \frac{(x - y)\mathrm{d}x + (x + y)\mathrm{d}x}{x^2 + y^2} = \int_{l_1} (x - y)\mathrm{d}x + (x + y)\mathrm{d}x = \pi.$$

例 10 求方程 $(5x^4 + 3xy^2 - y^3)\mathrm{d}x + (3x^2y - 3xy^2 + y^2)\mathrm{d}y = 0$.

解：方法一：此方程为全微分方程，不妨选择一个起点为 $A(0, 0)$，终点为 $B(s, t)$，选择折线路径为：$A \to C \to B$，其中 $C(s, 0)$，则

$$u(s, t) = \int_{(0, 0)}^{(s, t)} (5x^4 + 3xy^2 - y^3)\mathrm{d}x + (3x^2y - 3xy^2 + y^2)\mathrm{d}y$$

$$= \int_0^s 5x^4\mathrm{d}x + \int_0^t (3x^2y - 3xy^2 + y^2)\mathrm{d}y = s^5 + \frac{3}{2}s^2t^2 - st^3 + \frac{1}{3}t^3.$$

所以，所求的全微分为 $x^5 + \dfrac{3}{2}x^2y^2 - xy^3 + \dfrac{1}{3}y^3 = C$.

方法二：不定积分法，设 $u(x, y)$ 是解，则 $\dfrac{\partial u(x, y)}{\partial x} = (5x^4 + 3xy^2 - y^3)$，

$$u(x, y) = \int (5x^4 + 3xy^2 - y^3)\mathrm{d}x = x^5 + \frac{3}{2}x^2y^2 - xy^3 + \varphi(y).$$

检验对比：$\dfrac{\partial u(x, y)}{\partial y} = 3x^2y - 3xy^2 + y^2$，则 $\varphi'(y) = y^2 \Rightarrow \varphi(y) = \dfrac{1}{3}y^3 + c$，则通解为

$$x^5+\frac{3}{2}x^2y^2-xy^3+\frac{1}{3}y^3=C.$$

例 11　计算积分$\int_{(0,0)}^{(1,2)} xy^2\mathrm{d}x+x^2y\mathrm{d}y.$

解：因为$\mathrm{d}\,\frac{x^2y^2}{2}=xy^2\mathrm{d}x+x^2y\mathrm{d}y$，所以$\int_{(0,0)}^{(1,2)} xy^2\mathrm{d}x+x^2y\mathrm{d}y=\left.\frac{x^2y^2}{2}\right|_{0,0}^{(1,2)}=2.$

7.5　曲面积分的符号系统与其含义

7.5.1　第一类曲面积分$\iint\limits_{\Sigma}\rho(x,y,z)\mathrm{d}S$

积分$\iint\limits_{\Sigma}\rho(x,y,z)\mathrm{d}S$中$\rho(x,y,z)$表示的是曲面上的点$(x,y,z)$处的面密度，$\mathrm{d}S$是这一点处的一小面积，$\rho(x,y,z)\mathrm{d}S$表示在此点处的微质量，而$\iint\limits_{\Sigma}\rho(x,y,z)\mathrm{d}S$则表示是在曲面上的所有微质量$\rho(x,y,z)\mathrm{d}S$的总和，也就是曲面的总质量. 当面密度均匀为1的时候就是曲面面积.

7.5.2　第二类曲面积分$\iint\limits_{\Sigma}P(x,y,z)\mathrm{d}x\mathrm{d}y$

在积分$\iint\limits_{\Sigma}P(x,y,z)\mathrm{d}x\mathrm{d}y$中$P(x,y,z)$表示的是曲面上的点$(x,y,z)$处的流速在$XOY$平面上的投影(垂直流速)，$\mathrm{d}x\mathrm{d}y$是这一点处的一切面积在$XOY$平面上的投影，$P(x,y,z)\mathrm{d}x\mathrm{d}y$表示在此点$(x,y,z)$处的垂直$XOY$平面穿过曲面的小流量，而$\iint\limits_{\Sigma}P(x,y,z)\mathrm{d}x\mathrm{d}y$则表示在曲面上穿过的所有在$XOY$平面上投影的总流量. 注意结合积分函数在投影坐标面上的对称性和积分微元的方向性(特别是垂直关系)解题.

7.6　曲面积分的基本算法

7.6.1　第一类曲面积分(对曲面面积的积分)的算法

第一类曲面积分的形式为$\iint\limits_{\Sigma}\rho(x,y,z)\mathrm{d}S$，曲面$\Sigma$是一个给定的曲面，标志为$\mathrm{d}S$，曲面面积类似于曲线的长，曲线的长被它的切线替代，曲面面积被曲面的切面面积$\mathrm{d}S$替代，因此相关算法基本上是曲线的平行推广.

算法：

(1) 结合曲面Σ给定的形式确立相应的算法，如果曲面Σ的方程显式是$z=f(x,y)$，由于$\rho(x, y, z)$中的点(x, y, z)在曲面Σ上，所以直接将曲面Σ的方程代入，而$\mathrm{d}S = \sqrt{1+z_x^2+z_y^2}\mathrm{d}x\mathrm{d}y$，这表明曲面投影到平面$XOY$上，所以有公式

$$\iint_{\Sigma}\rho(x, y, z)\mathrm{d}S = \iint_{D_{XY}}\rho(x, y, f(x, y))\sqrt{1+z_x^2+z_y^2}\mathrm{d}x\mathrm{d}y.$$

(2) 使用积分的意义背景来计算.

注意：面密度有正和负，所以总的面积和质量均可以为0. 特别是在对称曲面上的积分，要留意被积分对象在投影坐标面上的对称性，会出现正、负相互抵消.

例 12 已知$f(-1)=f(1)=0$，$|f'(x)| \leqslant m$，$x \in [-1, 1]$，$a^2+b^2+c^2=1$，求证：

$$\left|\iint_{x^2+y^2+z^2=1} f(ax+by+cz)\mathrm{d}S\right| \leqslant 4\pi m.$$

证明：由柯西不等式$|ax+by+cz| \leqslant (a^2+b^2+c^2)(x^2+y^2+z^2)=1$，$|f(x)| \leqslant m$，$x \in [-1, 1]$，所以

$$\left|\iint_{x^2+y^2+z^2=1} f(ax+by+cz)\mathrm{d}S\right| \leqslant \left|\iint_{x^2+y^2+z^2=1} m\mathrm{d}S\right| \leqslant 4\pi m.$$

例 13 点$A(1, 0, 0)$、$B(1, 0, 0)$、$C\left(\frac{\sqrt{2}}{2}, 0, \frac{\sqrt{2}}{2}\right)$为单位球面上三点，它们构成的球面三角形(边界为过三点中任意两点的大弧)，若球面密度为$\rho = x^2+z^2$，求这个球面三角面的质量.

解：投影到XOZ平面上，使用极坐标变换，质量为

$$M = \iint_{\Sigma}(x^2+z^2)\mathrm{d}s = \int_0^{\frac{\pi}{4}}\mathrm{d}\theta\int_0^1\frac{r^3}{\sqrt{1-r^2}}\mathrm{d}r = \frac{\pi}{6}.$$

7.6.2 第二类曲面积分(对坐标平面的积分)的算法

第二类曲面积分的形式为$\iint_{\Sigma}P(x, y, z)\mathrm{d}x\mathrm{d}y$，曲面$\Sigma$是给定的曲面，标志为$\mathrm{d}x\mathrm{d}y$，$\mathrm{d}y\mathrm{d}z$，$\mathrm{d}z\mathrm{d}x$，它们均为外微分形式，算法如下.

(1) 如果曲面Σ是普通的方程，则根据积分对象的形式选择合适的坐标轴作为投影的目标，例如，积分对象是$\mathrm{d}x\mathrm{d}y$，则选择XOY平面作为投影平面，曲面Σ在XOY平面上的投影范围为区域D_{XY}，如果出现投影重叠，将曲面分片计算. 由于$P(x, y, z)$中的点(x, y, z)在曲面Σ上，所以直接将曲面的方程$z=f(x, y)$代入消去z.

最后得公式为

$$\iint_{\Sigma}P(x, y, z)\mathrm{d}x\mathrm{d}y = \pm\iint_{D_{XY}}P(x, y, f(x, y))\mathrm{d}x\mathrm{d}y.$$

注意：正负号的选择由曲面的切平面的法方向(题目会给出)和XOY平面的正法方向的夹角决定，具体为锐角取正，钝角取负，直角是0.

(2) 根据积分的意义背景来计算.

(3) 封闭曲面的高斯公式.

如果曲面是一个封闭的曲面，且没有自相交，沿它的方向所包含的区域是一个简单连通区域，且函数 $P(x, y, z)$ 在这个区域内有定义，则优先考虑使用高斯公式，公式为

$$\oiint_{\Sigma} P(x, y, z)\mathrm{d}x\mathrm{d}y = \iiint_{\Omega} \frac{\partial P(x, y, z)}{\partial z}\mathrm{d}x\mathrm{d}y\mathrm{d}z.$$

化曲面积分为三重积分，再使用三重积分的计算方法计算.

(4) 转化为第一类曲面积分，公式为

$$\iint_{\Sigma} P(x, y, z)\mathrm{d}y\mathrm{d}z = \iint_{\Sigma} P(x, y, z)\cos\alpha\mathrm{d}S,$$

$$\iint_{\Sigma} P(x, y, z)\mathrm{d}z\mathrm{d}x = \iint_{\Sigma} P(x, y, z)\cos\beta\mathrm{d}S,$$

$$\iint_{\Sigma} P(x, y, z)\mathrm{d}x\mathrm{d}y = \iint_{\Sigma} P(x, y, z)\cos\gamma\mathrm{d}S.$$

其中，$(\cos\alpha, \cos\beta, \cos\gamma)$ 是点 (x, y, z) 处的切平面的法方向，依据方程形式，它的求法为曲面方程求偏导 + 单位化.

若曲面方程为 $z = f(x, y)$，则

$$(\cos\alpha, \cos\beta, \cos\gamma) = \left(\frac{z'_x}{\sqrt{1 + [z'_x]^2 + [z'_y]^2}}, \frac{z'_y}{\sqrt{1 + [z'_x]^2 + [z'_y]^2}}, \frac{-1}{\sqrt{1 + [z'_x]^2 + [z'_y]^2}}\right).$$

若曲面方程形式为 $F(x, y, z) = 0$，则

$$(\cos\alpha, \cos\beta, \cos\gamma) = \left(\frac{F_x}{\sqrt{F_x^2 + F_y^2 + F_z^2}}, \frac{F_y}{\sqrt{F_x^2 + F_y^2 + F_z^2}}, \frac{F_z}{\sqrt{F_x^2 + F_y^2 + F_z^2}}\right).$$

(5) 斯托克公式：(反向使用) 封闭空间曲线和曲面的关系

$$\oint_{\Gamma} p\mathrm{d}x + q\mathrm{d}y + r\mathrm{d}z = \iint_{\Sigma} \begin{vmatrix} \mathrm{d}x\mathrm{d}y & \mathrm{d}y\mathrm{d}z & \mathrm{d}z\mathrm{d}x \\ \dfrac{\partial}{\partial x} & \dfrac{\partial}{\partial y} & \dfrac{\partial}{\partial z} \\ p & q & r \end{vmatrix}.$$

注意：r, z 的方向符合右手定则，微分服从外微分法则.

例 14 求 $I = \iint_{\Sigma} \dfrac{ax\mathrm{d}y\mathrm{d}z + (z + a)^2\mathrm{d}x\mathrm{d}y}{\sqrt{x^2 + y^2 + z^2}}$，其中 Σ 为下半球 $z = -\sqrt{a^2 - y^2 - x^2}\ (a > 0)$ 的上侧.

解：将积分曲面补成封闭曲面，Σ^*：$x^2 + y^2 \leqslant a^2$，$z = 0$，方向向下. 使用曲面代入，再结合高斯公式：

$$I = \iint_{\Sigma} \frac{ax\mathrm{d}y\mathrm{d}z + (z + a)^2\mathrm{d}x\mathrm{d}y}{a} = \iint_{\Sigma + \Sigma^*} \frac{ax\mathrm{d}y\mathrm{d}z + (z + a)^2\mathrm{d}x\mathrm{d}y}{a} - \iint_{\Sigma^*} a\mathrm{d}x\mathrm{d}y$$

$$= \iiint_{\Omega} \left(3 + \frac{2z}{a}\right)\mathrm{d}x\mathrm{d}y\mathrm{d}z + \pi a^3$$

$$= \frac{5}{3}\pi a^3 + \pi\int_{-a}^{0} \frac{2z}{a}(a^2 - z^2)\mathrm{d}z = \frac{7}{6}\pi a^3.$$

例 15 求 $I = \iint_{\Sigma} \dfrac{x\mathrm{d}y\mathrm{d}z + y\mathrm{d}z\mathrm{d}x + z\mathrm{d}x\mathrm{d}y}{(\sqrt{x^2 + y^2 + z^2})^3}$，其中 Σ 为椭球 $\dfrac{x^2}{a^2} + \dfrac{y^2}{b^2} + \dfrac{z^2}{c^2} = 1$ 的外侧.

解：封闭的积分区域内还有奇异点(0，0，0)，且满足$\frac{\partial P}{\partial x}+\frac{\partial Q}{\partial y}+\frac{\partial R}{\partial z}=0$，转换积分曲面为$\Sigma_1$：$x^2+y^2+z^2=\delta^2$，它只要包含奇异点即可. 曲面代入，消去奇异点，使用高斯公式：

$$I=\iint_{\Sigma}\frac{x\mathrm{d}y\mathrm{d}z+y\mathrm{d}z\mathrm{d}x+z\mathrm{d}x\mathrm{d}y}{\delta^3}=\frac{3}{\delta^3}\iiint_{\Omega}\mathrm{d}x\mathrm{d}y\mathrm{d}z=4\pi.$$

例 16 计算曲面积分$I=\iint_{\Sigma}(8y+1)x\mathrm{d}y\mathrm{d}z+2(1-y^2)\mathrm{d}z\mathrm{d}x-4yz\mathrm{d}x\mathrm{d}y$，其中$\Sigma$为$\begin{cases}z=\sqrt{y-1},\\x=0\end{cases}$ $(1\leqslant y\leqslant 3)$绕$y$轴旋转而成的曲面，它的法方向与$y$轴的夹角是钝角.

解：旋转曲面方程为：$y-1=x^2+z^2$，加上截面$\Sigma_1\begin{cases}x^2+z^2\leqslant 2,\\y=3\end{cases}$变成封闭的曲面，使用高斯公式

$$\iint_{\Sigma+\Sigma_1}(8y+1)x\mathrm{d}y\mathrm{d}z+2(1-y^2)\mathrm{d}z\mathrm{d}x-4yz\mathrm{d}x\mathrm{d}y=\iiint_{\Omega}\mathrm{d}x\mathrm{d}y\mathrm{d}z=\int_1^3\pi(1-y)\mathrm{d}y=2\pi,$$

$$\iint_{\Sigma_1}(8y+1)x\mathrm{d}y\mathrm{d}z+2(1-y^2)\mathrm{d}z\mathrm{d}x-4yz\mathrm{d}x\mathrm{d}y-32\pi=\iint_{D_{ZX}}2(1-3^2)\mathrm{d}z\mathrm{d}x-32\pi,$$

故$I=34\pi$.

7.7 外微分与边界积分和内部积分的互相转化关系

7.7.1 四大公式的共性

1. 一维 N－L 公式

一维 N－L 公式为

$$\int_a^b \mathrm{d}f(x)=f(b)-f(a).$$

注意：公式左边的变量取自区间$[a,b]$，它是区间内部的点，公式右边是区间的端点(也是区域的边界).

2. 二维格林公式和斯托克公式

格林公式为

$$\oint_l p(x,y)\mathrm{d}x+q(x,y)\mathrm{d}y=\iint_D\left(-\frac{\partial p(x,y)}{\partial y}+\frac{\partial q(x,y)}{\partial x}\right)\mathrm{d}x\mathrm{d}y.$$

注意：公式左边的变量取自区域D，它是区域内部的点，公式右边是区域的边界曲线(也是区域的边界).

斯托克公式为

$$\oint_\Gamma P(x,y,z)\mathrm{d}x=\iint_\Sigma\left(-\frac{\partial P}{\partial y}\mathrm{d}x\mathrm{d}y+\frac{\partial P}{\partial z}\mathrm{d}z\mathrm{d}y\right).$$

注意：公式左边的变量取自空间曲面Σ，是曲面内部的点，公式右边是空间曲面的边

界曲线(也是区域的边界).

3. 三维高斯公式

高斯公式为

$$\oiint_{\Sigma} P\mathrm{d}y\mathrm{d}z + Q\mathrm{d}z\mathrm{d}x + R\mathrm{d}x\mathrm{d}y = \iiint_{\Omega}\left(\frac{\partial P}{\partial x} + \frac{\partial Q}{\partial y} + \frac{\partial R}{\partial z}\right)\mathrm{d}x\mathrm{d}y\mathrm{d}z.$$

注意：公式左边的变量取自空间体 V，是空间体内部的点，公式右边是空间体的边界曲面(也是区域的边界).

以上所有公式均依据规则取正向.

7.7.2 用外微分对上述公式简易证明

微分、积分的互逆性，即$\int \mathrm{d}f = f + c$是所有规则的基础. 具体表现为：

1. 格林公式

$$\oint_{l} p(x, y)\mathrm{d}x + q(x, y)\mathrm{d}y$$

$$= \iint_{D} \mathrm{d}p(x, y)\mathrm{d}x + \mathrm{d}q(x, y)\mathrm{d}y$$

$$= \iint_{D}\left(\frac{\partial p(x, y)}{\partial x}\mathrm{d}x + \frac{\partial p(x, y)}{\partial y}\mathrm{d}y\right)\mathrm{d}x + \left(\frac{\partial q(x, y)}{\partial x}\mathrm{d}x + \frac{\partial q(x, y)}{\partial y}\mathrm{d}y\right)\mathrm{d}y$$

$$= \iint_{D}\left(-\frac{\partial p(x, y)}{\partial y} + \frac{\partial q(x, y)}{\partial x}\right)\mathrm{d}x\mathrm{d}y.$$

2. 斯托克公式

$$\oint_{\Gamma} P(x, y, z)\mathrm{d}x$$

$$= \iint_{\Sigma} \mathrm{d}P(x, y, z)\mathrm{d}x$$

$$= \iint_{\Sigma}\left(\frac{\partial P(x, y, z)}{\partial x}\mathrm{d}x + \frac{\partial P(x, y, z)}{\partial y}\mathrm{d}y + \frac{\partial P(x, y, z)}{\partial z}\mathrm{d}z\right)\mathrm{d}x$$

$$= \iint_{\Sigma}\left(-\frac{\partial P}{\partial y}\mathrm{d}x\mathrm{d}y + \frac{\partial P}{\partial z}\mathrm{d}z\mathrm{d}x\right).$$

3. 高斯公式

$$\oiint_{\Sigma} P\mathrm{d}y\mathrm{d}z + Q\mathrm{d}z\mathrm{d}x + R\mathrm{d}x\mathrm{d}y$$

$$= \iiint_{\Omega} \mathrm{d}P\mathrm{d}y\mathrm{d}z + \mathrm{d}Q\mathrm{d}z\mathrm{d}x + \mathrm{d}R\mathrm{d}x\mathrm{d}y$$

$$= \iiint_{\Omega}\left(\frac{\partial P}{\partial x} + \frac{\partial Q}{\partial y} + \frac{\partial R}{\partial z}\right)\mathrm{d}x\mathrm{d}y\mathrm{d}z.$$

7.8 格林公式的应用

(1) 已知是封闭简单曲线，且被积函数求偏导后，在曲线包含区域内部可积分，直接使用公式.

例 17 计算 $I=\oint_L(x^2y\cos x+2xy\sin x-y^2e^x)dx+(x^2\sin x-2ye^x)dy$. 其中 L 为正向星形线 $x^{\frac{2}{3}}+y^{\frac{2}{3}}=a^{\frac{2}{3}}(a>0)$.

解：使用封闭曲线的格林公式和区域对称性，有

$$I=\iint_D x\cos x\,dxdy=0.$$

特别地，如果 $df(x, y)=p(x, y)dx+q(x, y)dy$，曲线 l 是简单曲线，且内部没有奇点，则

$$\oint_l p(x, y)dx+q(x, y)dy+m(x, y)dx+n(x, y)dy=\oint_l m(x, y)dx+n(x, y)dy.$$

(2) 非封闭曲线，补充使它封闭，转化为问题(1).

例 18 计算 $\int(x^2-y)dx-(x+\sin^2y)dy$，其中 l 是圆周 $y=\sqrt{2x-x^2}$ 上由点 $O(0, 0)$ 到点 $A(1, 1)$ 的弧线.

解：$\int_l(x^2-y)dx-(x+\sin^2y)dy$

$$=-\int_{OB}(x^2-y)dx-(x+\sin^2y)dy-\int_{BA}(x^2-y)dx-(x+\sin^2y)dy$$

$$=-\int_0^1x^2dx-\int_0^1(-1+\sin^2y)dy=\frac{\sin 2}{4}-\frac{7}{6}.$$

其中 $B(1, 0)$.

(3) 封闭曲线内有奇异点，满足路径无关条件，转化为积分封闭线，消去奇异点，再使用格林公式.

例 19 计算 $I=\oint_l\frac{xdy-ydx}{x^2+y^2}$，其中 l 是一条包含原点的分段光滑的闭曲线，为逆时针方向.

解：选择一个包含原点的半径为 r 的逆时针圆线，参数化，代入计算，有

$$I=\oint_l\frac{xdy-ydx}{x^2+y^2}=\int_0^{2\pi}\frac{r^2\sin^2\theta+r^2\cos^2\theta}{r^2}d\theta=2\pi.$$

(4) 反向使用，计算二重积分.

例 20 计算积分 $S=\iint_D e^{-y^2}dxdy$，其中 D 是点 $O(0, 0)$，$A(1, 1)$，$B(0, 1)$ 围成的三角形区域.

解：$S=\iint_D e^{-y^2}dxdy=\oint_l e^{-y^2}xdy=\int_{OA}e^{-y^2}xdy=\int_0^1e^{-x^2}xdx=\frac{1-e^{-1}}{2}$，

其中 l 是三角形的逆时针方向曲线.

(5) 求平面封闭曲线围成的面积.

公式为

$$S=\oint_l x\mathrm{d}y=\oint_l -y\mathrm{d}x=\frac{1}{2}\oint_l x\mathrm{d}y-y\mathrm{d}x.$$

例 21 求星形线 $x=a\cos^3 t$, $y=a\sin^3 t$ 围成的面积.

解: 面积为 $S=\oint_l x\mathrm{d}y=\int_0^{2\pi} a\cos^3 t\mathrm{d}a\sin^3 t=\frac{3\pi a^2}{8}$.

7.9 定积分中微元的符号问题

7.9.1 定积分的几类形式回顾

(1) 数轴上区间内的定积分为

$$\int_a^b f(x)\mathrm{d}x.$$

(2) 平面区域 D(单连通区域 D) 上的定积分为

$$\iint_D f(x, y)\mathrm{d}x\mathrm{d}y.$$

(3) 空间体 Ω 内的定积分为

$$\iiint_\Omega f(x, y, z)\mathrm{d}x\mathrm{d}y\mathrm{d}z.$$

(4) 平面曲线 l 上的定积分(第一类与第二类) 为

$$\int_l \rho(x, y)\mathrm{d}s, \int_l p(x, y)\mathrm{d}x+q(x, y)\mathrm{d}y.$$

(5) 空间曲线 Γ 上的定积分(第一类与第二类) 为

$$\int_\Gamma \rho(x, y, z)\mathrm{d}S, \int_\Gamma p(x, y, z)\mathrm{d}x+q(x, y, z)\mathrm{d}y+r(x, y, z)\mathrm{d}z.$$

(6) 空间曲面 Σ 上的定积分(第一类与第二类) 为

$$\iint_\Sigma \rho(x, y, z)\mathrm{d}S, \iint_\Sigma P(x, y, z)\mathrm{d}x\mathrm{d}y+P(x, y, z)\mathrm{d}y\mathrm{d}z+P(x, y, z)\mathrm{d}z\mathrm{d}x.$$

7.9.2 微元符号的确定

1. $\mathrm{d}s$, $\mathrm{d}S$ 的符号确定

①$\mathrm{d}s$(小写) 表示曲线上的平面某点(x, y), 空间某点(x, y, z) 的弧微分.

在平面上的曲线的弧微分公式为

$$\mathrm{d}s=\sqrt{(\mathrm{d}x)^2+(\mathrm{d}y)^2}.$$

在空间上的曲线的弧微分公式为

$$\mathrm{d}s=\sqrt{(\mathrm{d}x)^2+(\mathrm{d}y)^2+(\mathrm{d}z)^2}.$$

②$\mathrm{d}S$(大写) 表示空间曲面 $F(x, y, z)=0$ 上的某点(x, y, z) 处的切平面的面积微分, 为

$$dS = \frac{\sqrt{F_x^2 + F_y^2 + F_z^2}}{|F_z|}|dxdy|.$$

其他情况类似.

结论是 ds，dS 符号恒定为正号.

2. dx 的符号确定

方法：dx 的符号由被积函数的变量构成的点所在的曲线的切方向与 x 轴自然正向的夹角决定：

① 若夹角为锐角或零，则 dx 为正；

② 若夹角为钝角或者 π，则 dx 为负；

③ 若夹角为直角，则 dx 为零.

注意：dy 的符号可类似确定.

具体情况如下：

在积分 $\int_a^b f(x)dx$ 中被积函数 $f(x)$ 的变量 x 所在的曲线为 x 轴，其切方向由 a 指向 b.

在积分 $\int_l f(x, y)dx$ 中被积函数 $f(x, y)$ 中的变量 (x, y) 所在曲线 l 的切方向由与 x 轴自然正向夹角决定.

在积分 $\int_l f(x, y, z)dx$ 中被积函数 $f(x, y, z)$ 中的变量 (x, y, z) 所在曲线 l 的切线方向由与 x 轴自然正向夹角决定.

3. $dxdy$ 的符号确定

$dxdy$ 的符号由被积函数的变量所构成的点所在的曲面 Σ 的切平面的法方向 n_1 与坐标平面 XOY 的法向量 $n_2 = (0, 0, 1)$ 的夹角决定：

若二者的夹角为锐角或零，则 $dxdy$ 为正；

若二者的夹角为钝角或者 π，则 $dxdy$ 为负；

若二者的夹角为 $\frac{\pi}{2}$，则 $dxdy$ 为零.

具体分析如下：

在重积分 $\iint_D f(x, y)dxdy$ 中，点 (x, y) 在 XOY 平面上的区域 D 内，而 D 所在曲面的法方向为 z 轴正向，取为 $n_1 = (0.0.1)$，它与 XOY 平面的法方向相同，故 $dxdy$ 的符号永远为正.

在曲面第二类积分 $\iint_\Sigma P(x, y, z)dxdy$ 中，$dxdy$ 的方向由曲线 Σ 上的 (x, y, z) 处的切平面的法方向 n_1 与 XOY 平面法向量 n_2 夹角决定，若夹角为锐角或零，则 $dxdy$ 为正；若夹角为钝角，则 $dxdy$ 为负；若夹角为 $\frac{\pi}{2}$，则 $dxdy$ 为零.

例 22 计算 $\int_l x dx$，l 为 $x^2 + y^2 = 1$ 逆时针.

解：函数对称，区间对称，由符号图：

象限	x 符号	dx 符号	xdx 符号
一	+	−	−
二	−	−	+
三	−	+	−
四	+	+	+

可知第一、第二象限，第三、第四象限的计算结果相互抵消，$\int_l x\mathrm{d}x = 0$.

例 23 计算$\iint\limits_{\Sigma} x\mathrm{d}x\mathrm{d}y$，$\Sigma$：$x^2 + y^2 + z^2 = 1$ 上半部方向向外.

解：函数对称，区间对称，由符号图：

象限	x 符号	$dxdy$ 符号	$xdxdy$ 符号
一	+	+	+
二	−	+	−
三	−	+	−
四	+	+	+

可知第一、第二象限，第三、第四象限的计算结果相互抵消，$\iint\limits_{\Sigma} x\mathrm{d}x\mathrm{d}y = 0$.

练 习 七

一、设 L 是从点 $A\left(3, \frac{2}{3}\right)$ 到点 $B(1, 2)$ 的直线段，函数 f 连续，$F' = f$，求：

$$I = \int_L \frac{1 + y^2 f(xy)}{y}\mathrm{d}x + \frac{-x + xy^2 f(xy)}{y^2}\mathrm{d}y.$$

二、求 $I = \int_{x^2+y^2=1} \frac{-y}{ax^2 + 2bxy + cy^2}\mathrm{d}x + \frac{x}{ax^2 + 2bxy + cy^2}\mathrm{d}y$，$ac > b^2$.

三、求积分 $I = \int_L (y^2 - z^2)\mathrm{d}x + (z^2 - x^2)\mathrm{d}y + (x^2 - y^2)\mathrm{d}z$，其中 L 为球面 $x^2 + y^2 + z^2 = 1$ 在第一卦限与坐标平面的交线，曲线方向从原点看去为逆时针方向.

四、求积分 $I = \int_L (x^2 - yz)\mathrm{d}x + (y^2 - zx)\mathrm{d}y + (z^2 - xy)\mathrm{d}z$，其中 L 为螺线 $x = a\cos t$，$y = a\sin t$，$z = \frac{ht}{2\pi}$，$0 \leqslant t \leqslant 2\pi$，$a > 0$，$h > 0$.

五、判断积分$\int_L \frac{x\mathrm{d}x + y\mathrm{d}y}{(x^2 + y^2)^{3/2}}$，$G$：$y^2 + x^2 > 0$，是否与积分路径有关.

六、判断积分$\int_L \frac{(x - y)\mathrm{d}x + (x + y)\mathrm{d}y}{(x^2 + y^2)^n}$，$G$：$x^2 + y^2 > 0$，是否与积分路径有关.

七、计算球面Σ：$z \geqslant x^2 + y^2$，$x^2 + y^2 + z^2 = t^2$ 上的曲面积分$\iint\limits_{\Sigma}(x^2 + y^2)\mathrm{d}s$.

八、计算球面Σ：$x^2 + y^2 + z^2 = t^2$ 上的曲面积分 $I = \iint\limits_{\Sigma}(ax + by + cz + d)^2\mathrm{d}s$.

九、计算曲面积分 $I = \oiint\limits_{\Sigma} 2zx\mathrm{d}y\mathrm{d}z + yz\mathrm{d}z\mathrm{d}x - z^2\mathrm{d}x\mathrm{d}y$，其中 Σ 为 $z = \sqrt{x^2 + y^2}$，$z = \sqrt{2 - x^2 - y^2}$ 围成的体的表面曲面外侧.

十、求 $I = \iint\limits_{\Sigma}\frac{x\mathrm{d}y\mathrm{d}z + z^2\mathrm{d}x\mathrm{d}y}{x^2 + y^2 + z^2}$，其中 Σ 为柱面 $x^2 + y^2 = r^2$ 以及 $z = r$，$z = -r$ 所围成的体的表面曲面的外侧.

十一、求曲面 $x^2 = y^2 + z^2$ 包含在曲面 $x^2 + y^2 + z^2 = 2z$ 内部的面积.

第八章 常微分方程初步

8.1 常微分方程的基本概念和关键名词

几个需要明确的核心概念如下：

1. 阶

表示求导数的次数，一阶就是求一次导数，二阶就是求二次导数. 高阶是指大于等于2的求导次数.

例1 指出下列方程的阶数.

①$y=kx$；②$y''=kx^3$；③$(y')^2=kx$.

解：它们的阶数分别是①0阶；②2阶；③1阶.

2. 次

这里的次指单项式的次数，即单项式中字母指数的和，或者某个对象的指数，依照具体情况而言.

对于多项式$\frac{1}{2}xy^2-2x+xy$而言，x的指数是1，单项式的次数分别为3，1，2，多项式的次数是3.

3. 齐次

通常在论述“齐次”的时候，首要任务是明确“齐次”的对象是谁. “次”指的是对象的次方. “齐”就是对象的次方在不同的加法位置上是一样的. 注意单独说的齐次，所指的是单项式的次数是一样的；而在线性的前提下的齐次是指对象的指数是一样的.

常见的多字母(以两个字母为例)的一次齐次式有：

$$y,\ x,\ \sqrt{xy}.$$

二次齐次式有：

$$y^2,\ x^2,\ xy.$$

4. 线性

原始含义是直线$y=kx$中变量y是变量x的线性关系. 本义是首先明确是谁或者是谁与谁(也就是明确对象)的线性，线性的本质是对象的加法，以及对象与数的乘法，简称加法和数乘，是一种运算结构.

如，若对象为x^2，$\sin x$，则它们的线性组合为$ax^2+b\sin x(a,\ b\in\mathbf{R})$.

5. 解

方程解的本义是代入方程等式成立，即为方程的解. 特解是指满足某个条件的解，或者非齐次的一个解. 通解的含义有两点：一是，它是解；二是，所有的解都是它的元素，它是解的一般形式. 关于微分方程的通解，必须牢记一个基本的结论，即几阶方程就有几个不确定的常数，而特解就是将常数具体化之后的结果.

例2 指出函数$y=\frac{c-x^2}{2x}$，(c为任意常数)是否为微分方程$(x+y)\mathrm{d}x+x\mathrm{d}y=0$的解. 若是解，是否为通解，并求满足初始条件$y\big|_{x=1}=1$的特解.

解：解的本义是代入成立，我们将$y=\frac{c-x^2}{2x}$，$\frac{\mathrm{d}y}{\mathrm{d}x}=\frac{-c-x^2}{2x^2}$代入原方程，有左边＝右边，成立，故$y=\frac{c-x^2}{2x}$是微分方程的解，但不是通解，通解应该为$2xy=c-x^2$.（注意这两种解写法的差别所导致的意义差别，前者违背了通解的完备性）

将初始条件代入通解，有$2=c-1\Rightarrow c=3$，故特解为$2xy=3-x^2$.

例3 求以$y=ce^x+x$为通解的微分方程.

解：两边同时对变量x求导数，有$y'=ce^x+1$，联立原式，消去常数，有$y'=y-x+1$.

规律：如果通解中只有一个常数，只需要求导一次，联立消去这个参数，得到的微分方程是一阶的；若有两个常数，需要求导到二阶，产生两个微分形式，再与原方程联立，消去这两个常数，得到的微分方程是二阶的，依此类推.

6. 系数

系数的概念是对某个对象而言的，这个对象前面的所有与之相乘的成分都是它的系数，如果这些成分中不含其他变量，是常数，则称为常系数.

如，以对象y为例，在形式$2y'=ce^xy+x$中，系数依次为2，ce^x.

在形式$2y'=3y+x$中，系数依次为2，3，是常数，也称为常系数.

8.2 一阶常微分方程的分类与对应方法

一般微分方程的方法的一般步骤为：

第一步，先认清楚方程的阶数，也就是这个微分方程是几阶微分方程；

第二步，如果是一阶，首先观察是否是常系数，再按照先变量分离，后齐次、线性和全微分来分别处理；

如果是二阶，则先看是否是常系数，如果不是，则看少了哪个变量，确定相应的换元降次方法；

对于其他阶的方程主要看是否是常系数.

当然，对于常微分方程的方法总体而言，就是要首先明确方程的形式，也就是这个方程叫什么名字，只要明确了这个，剩下的问题就是什么类型的方程用什么样的方法来处理.

1. 一阶变量可分离

分离变量，等式两边各自同时积分，保留一个常数.

常微分方程中的变量有两个x，y，所谓变量可分离，就是变量x，y可以分开在等式的两侧. 分离的方法包括移项、因式分解等基本手段.

具体步骤为：

第一步，变量分离：首先合并 dx，dy，然后将 dx，dy 分居等式两侧，x，y 相应也同步到两侧；

第二步，两边同时分别对 x，y 积分；

第三步，代入初值求常数，或者无初值，直接在等式一边添加一个常数，得到通解.

例 4 求解微分方程 $y' = xy$ 的通解.

解：分离变量为 $\frac{1}{y}\mathrm{d}y = x\mathrm{d}x$，两边同时分别对 x，y 积分：$\ln|y| = \frac{1}{2}x^2 + c$，去掉对数 $|y| = \mathrm{e}^{\frac{1}{2}x^2+c}$，去掉绝对值 $y = c\mathrm{e}^{\frac{1}{2}x^2}(c \in \mathbf{R})$.

注意：如何去掉对数和绝对值在以后的微分方程求解中会常常使用到.

2. 一阶线性方程

求解这类微分方程的方法称为常数变异法.

对于一阶线性微分方程，读者可以在将方程标准化后，直接使用公式求解，以关于变量 y 的一阶线性微分方程为例：

首先变形为标准形式

$$\frac{\mathrm{d}y}{\mathrm{d}x} + p(x)y = q(x),$$

再套用公式

$$y = c\mathrm{e}^{-\int p(x)\mathrm{d}x} + \mathrm{e}^{-\int p(x)\mathrm{d}x}\int q(x)\mathrm{e}^{\int p(x)\mathrm{d}x}\mathrm{d}x.$$

注意：上述公式中的不定积分形式均不需要加常数(因常数已经单独处理).

或者按照如下流程求解，对 y 的一阶线性方程而言，

首先变为标准形式为

$$\frac{\mathrm{d}y}{\mathrm{d}x} + p(x)y = q(x).$$

当 $q(x) = 0$ 时，此方程为一阶线性齐次方程

$$\frac{\mathrm{d}y}{\mathrm{d}x} + p(x)y = 0.$$

此时它是一个变量可分离的方程，通解为

$$y = c\mathrm{e}^{-\int p(x)\mathrm{d}x}.$$

注意：这里的不定积分 $\int p(x)\mathrm{d}x$ 将不另外加常数.

对于非齐次一阶线性方程，按照如下程序求解也很方便.

第一步，标准化，化为标准方程形式

$$\frac{\mathrm{d}y}{\mathrm{d}x} + p(x)y = q(x).$$

第二步，去尾部，也就是齐次化，化为

$$\frac{\mathrm{d}y}{\mathrm{d}x} + p(x)y = 0.$$

第三步，求齐次的解为

$$y = ce^{-\int p(x)\mathrm{d}x}.$$

第四步，常数变异法，将解 $y = ce^{-\int p(x)\mathrm{d}x}$ 中的常数 c 变为函数 $y = c(x)e^{-\int p(x)\mathrm{d}x}$，使用等式 $c'(x)e^{-\int p(x)\mathrm{d}x} = q(x)$，解出 $c(x) = \int q(x)e^{\int p(x)\mathrm{d}x}\mathrm{d}x + c$，即可以得到非齐次一阶线性方程 $\frac{\mathrm{d}y}{\mathrm{d}x} + p(x)y = q(x)$ 的解为

$$y = ce^{-\int p(x)\mathrm{d}x} + e^{-\int p(x)\mathrm{d}x}\int q(x)e^{\int p(x)\mathrm{d}x}\mathrm{d}x.$$

提示：关于 x 的一阶线性方程，形式为 $\frac{\mathrm{d}x}{\mathrm{d}y} + p(y)x = q(y)$，方法同上.

特别应注意，对于贝努利方程

$$\frac{\mathrm{d}y}{\mathrm{d}x} + p(x)y = q(x)y^{\alpha},$$

对应的处理方法为换元法，令 $z = y^{1-\alpha}$，则 $\frac{\mathrm{d}z}{\mathrm{d}x} = \frac{\mathrm{d}y^{1-\alpha}}{\mathrm{d}x} = (1-\alpha)y^{-\alpha}\frac{\mathrm{d}y}{\mathrm{d}x}$，代入原方程变为

$$\frac{\mathrm{d}z}{\mathrm{d}x} + (1-\alpha)p(x)z = (1-\alpha)q(x).$$

这是关于 z 的一阶线性方程，以下处理方法同上述方法.

例 5 求微分方程 $y' + y\cos x = e^{-\sin x}$ 的通解.

解：方法一，套公式为 $y = ce^{-\int\cos x\mathrm{d}x} + e^{-\int\cos x\mathrm{d}x}\int e^{-\sin x}e^{\int\cos x\mathrm{d}x}\mathrm{d}x = ce^{-\sin x} + xe^{-\sin x}$.

方法二，走流程，去尾部，也就是齐次化，化为 $y' + y\cos x = 0$，求齐次的解，$y = ce^{-\sin x}$，常数变异法，令 $y = c(x)e^{-\sin x}$ 为原方程的解，则 $c'(x)e^{-\sin x} = e^{-\sin x}$，解出 $c(x) = x + c$，即可以得到非齐次一阶线性方程的通解为 $y = (x+c)e^{-\sin x}$.

例 6 求微分方程 $(y^2 - 6x)y' + 2y = 0$ 的通解.

解：变标准形式为：$\frac{\mathrm{d}x}{\mathrm{d}y} - \frac{3}{y}x = -\frac{y}{2}$ 是关于 x 的一阶线性非齐次微分方程.

方法一，套公式为 $x = ce^{\int\frac{3}{y}\mathrm{d}y} + e^{\int\frac{3}{y}\mathrm{d}y}\int -\frac{y}{2}e^{-\int\frac{3}{y}\mathrm{d}y}\mathrm{d}x = cy^3 + \frac{1}{2}y^2$.

方法二，走流程，去尾部，也就是齐次化，化为：$\frac{\mathrm{d}x}{\mathrm{d}y} - \frac{3}{y}x = 0$，求齐次的解，$x = cy^3$. 常数变异法，令 $x = c(y)y^3$ 为原方程的解，则 $c'(y)y^3 = -\frac{y}{2}$，解出 $c(y) = \frac{1}{2y} + c$，即可以得到非齐次一阶线性方程的通解为 $x = cy^3 + \frac{y^2}{2}$.

3. 一阶齐次微分方程的解法

这类方程常出现如下结构：

二次齐次 xy，x^2，y^2；分式特征 $\frac{x}{y}$，$\frac{y}{x}$.

方法是换元法，令 $y=ux$，$dy=udx+xdu$，代入彻底消除变量 y，类似地，令 $x=uy$，$dx=udy+ydu$，代入彻底消去变量 x，然后直接得到变量可分离方程，求解，然后反代入消去 u，即完成求解.

这类方程的辨别方法很简单：就是去阶和去分式特征 $\frac{x}{y}$，$\frac{y}{x}$ 后，看剩下的多项式是否齐次即可.

例 7 求 $xdy-ydx=ydy$ 的通解.

解：本题去掉 dx，dy 后，剩下的部分为 x，$-y$，y，是一次齐次式，故此方程为齐次方程，消去 x 或者 y 均可，选择消去 x，令 $x=uy$，$dx=udy+ydu$，则原方程变为 $ydu=dy$，得 $e^{y}=cy$，反代入得通解为 $e^{\frac{x}{y}}=cy$.

例 8 求微分方程 $\left(x-y\cos\frac{y}{x}\right)dx+x\cos\frac{y}{x}dy=0$，$y\big|_{x=1}=\pi$ 的特解.

解：本题去掉 dx，dy，$\cos\frac{y}{x}$ 后，剩下的部分为 x，$-y$，x，是一次齐次式，故此方程为齐次方程，根据特征 $\cos\frac{y}{x}$ 选择消去 y，令 $y=ux$，$dy=udx+xdu$，则原方程变为

$\frac{1}{x}dx=-\cos u du\Rightarrow x=ce^{-\sin u}\Rightarrow x=ce^{-\sin\frac{y}{x}}$，将 $y\big|_{x=1}=\pi$ 代入通解，$c=1$，得到特解为：$x=e^{-\sin\frac{y}{x}}$.

例 9 求 $y'=\frac{x+y+1}{x-y+1}$ 的通解.

解：令 $x+1=t$，则原方程变为 $\frac{dy}{dt}=\frac{t+y}{t-y}$，令 $y=ut$，$dy=udt+tdu$，则 $\frac{1-u}{1+u^2}du=\frac{1}{t}dt$，从而 $x+1=ce^{\arctan\frac{y}{x+1}}\sqrt{1+\left(\frac{y}{x+1}\right)^2}$.

4. 全微分方程

方程的右边是 0，左边是 $p(x,y)dx+q(x,y)dy$，是一个二元函数 $f(x,y)$ 的全微分，即 $df(x,y)=p(x,y)dx+q(x,y)dy$，或者方程 $p(x,y)dx+q(x,y)dy=0$ 满足条件 $\frac{\partial p(x,y)}{\partial y}=\frac{\partial q(x,y)}{\partial x}$.

常见解法有：

① 特殊路径法，$u(x,y)=\int_{x_0}^{x}p(x,y_0)dx+\int_{y_0}^{y}q(x,y)dy$，取点 (x_0,y_0) 到点 (x,y) 的一条直角折线.

② 先对 x 积分，$u(x,y)=\int p(x,y)dx+c(y)$，再对 y 求偏导，$\frac{\partial u(x,y)}{\partial y}=\frac{\partial\int p(x,y)dx}{\partial y}+c'(y)=q(x,y)$，积分求出 $c(y)$，即可.

例 10 判断方程$(3x^2+2xe^{-y})dx+(3y^2-x^2e^{-y})dy=0$是否是全微分方程，若是，求全微分方程的通解.

解：因为$\frac{\partial(3x^2+2xe^{-y})}{\partial y}=-2xe^{-y}=\frac{\partial(3y^2-x^2e^{-y})}{\partial x}$，所以它是全微分方程.

方法一(先局部试求，再局部验证)：

令$u(x,\ y)=\int(3x^2+2xe^{-y})dx=x^3+x^2e^{-y}+\varphi(y)$，

又$\frac{\partial u(x,\ y)}{\partial y}=-x^2e^{-y}+\varphi'(y)=x^2e^{-y}+3y^2$，从而$\varphi(y)=y^3+c$，故$u(x,\ y)=x^3+x^2e^{-y}+y^3+c$，原微分方程的解为$u(x,\ y)=x^3+x^2e^{-y}+y^3+c=0$.

方法二(特殊路径法)：

$u(x,\ y)=\int_0^x(3t^2+2t)dt+\int_0^y(3t^2-x^2e^{-t})dt=x^3+x^2e^{-y}+y^3$，

原微分方程的解为$x^3+x^2e^{-y}+y^3=c$.

例 11 设$y(x)$具有一阶连续导数，$f(0)=0$，且积分$\int_L[f(x)-e^x]\sin y dx-f(x)\cos y dy$与路径无关，求$f(x)$.

解：积分$\int_L[f(x)-e^x]\sin y dx-f(x)\cos y dy$路径无关，

则$\frac{\partial[(f(x)-e^x)\sin y]}{\partial y}=\frac{-\partial(f(x)\cos y)}{\partial x}$，可得$-f'(x)=f(x)-e^x$，

所以$f(x)=ce^{-x}+\frac{1}{2}e^x$，又$f(0)=0$，所以$f(x)=-\frac{1}{2}e^{-x}+\frac{1}{2}ex$.

8.3 二阶常微分方程的方法

对于二阶微分方程主要关注的核心是看缺什么变量，选择相应换元降次的方法.

对于一般的二阶微分方程，它的完整形式应包括：y''，y'，y，x四种元素形式，前面二者为阶，后面二者为变量，完整的二阶形式尚无通用方法求解，能够使用规则成型的方法求解的二阶方程必须缺少一点变量. 具体为：

(1) 缺少变量x，出现y''，y'，y.

方法为：令$y'=\frac{dy}{dx}=p$，则$y''=\frac{dp}{dx}=\frac{\frac{dp}{dy}}{\frac{dx}{dy}}=p\frac{dp}{dy}$，这样处理的目的，是彻底地消去变量$x$，不能显式出现变量$x$，方程即变为关于变量$p$，$y$的一阶方程，先求解一阶，再求解二阶即可.

(2) 缺少变量y，出现y''，y'，x.

方法为：令$y'=\frac{dy}{dx}=p$，则$y''=\frac{dp}{dx}=p'$，这样处理的目的，是为了不能显式出现变量y，方程即变为关于变量p，x的一阶方程，先求解一阶，再求解二阶即可.

(3) 只缺 y'.

这类方程除非加上常系数之类的条件，方可求解，因为此方程有两个变量，一般不能处理.

(4) 如果少了至少两个变量.

这类方程可以归于上述类别处理，不详细论述.

二阶方程如果有初始条件，需要提供两个条件，没有初始条件，通解需要附加两个独立的常数参数.

例 12 求微分方程 $y''=2yy'$ 满足所给初始条件 $y(0)=1$，$y'(0)=2$ 的特解.

解：此方程缺少变量 x，因此采用形式为 $y'=p$，$y''=p\dfrac{dp}{dy}$ 的换元法，有 $dp=2ydy\Rightarrow p=\dfrac{dy}{dx}=y^2+c$，又 $y(0)=1$，$y'(0)=2$，从而 $\dfrac{dy}{dx}=y^2+1$，所以 $\arctan y=x+\dfrac{\pi}{4}$.

例 13 求微分方程 $xy''+y'=0$ 的通解.

解：此方程缺少变量 y，因此采用形式为 $y=p$，$y''=p'$ 的换元法，有 $\dfrac{1}{p}dp=\dfrac{-1}{x}dx\Rightarrow p=\dfrac{dy}{dx}=\dfrac{1}{x}+c_1$，所以通解为 $y=\ln|x|+c_1x+c_2$.

8.4 常系数微分方程的方法

对于常系数微分方程，把“阶”变“次”，化微分方程为普通方程，称为微分方程的特征方程，写通解的时候注意“重根升次”. 口诀合并在一起即为：“阶变次，重根升次.”

注意：实数根或者虚根的实部在 e 上表现，虚根的虚部在 sin，cos 内呈现.

(1) n 阶常系数齐次微分方程为

$$y^{(n)}+a_1y^{(n-1)}+a_2y^{(n-2)}+\cdots+a_ny=0,$$

它的通解的结构分三种情况.

在阶变次后，得到特征方程

$$\rho^n+a_1\rho^{n-1}+a_2\rho^{n-2}+\cdots+a_n=0.$$

① 有 n 个不同的实数根 ρ_1，ρ_2，…，ρ_n，此时，通解为

$$y=c_1e^{\rho_1x}+c_2e^{\rho_2x}+c_3e^{\rho_3x}+\cdots+c_ne^{\rho_nx}.$$

② 有 n 个实数根 ρ_1 是 k_1 重根，ρ_2 是 k_2 重根，…，ρ_i 是 k_i 重根，此时，通解为

$$y=c_1e^{\rho_1x}+c_2xe^{\rho_1x}+\cdots+c_{k_1}x^{k_1-1}e^{\rho_1x}+b_1e^{\rho_2x}+b_2xe^{\rho_2x}+\cdots+b_{k_2}x^{k_2-1}e^{\rho_2x}+\cdots+m_1e^{\rho_ix}+m_2xe^{\rho_ix}+\cdots+m_{k_i}x^{k_i-1}e^{\rho_ix}.$$

注意：重根是如何重根升次的.

③ 共轭虚根 $\alpha\pm\beta i$ 成对出现，且出现 k 重，则第二种中的对应形式改为

$$e^{\alpha x}\{[c_1+c_2x+c_3x^2+\cdots+c_kx^{k-1}]\cos\beta x+[d_1+d_2x+d_3x^2+\cdots+d_kx^{k-1}]\sin\beta x\}$$

即可.

注意：根在解中的位置反映，以及何谓重根升次.

(2) 欧拉方程 $x^ny^{(n)}+a_1x^{n-1}y^{(n-1)}+a_2x^{n-2}y^{(n-2)}+\cdots+a_{n-1}xy'+a_ny=0$，这类方程的

特点是以次补阶、常系数.

解法为令 $x=e^t$，彻底消去方程中的 x，dx，也就是

$$y'=\frac{dy}{dx}=\frac{dy}{dt}\Big/\frac{dx}{dt}=e^{-t}\frac{dy}{dt}=\frac{1}{x}\frac{dy}{dt},$$

$$y''=\frac{dy'}{dx}=\frac{d\left(e^{-t}\frac{dy}{dt}\right)}{dt}\Big/\frac{dx}{dt}=e^{-t}\left(-e^{-t}\frac{dy}{dt}+e^{-t}\frac{d^2y}{dt^2}\right)=-\frac{1}{x^2}\left(\frac{dy}{dt}-\frac{d^2y}{dt^2}\right)\cdots$$

代入彻底消去 x，dx 后变成 y 关于对 t 求导数的微分常系数齐次微分方程.

特别地，对于二阶欧拉方程 $x^2y''+a_1xy'+a_2y=f(x)$，令 $x=\pm e^t$，$t=\ln|x|$，方程可以变为 $\frac{d^2y}{dt^2}+(a_1-1)\frac{dy}{dt}+a_2y=f(\pm e^t)$.

例 14 求解下列微分方程的通解.

①$3y''-2y'-8y=0$；②$4y''-8y'+5y=0$；③$y''-4y'+4y=0$；④$y'''-3y'-2y=0$.

解：①(阶变次) 它的特征方程为

$3\rho^2-2\rho-8=0$，其根为 $\rho_1=2$，$\rho_2=-\frac{4}{3}$，故原方程的通解为 $y=c_1e^{2x}+c_2e^{-\frac{4}{3}x}$.

注意：实根在 e 上.

②(阶变次) 它的特征方程为

$4\rho^2-8\rho+5=0$，其根为 $\rho_1=1+\frac{1}{2}i$，$\rho_2=1-\frac{1}{2}i$，故原方程的通解为 $y=e^x\left(c_1\cos\frac{1}{2}x+c_2\sin\frac{1}{2}x\right)$.

注意：虚根实部在 e 上，虚部在 sin，cos 内.

③(阶变次) 它的特征方程为

$\rho^2-4\rho+4=0$，其根为 $\rho_1=\rho_2=2$(重根)，

故原方程的通解为 $y=c_1e^{2x}+c_2xe^{2x}$(xe^{2x} 相比较 e^{2x} 升了一次方，简称重根升次).

注意：实根在 e 上，重根升次，重合一次，升一次，重合两次，升两次，据此类推.

④(阶变次) 它的特征方程为

$\rho^3-3\rho-2=0$，其根为 $\rho_1=\rho_2=1$(重根)，$\rho_3=2$，

故原方程的通解为 $y=c_1e^x+c_2xe^x+c_3e^{2x}$($xe^x$ 相比较 e^x 升了一次方，简称重根升次).

注意：实根在 e 上，重根升次，重合一次，升一次，重合两次，升两次，依此类推.

例 15 求以 $y_1=e^{2x}$，$y_2=xe^{2x}$ 为特解的二阶常数齐次线性微分方程.

解：从解的结构看出，此方程的特征方程为以 $\rho_1=\rho_2=2$ 为重根的二次方程，也就是 $\rho^2-4\rho+4=0$，故对应的二阶常数齐次线性微分方程为 $y''-4y'+4y=0$.（反向使用法则）

例 16 解欧拉方程 $x^2y''+xy'+y=0$.

解：令 $x=e^t$，则原方程变为 $\frac{d^2y}{dt^2}+y=0$，则相应的解为 $y=c_1\cos t+c_2\sin t$，从而原方程的解为 $y=c_1\cos(\ln|x|)+c_2\sin(\ln|x|)$.

(3) 二阶常系数非齐次微分方程 $y''+a_1y'+a_2y=f(x)$ 的结构.

常系数微分方程的解的结构为对应的齐次微分方程的通解与非齐次微分方程的特解的和.

通解的求法已被 n 阶常系数齐次微分方程的解的结构所包含.

特解的求法采用待定系数法，也就是根据 $y''+a_1y'+a_2y=f(x)$ 中 $f(x)$ 的形式设特解，值得注意的是，在设特解的时候同样需要“重根升次”，何谓重根？也就是 $f(x)$ 中的根和对应齐次的特征方程的根是否相同，在哪里观察(在什么位置可以看到根)，如何升次.

具体为设齐次阶变次后的方程 $y^2+a_1y+a_2=0$ 的根为 λ_1，λ_2，则

① 如果 $f(x)$ 中含有 $e^{\alpha x}$ 形式，则 α 是根，如果 α 和 λ_1，λ_2 中的一个相同，则在 $e^{\alpha x}$ 前面乘以 x，如果和 λ_1，λ_2 中的两个均相同，则乘以 x^2；注意，e^{0x} 对应的根为 0.

② 如果 $f(x)$ 中含有 $e^{\alpha x}\sin\beta x$，或者 $e^{\alpha x}\cos\beta x$ 形式，则 $\alpha\pm\beta i$ 是根，如果 α 和 λ_1，λ_2 中的一个相同，则在 $(\alpha e^{\alpha x}\sin\beta x+be^{\alpha x}\cos\beta x)$ 前面乘以 x.

以上的过程也称为“重根升次”.

例 17 指出下列微分方程的特解形式.

①$y''-4y'+4y=3e^{2x}$；②$y''-y'=x^2e^x+1$；③$y''+9y=\sin 3x$；④$y''-2y'+5y=e^x\cos 2x$.

解：它们的特解形式为①ax^2e^{2x}；②$x(ax^2+bx+c)e^x+mx$；③$x(a\sin 3x+b\cos 3x)$；④$xe^x(a\cos 2x+b\cos 2x)$.

8.5 含变限积分的微分方程

对于这类方程，可以通过对方程求导数的方法，将积分部分消去，变成相应的普通微分方程，注意这类方程中都隐含初始条件，使用 $\int_a^a f(x)\,dx=0$ 得到初始条件.

例 18 设 $f(x)$ 可导，且满足 $\int_1^x f^2(t)\,dt=x^2f(x)-f(1)$，求 $f(x)$.

解：等式两边同时求导，有：$f^2(x)=2xf(x)+x^2f'(x)$，它是伯努利型线性微分方程. 令 $y=\dfrac{1}{f(x)}$，标准化为 $y'-\dfrac{2}{x}y=-\dfrac{1}{x^2}$，齐次化为 $y'-\dfrac{2}{x}y=0$，齐次解为 $y=cx^2$.

常数变异，有 $y=c(x)x^2$ 是 $y'-\dfrac{2}{x}y=-\dfrac{1}{x^2}$ 的解，则 $c'(x)x^2=-x^{-2}$，解得 $c'(x)=\dfrac{1}{3}x^{-3}+c$，从而 $y=\dfrac{1}{3x}+cx^2$ 是 $y'-\dfrac{2}{x}y=-\dfrac{1}{x^2}$ 的通解，也就是 $f(x)=\dfrac{1}{3x}+cx^2$.

例 19 设 $f(x)$ 连续，且满足：$x\sin x+\int_0^x(x-t)f(t)\,dt=f(x)$，求 $f(x)$.

解：等式两边同时对 x 求导，$x\cos x+\sin x+\int_0^x f(t)\,dt=f'(x)$，且 $f(0)=0$，$f'(0)=0$，再对 x 求导有 $2\cos x-x\sin x+f(x)=f''(x)$，此为常系数二阶非齐次线性微分方程，其解为 $f(x)=e^x-xe^x-\cos x+\dfrac{1}{2}x\sin x$.

例 20 设$f(x)$为一阶可导函数，且满足方程$f(x)=\sin x - x\int_0^x f(t)\mathrm{d}t+\int_0^x tf(t)\mathrm{d}t$，求$f(x)$.

解：等式两边同时对x求导，$f'(x)=\cos x-\int_0^x f(t)\mathrm{d}t$，且$f(0)=0$，$f'(0)=1$，再对$x$求导有$f''(x)=-\sin x-f(x)$，此为常系数二阶非齐次线性微分方程，其解为$f(x)=\frac{1}{2}\sin x+\frac{1}{2}x(\cos x-\sin x)$.

8.6 线性微分方程的解的结构

(1) 如果$f(x)$，$g(x)$，…，$p(x)$这n个函数都是线性齐次微分方程的解，那么解的线性组合$c_1f(x)+c_2g(x)+\cdots+c_np(x)$也是这个线性齐次微分方程的解；且当上述解线性无关时，它们的线性组合是对应n阶微分方程的通解.

(2) 如果$f(x)$，$g(x)$，…，$p(x)$这n个函数都是线性非齐次微分方程的解，那么解的线性组合$c_1f(x)+c_2g(x)+\cdots+c_np(x)$也是这个线性非齐次微分方程的解，则必须满足$c_1+c_2+\cdots+c_n=1$. 特别地，当上述解线性无关时，它们的线性组合是对应$n-1$阶线性非齐次微分方程的通解.

(3) 如果$f(x)$，$g(x)$，…，$p(x)$这n个函数都是线性非齐次微分方程的解，那么任意两个解的差，如$f(x)-g(x)$也是对应线性齐次微分方程的解.

(4) 线性非齐次微分方程的通解等于对应线性齐次微分方程的通解＋线性非齐次微分方程的一个特解.

例 21 二阶线性微分方程$y''+P(x)y'+q(x)y=f(x)$有三个特解为$y_1=x$，$y_2=\mathrm{e}^x$，$y_3=\mathrm{e}^{2x}$，试求此方程满足条件$y(0)=1$，$y'(0)=3$的特解.

解：由于三个特解线性无关，故原二阶微分方程的通解为$y=c_1x+c_2\mathrm{e}^x+c_3\mathrm{e}^{2x}(c_1+c_2+c_3=1)$，又$y(0)=1$，$y'(0)=3$，得$c_2+c_3=1$，$c_1+c_2+c_3=1$，所以$c_1=0$，$c_2=-1$，$c_3=2$，所求特解为$y=-\mathrm{e}^x+2\mathrm{e}^{2x}$.

例 22 证明：设y_1，y_2是$y''+P(x)y'+q(x)y=f(x)$的任意两个解，则$\alpha y_1+\beta y_2$是该方程解的充要条件为$\alpha+\beta=1$，其中$f(x)\neq 0$.

证明：y_1，y_2是$y''+P(x)y'+q(x)y=f(x)$的任意两个解，将y_1，y_2代入，有$y_1''+P(x)y_1'+q(x)y_1=f(x)$，$y_2''+P(x)y_2'+q(x)y_2=f(x)$，将$\alpha y_1+\beta y_2$代入，有$(\alpha+\beta)f(x)=f(x)\Leftrightarrow\alpha+\beta=1$.

练 习 八

一、选择题.

(1) $y''-2xy'+(2x-1)y=0$的一个特解是(　　).

A. $y=x^2$　　B. $y=\mathrm{e}^x$　　C. $y=\sin x$

(2) 方程$(x-2xy-y^2)y'+y^2=0$是(　　).

A. 关于y的一阶线性非齐次方程

B. 一阶齐次方程

C. 可分离变量方程

(3) $y''+y=\cos x$的一个特解的形式为(　　).

A. $ax\cos x+b\sin x$　B. $Ax\sin(x+\varphi)$　C. $x\cos(Ax+\varphi)$　D. $x\sin(Ax+\varphi)$

(4) 设$y=y(x)$是方程$y''-y'-e^{\sin x}=0$的解，且$y'(x_0)=0$，则$y(x)$在(　　).

A. x_0某邻域单调递增　B. x_0某邻域单调递减

C. x_0处取得极小值　D. x_0处取得极大值

(5) 设$y=f(x)$是$y''-2y'+4y=0$的一个解，若$f(x_0)>0$，且$f'(x_0)=0$，则$f(x)$在点x_0处(　　).

A. 取得极大值　B. 取得极小值

C. 某邻域内单调递增　D. 某邻域内单调递减

(6) 设线性无关函数y_1，y_2，y_3都是二阶非齐次方程$y''+P(x)y'+q(x)y=f(x)$的特解，c_1，c_2是待定常数，则此方程的通解是(　　).

A. $c_1y_1+c_2y_2+y_3$　B. $c_1y_1+c_2y_2-(c_2+c_2)y_3$

C. $c_1y_1+c_2y_2-(1-c_2-c_2)y_3$　D. $c_1y_1+c_2y_2+(1-c_2-c_2)y_3$

二、填空题.

(1) 方程$y'=2x$的通解为________，过点(1，4)的特解为________，满足条件$\int_0^1 y\mathrm{d}x=2$的解为________，与直线$y=2x+3$相切的解为________.

(2) 以e^x，$e^x\sin x$，$e^x\cos x$为特解的阶数最低的常数线性齐次微分方程是________.

(3) $y''-2y'=xe^{2x}$的特解形式为________.

三、求解下列微分方程的通解或者特解.

(1) $(1+e^x)yy'=e^x$，$y(1)=1$；

(2) $xy'+y=2\sqrt{xy}$；　(3) $y'''+2y''-15y'=0$.

四、设$f(x)=\int_0^{3x}f\left(\frac{t}{3}\right)\mathrm{d}t+3x-3$为可微函数，求$f(x)$.

第四部分　离散变量数学基础

离散数学的变量形式是离散的，以数列、级数为其典型代表.

第九章 级 数

级数是离散数学的典型代表，在现实生活中，我们所看到、所使用的数学多为变量离散的形式，因此学好级数有着现实和理论上的双重意义.

9.1 级数的概念与基本性质

9.1.1 级数的定义

所谓级数就是无限多个数相加，将数依次编号为 a_n(表示第 n 个加数)，$n=1,2,\cdots$，则 $a_1+a_2+\cdots+a_n+\cdots=\sum\limits_{k=1}^{\infty}a_k$.

注意：加法是一个二元运算，这无数个加数相加，其实是不能按照普通加法规则计算的.

前 n 项的和 $S_n=a_1+a_2+\cdots+a_n=\sum\limits_{k=1}^{n}a_k$，称为级数的部分和，注意部分和对项数具有依赖性，是关于项数 n 的函数，也就是 $\{s_n\}$ 是一个数列.

将部分和数列取无穷极限，$\lim\limits_{n\to\infty}S_n=a_1+a_2+\cdots+a_n+\cdots=\lim\limits_{n\to\infty}\sum\limits_{k=1}^{n}a_k=\sum\limits_{k=1}^{\infty}a_k$.

这就是级数真正的计算方法，这个算法可以简单地概括为：部分和、取极限.

部分和的极限有两种结果，极限存在，级数定性为收敛，极限的结果即为级数的计算结果；极限不存在，级数定性为发散.

此外任何关于极限的运算对级数同样适用.

如，极限的四则运算，唯一性，保号性等.

只是级数多了和运算的特性，在级数收敛的条件下，可以任意加括号，也就是加法的结合律，而发散级数不可以.

例 1 判断级数 $\sum\limits_{n=1}^{\infty}(-1)^n$ 的收敛与发散.

解：若加括号会出现两种不同的结果，$(-1+1)+(-1+1)+(-1+1)+\cdots=0$，而 $-1+(1-1)+(1-1)+(1-1)+\cdots=-1$，故级数发散.

注意：如果级数是收敛的，则任意添加括号，结果依然是唯一的.

级数收敛的必要条件为

$$\lim_{n\to\infty}a_n=0.$$

这是因为 $\lim\limits_{n\to\infty}a_n=\lim\limits_{n\to\infty}(S_n-S_{n-1})=0$.

例如，级数$\sum_{n=1}^{\infty}(-1)^n$发散，因为数列$a_n=(-1)^n$没有极限. 不满足必要条件，故发散.

正确合理地使用定义和必要条件是很重要的判断级数收敛发散的方法.

例 2 设级数$\sum_{n=1}^{\infty}u_n(u_n>0)$的部分和为$s_n$，$v_n=\frac{1}{s_n}$，且$\sum_{n=1}^{\infty}v_n$收敛，试讨论级数$\sum_{n=1}^{\infty}u_n$的敛散性.

解：若$\sum_{n=1}^{\infty}v_n$收敛，则由级数收敛的必要条件$\lim\limits_{n\to\infty}v_n=\lim\limits_{n\to\infty}\frac{1}{s_n}=0\Rightarrow\lim\limits_{n\to\infty}s_n=\infty$，故由级数收敛的定义，$\sum_{n=1}^{\infty}u_n=\lim\limits_{n\to\infty}s_n=\infty$，它发散.

例 3 若$\lim\limits_{n\to\infty}na_n$存在，且级数$\sum_{n=1}^{\infty}n(a_n-a_{n-1})$收敛，证明：级数$\sum_{n=1}^{\infty}a_n$收敛.

证明：级数$\sum_{n=1}^{\infty}n(a_n-a_{n-1})$收敛，故其部分和$s_n=\sum_{k=1}^{\infty}k(a_k-a_{k-1})=na_n-\sum_{k=1}^{\infty}a_{k-1}$的极限存在，设为$s$，$\lim\limits_{n\to\infty}\sum_{k=1}^{\infty}a_{k-1}=s-\lim\limits_{n\to\infty}na_n$，故由级数的定义，级数$\sum_{n=1}^{\infty}a_n$收敛.

9.1.2 三类重要级数

三类重要级数的收敛发散类型会在举例和比较中经常使用. 它们可以根据定义得到证明.

1. 分式类型级数$\sum_{n=1}^{\infty}\frac{1}{n^p}$

收敛发散的结论为：

当$p>1$时，该级数收敛；当$p=1$时，该级数发散，此时，级数$\sum_{n=1}^{\infty}\frac{1}{n}$被称为调和级数；当$p<1$时，该级数发散.

例 4 判断$\sum_{n=1}^{\infty}\frac{1}{\sqrt{n}}$与级数$\sum_{n=1}^{\infty}\frac{1}{\sqrt{n^3}}$的敛散性.

解：级数$\sum_{n=1}^{\infty}\frac{1}{\sqrt{n}}$中，$p=\frac{1}{2}<1$，故级数发散；而级数$\sum_{n=1}^{\infty}\frac{1}{\sqrt{n^3}}$收敛，其中$p=\frac{3}{2}>1$.

2. 等比类型级数$\sum_{k=1}^{\infty}q^k$

收敛发散的结论为

当$|q|<1$，该级数收敛；当$|q|\geqslant 1$，该级数发散.

3. 分式交错项类型级数$\sum_{n=1}^{\infty}(-1)^n\frac{1}{n^p}$

收敛发散的结论为

当 $p>0$，该级数收敛；当 $p\leqslant 0$，该级数发散.

注意类型(3)与类型(1)之间 p 值的差异，这个差异是举反例的重要来源.

例如，若级数 $\sum_{n=1}^{\infty}a_n$ 收敛，但是却推不出 $\sum_{n=1}^{\infty}(a_n)^2$ 收敛，在这个差异中找反例为 $\sum_{n=1}^{\infty}(-1)^n\frac{1}{\sqrt{n}}$，它收敛，但是技术 $\sum_{n=1}^{\infty}\frac{1}{n}$ 发散.

9.2 级数的收敛和发散判别法

级数收敛和发散的判定可以根据定义法或者通项特征来判断.

1. 定义法

先做部分和，再取极限，若极限存在，则级数收敛，极限不存在，则级数发散.

例5 证明：调和级数 $\sum_{k=1}^{\infty}\frac{1}{k}$ 发散.

证明：因为 $\frac{1}{k}=\int_0^1 x^{k-1}\mathrm{d}x$，

所以 $\sum_{k=1}^{\infty}\frac{1}{k}=\lim_{n\to\infty}\sum_{k=0}^{n}\int_0^1 x^k\mathrm{d}x=\int_0^1\left(\lim_{n\to\infty}\sum_{k=0}^{n}x^k\right)\mathrm{d}x=-\ln|1-x|\Big|_0^1=\infty$，故发散.

或者使用反证法：假定此级数收敛，部分和 $\lim_{n\to\infty}s_n=s$，则 $\lim_{n\to\infty}s_{2n}=s$，故 $\lim_{n\to\infty}(s_{2n}-s_n)=0$，而 $s_{2n}-s_n=\sum_{k=n+1}^{2n}\frac{1}{k}>\sum_{k=n+1}^{2n}\frac{1}{2n}=\frac{1}{2}$，矛盾，故假设错误，原级数发散.

2. 由级数通项的特性来判断级数

这种判断方法判断级数是收敛还是发散是判定级数收敛与发散的核心方法，根据级数的项的正负表现将级数分为正项级数、交错项级数以及一般项级数等类别.

由项的特征判断级数收敛和发散是级数的核心内容之一.

根据特殊引导一般，一般化为特殊的数学思维模式，在以项的正负特点分类的情况下，正项级数无疑是最特殊的形式之一，因此首要任务是正项级数的敛散性判定.

而正项级数的部分和数列是单调数列，要判断其收敛发散，主要依靠单调有界原理. 通过比较给判断目标一个收敛上界或者给它一个发散的下界，是判断的主要依据.

上下界主要是通过比较的方法获得：比较的基本方法是做差比较法和做商比较法，而找人比，以及自己和自己比是主要的寻找对象的途径.

9.2.1 正项级数的收敛和发散的判断准则

首先，我们预设一个情景，假设你(学生)是长生不老的，你将永远活着. a_n 表示你第 n 天的收入，它是正的，它代表你的一种能力，S_n 表示你从出生到你第 n 天的收入和(局部和)，在长生不老的情况下预期将来的总收入，它就是级数 $\sum_{n=1}^{\infty}a_n=\lim_{n\to\infty}S_n$，想一想，你的预期总收入会怎么样呢？你会发财吗(结果无穷大)？如果发财了，级数就是发散的(极限是 $+\infty$，不存在)，你在将来会成为一个富翁；如果你的预期总收入趋向某个具体的值(而不论其多大)，你将趋向平庸，你就是一个穷人，说明你不可能发财，你的预期总收入是收敛的(极限存在)，级数将收敛.

其次，将来是不确定的，你也不知道会是怎么样，怎么判断自己会发财(发散)还是趋向平庸(收敛)呢？我们的方法其实就在我们的生活中间，不是很神秘的事情，想一想就可以明了，它其实就是一个比较的过程.

9.2.2 三种比较方法

1. 找人比

原则是找富人(发散的对象)炫富(来判断发散)，找穷人(收敛的对象)哭穷(来判断收敛). 切忌不要找富人(发散)来说明自己穷(收敛)，这样会让你没有斗志，也说明不了什么问题，因为富人也有等级，你比富人差，可能是等级的问题，不是因为你穷，也说明不了你就穷. 更不要找穷人来说明你很富，若如此，说明你很阿 Q.

下一步就是解决怎么比，比较的方法有两种：做差法和做商法.

(1) 做差法模式.

① 找一个富人 $\sum_{n=1}^{\infty} u_n$，如果从将来的某天 k 起($n > k$)，(因为你长生不老，所以过去和现在都不重要，我们看将来)你 $\sum_{n=1}^{\infty} y_n$ 的每天的收入 $y_n \geqslant u_n$(不小于富人的相应收入). 你想一想，你会发财吗？别人都发财了呀，你会不发财吗？不言自明，$\sum_{n=1}^{\infty} y_n$ 发散.

② 找一个穷人 $\sum_{n=1}^{\infty} u_n$，如果从将来的某天 k 起($n > k$)，你 $\sum_{n=1}^{\infty} y_n$ 的每天的收入 $y_n \leqslant u_n$(不大于穷人的相应收入). 你想一想，你会发财吗？不言自明，你发不了，$\sum_{n=1}^{\infty} y_n$ 收敛.

这就是找穷人哭穷，找富人炫富的简单原理.

这就是比较审敛法的本质.

例 6 设正项级数 $\sum_{n=1}^{\infty} u_n$ 收敛，证明：$\sum_{n=1}^{\infty} \dfrac{u_n}{1+u_n}$ 也收敛.

证明：因为 $\dfrac{u_n}{1+u_n} \leqslant u_n$，而 $\sum_{n=1}^{\infty} u_n$ 收敛，故 $\sum_{n=1}^{\infty} \dfrac{u_n}{1+u_n}$ 也收敛.

(2) 做商法模式.

① 找一个富人 $\sum_{n=1}^{\infty} u_n$，$\sum_{n=1}^{\infty} u_n$ 发散，你 $\sum_{n=1}^{\infty} y_n$ 每天的收入 y_n 与他相应的收入 u_n 做商 $\dfrac{y_n}{u_n}$ 然后看将来($n \to \infty$)，(因为你长生不老，所以过去和现在都不重要，我们看将来)有 $\lim\limits_{n\to\infty} \dfrac{y_n}{u_n} = l$.

结论为：

a. 如果 $l = 0$，说明你比那个富人差，但是不能说明你是否就是穷人，所以你的收敛和发散不能确定(不要找富人比穷呀)；

b. 如果 $l \neq 0$，说明你和富人是一个级别的，那么你也将发财了，$\sum_{n=1}^{\infty} u_n$ 发散；

c. 如果 $l = \infty$，说明你比富人还高一个档次，你会怎么样呢？不言自明，你发财了，$\sum_{n=1}^{\infty} y_n$ 发散.

例 7　讨论当 $p > 0$ 时，级数 $\sum_{n=1}^{\infty} \sin \frac{1}{n^p}$ 的收敛与发散.

解：找类型 $\sum_{n=1}^{\infty} \frac{1}{n^p}$ 来比较，利用做商法有 $\lim_{n\to\infty} \frac{\sin \frac{1}{n^p}}{\frac{1}{n^p}} = 1$，因此级数 $\sum_{n=1}^{\infty} \sin \frac{1}{n^p}$ 与 $\sum_{n=1}^{\infty} \frac{1}{n^p}$ 有同样的收敛与发散性，故 $p > 1$ 时，级数 $\sum_{n=1}^{\infty} \sin \frac{1}{n^p}$ 收敛，而 $0 < p \leqslant 1$ 时，级数 $\sum_{n=1}^{\infty} \sin \frac{1}{n^p}$ 发散.

② 找一个穷人 $\sum_{n=1}^{\infty} u_n$，你 $\sum_{n=1}^{\infty} y_n$ 每天的收入 y_n 与它相应的收入 u_n 做商 $\frac{y_n}{u_n}$ 然后看将来 $(n \to \infty)$，有 $\lim_{n\to\infty} \frac{y_n}{u_n} = l$.

结论为：

a. 如果 $l = 0$，说明你比那个穷人差一个档次，那你更加穷，你 $\sum_{n=1}^{\infty} u_n$ 将收敛；

b. 如果 $l \neq 0$，说明你和那个穷人是一个级别的，那么你也发不了，你 $\sum_{n=1}^{\infty} u_n$ 同样收敛；

c. 如果 $l = \infty$，说明你比穷人高一个档次，你会怎么样呢？你想一想，你会发财吗？回答是不一定.（切忌不要找穷人比富哦）

这就是比较审敛法的极限形式的本质.

例 8　判断级数 $\sum_{n=1}^{\infty} \frac{1}{n!}$ 的收敛与发散.

解：因为 $\lim_{n\to\infty} \frac{\frac{1}{n!}}{\frac{1}{2^n}} = 0$，而 $\sum_{n=1}^{\infty} \frac{1}{2^n}$ 收敛，故级数 $\sum_{n=1}^{\infty} \frac{1}{n!}$ 收敛.

2. 自己和自己比

俗语说，人比人气死人，还是自己和自己比吧，如果你每天都有进步(明天的收入比今天多，你会怎么样呢？会发财吗？如果你一天不如一天，每天都在退步，你又会怎么样呢？收敛吗？差到什么档次才收敛呢？你长生不老，所以过去和现在对你都没有意义，我们看你，就是看你的将来 $(n \to \infty)$. 所以就有 $\lim_{n\to\infty} \frac{y_{n+1}}{y_n} = l$，其中 y_{n+1} 是你明天的收入，y_n 是你今天的收入. 用你的明天来比今天，由将来决定.

结论为：

① 如果 $l<1$，说明你的明天比今天差，你 $\sum_{n=1}^{\infty} y_n$ 将来的预期总收入会怎么样呢？不言自明，你将是一个穷人，级数收敛；

② 如果 $l=1$，说明你 $\sum_{n=1}^{\infty} y_n$ 的明天和今天是一样的，几乎没有差别，那么你的收敛和发散将无法确定.

例 9 举例说明如果 $l=1$，级数收敛发散不确定.

解：$\lim\limits_{n\to\infty}\dfrac{\dfrac{1}{n+1}}{\dfrac{1}{n}}=1$，同样 $\lim\limits_{n\to\infty}\dfrac{\dfrac{1}{(n+1)^2}}{\dfrac{1}{n^2}}=1$，而级数 $\sum_{n=1}^{\infty}\dfrac{1}{n}$ 发散，但是 $\sum_{n=1}^{\infty}\dfrac{1}{n^2}$ 却收敛.

说明 $l=1$ 时，级数的敛散性需要具体判断，结论不确定.

③ 如果 $l>1$，说明你 $\sum_{n=1}^{\infty} y_n$ 的明天比今天要强，你将发财，级数发散.

这就是比值审敛法，达朗贝尔判别法的本质.

这里你可以体会自己的明天和今天比较，为什么不用做差法呢？可以体会如果你的明天强于今天，即 $y_{n+1}\geqslant y_n$，你 $\sum_{n=1}^{\infty} y_n$ 将发散. 但是明天比今天差就会收敛吗？不一定，还要看相差的程度如何.

例 10 判断下列级数的收敛与发散.

① $\sum_{n=1}^{\infty} n^2\sin\dfrac{\pi}{3^n}$； ② $\sum_{n=1}^{\infty}\dfrac{(n!)^2}{(2n)!}$； ③ $\sum_{n=1}^{\infty}\dfrac{a^n n!}{n^n}(a>0,\ a\neq \mathrm{e})$.

解：① $\lim\limits_{n\to\infty}\dfrac{n^2\sin\dfrac{\pi}{3^n}}{\dfrac{n^2\pi}{3^n}}=1$ 且 $\lim\limits_{n\to\infty}\dfrac{\dfrac{(n+1)^2\pi}{3^{n+1}}}{\dfrac{n^2\pi}{3^n}}=\dfrac{1}{3}<1$，故 $\sum_{n=1}^{\infty} n^2\sin\dfrac{\pi}{3^n}$ 收敛；

② $\lim\limits_{n\to\infty}\dfrac{\dfrac{(n+1)!^{\ 2}}{(2n+2)!}}{\dfrac{(n!)^2}{(2n)!}}=\lim\limits_{n\to\infty}\dfrac{(n+1)(n+1)}{(2n+1)(2n+2)}=\dfrac{1}{4}<1$，故 $\sum_{n=1}^{\infty}\dfrac{(n!)^2}{(2n)!}$ 收敛；

③ $\lim\limits_{n\to\infty}\dfrac{\dfrac{a^{n+1}(n+1)!}{(n+1)^{n+1}}}{\dfrac{a^n n!}{n^n}}=a\lim\limits_{n\to\infty}\left(\dfrac{n}{1+n}\right)^n=\dfrac{a}{\mathrm{e}}$，故当 $a>\mathrm{e}$ 时，$\sum_{n=1}^{\infty}\dfrac{a^n n!}{n^n}(a>0)$ 发散；

而当 $a<\mathrm{e}$ 时，$\sum_{n=1}^{\infty}\dfrac{a^n n!}{n^n}(a>0)$ 收敛.

通项含有等比或者阶乘的，多数采用自己与自己比的方法.

3. 找熟悉的类型比

我们熟悉的正项级数类型有以下两个：

(1) 分式类型，即$\sum_{n=1}^{\infty}\frac{1}{n^p}$，结论为

① 当$p>1$时，$\sum_{n=1}^{\infty}\frac{1}{n^p}$收敛；② 当$p<1$时，$\sum_{n=1}^{\infty}\frac{1}{n^p}$发散；③ 当$p=1$时，$\sum_{n=1}^{\infty}\frac{1}{n^p}$发散(为调和级数).

(2) 等比类型，即$\sum_{n=1}^{\infty}q^n$，结论为

① 当$q<1$时，$\sum_{n=1}^{\infty}q^n$收敛；② 当$q\geqslant 1$时，$\sum_{n=1}^{\infty}q^n$发散.

把你$\sum_{n=1}^{\infty}y^n$和分式类型$\sum_{n=1}^{\infty}\frac{1}{n^p}$比，其实就是找人比，用作商法，有：

$$\lim_{n\to\infty}\frac{y_n}{\frac{1}{n^p}}=\lim_{n\to\infty}y_n n^p=l.$$

记住"找人比"的原则，找穷人比更穷，找富人比更富，不难得出结论，将l，p的结论结合起来有：

①$p>1$时，$\sum_{n=1}^{\infty}\frac{1}{n^p}$收敛，$\sum_{n=1}^{\infty}\frac{1}{n^p}$是穷人，只有$l<\infty$(包括$l=0$，$l\neq 0$)，说明你$\sum_{n=1}^{\infty}y_n$要么比$\sum_{n=1}^{\infty}\frac{1}{n^p}$差，或者与$\sum_{n=1}^{\infty}\frac{1}{n^p}$是同一个级别的，所以你$\sum_{n=1}^{\infty}y_n$收敛；

②$p\leqslant 1$时，$\sum_{n=1}^{\infty}\frac{1}{n^p}$发散，$\sum_{n=1}^{\infty}\frac{1}{n^p}$是富人，只有$l\neq 0$(包括$l=\infty$，$l\neq 0$)，说明你$\sum_{n=1}^{\infty}y_n$要么比$\sum_{n=1}^{\infty}\frac{1}{n^p}$强，或者与$\sum_{n=1}^{\infty}\frac{1}{n^p}$是同一个级别的，所以你$\sum_{n=1}^{\infty}y_n$发散.

这就是极限审敛法的本质.

把你$\sum_{n=1}^{\infty}y_n$和等比类型$\sum_{n=1}^{\infty}q^n$比(其实就是找人比，用作商法)有：

$$\lim_{n\to\infty}\frac{y_n}{q^n}=l.$$

但是发现$\lim_{n\to\infty}\frac{y_n}{q^n}=l$很难求，改变形式，开$n$次方，就变为$\lim_{n\to\infty}y_n=lq$. 记住"找人比"的原则："找穷人比穷，找富人比富"，不难得出结论，将l，q的结论结合起来有：

①$0<q<1$时，$\sum_{n=1}^{\infty}q^n$收敛，$\sum_{n=1}^{\infty}q^n$是穷人，只有$l<\infty$(包括$l=0$，$l\neq 0$)，说明你$\sum_{n=1}^{\infty}y_n$要么比$\sum_{n=1}^{\infty}q^n$差，或者与$\sum_{n=1}^{\infty}q^n$是同一个级别的，所以你$\sum_{n=1}^{\infty}y_n$收敛；

②$q\geqslant 1$时，$\sum_{n=1}^{\infty}q^n$发散，$\sum_{n=1}^{\infty}q^n$是富人，只有$l\neq 0$(包括$l=\infty$，$l\neq 0$)，说明你$\sum_{n=1}^{\infty}y_n$

要么比$\sum_{n=1}^{\infty} q^n$强，或者与$\sum_{n=1}^{\infty} q^n$是同一个级别的，所以你$\sum_{n=1}^{\infty} y_n$发散.

这就是根值审敛法，柯西判别法的本质.

读者深深地体会到，一个看似复杂无序的东西，其实包含着自身可以摸索的简单的规则，要擅长发现这些规则，可以取得化繁为简，通俗易懂，达到好学、好记、好用之目的. 此外，对比这三种模式，还可以发现，一个人无穷预期的总收入是很难预测的，不是看它的整体，看它的每一天，当然，由于无穷生命的前提，我们的过去和现在不再重要，我们期待的是将来，学生自己和自己比，找人去比，看自己每一天是否在进步，自己是否比别人强. 正好印证了那句话，每天进步一点点，你将能力无限.

例 11 判断下列级数的敛散性.

①$\sum_{n=1}^{\infty} \frac{1}{\sqrt{4n^2+n}}$；②$\sum_{n=1}^{\infty} \ln\frac{n+1}{n}$；③$\sum_{n=1}^{\infty} \frac{2n-1}{2^n}$；④$\sum_{n=1}^{\infty} \frac{p^n n!}{n^n}$；⑤$\sum_{n=2}^{\infty} \frac{n^{\ln n}}{(\ln n)^n}$；

⑥$\sum_{n=1}^{\infty} \frac{1}{\sqrt{n^2+1}+\sqrt{n}}$；⑦$\sum_{n=1}^{\infty}\left(1-\cos\frac{1}{n}\right)$.

解：① 由分式类型与作商比较知$\frac{1}{\sqrt{4n^2+n}}$与$\frac{1}{2n}$等价，因此发散；

② 由分式类型与作商比较知 $\ln\frac{n+1}{n}=\ln\left(1+\frac{1}{n}\right)$与$\frac{1}{n}$等价，因此发散；

③ 由等比类型知$\frac{2n-1}{2^n}$与$\frac{1}{2^n}$收敛发散性相同，因此收敛；

④ 自己与自己比较知$\dfrac{\dfrac{p^{n+1}(n+1)!}{(n+1)^{n+1}}}{\dfrac{p^n(n)!}{(n)^n}}=\dfrac{p(n)^n}{(n+1)^n}\to\dfrac{p}{e}$，当$p<e$时，级数收敛，当$p\geqslant e$时，级数发散；

⑤ 由自己与自己比较知：

$$\lim_{n\to\infty}\frac{\dfrac{(n+1)^{\ln(n+1)}}{\ln(n+1)^{n+1}}}{\dfrac{n^{\ln n}}{\ln n^n}}=\lim_{n\to\infty}\frac{\dfrac{(n+1)^{\ln(n+1)}}{(n+1)\ln(n+1)}}{\dfrac{n^{\ln n}}{n\ln n}}=\lim_{n\to\infty}\frac{\dfrac{(n+1)^{\ln(n+1)}}{(n+1)^{\ln n}}}{\dfrac{n^{\ln n}}{(n+1)^{\ln n}}}=0$$，级数收敛；

⑥ 分式类型与作商比较知$\frac{1}{\sqrt{n^2+1}+\sqrt{n}}$与$\frac{1}{n}$等价，因此发散；

⑦ 分式类型与作商比较知 $1-\cos\frac{1}{n}$与$\frac{1}{2n^2}$等价，因此收敛.

例 12 判断下列级数的敛散性.

①$\sum \int_0^{\frac{1}{n}} \frac{\sqrt{x}}{1+x}dx$；②$\sum_{n=1}^{\infty}\int_n^{n+1} e^{-\sqrt{x}}dx$.

解：①$\int_0^{\frac{1}{n}} \frac{\sqrt{x}}{1+x}dx=2\sqrt{\frac{1}{n}}-2\arctan\sqrt{\frac{1}{n}}$，

而$\lim\limits_{n\to\infty}\dfrac{2\sqrt{\dfrac{1}{n}}-2\arctan\sqrt{\dfrac{1}{n}}}{\left(\sqrt{\dfrac{1}{n}}\right)^3}=\dfrac{2}{3}$，故级数$\sum\int_0^{\frac{1}{n}}\dfrac{\sqrt{x}}{1+x}\mathrm{d}x$收敛.

或者使用比较原理$\int_0^{\frac{1}{n}}\dfrac{\sqrt{x}}{1+x}\mathrm{d}x<\int_0^{\frac{1}{n}}\sqrt{x}\,\mathrm{d}x=\dfrac{2}{3}\left(\dfrac{1}{n}\right)^{\frac{3}{2}}$，由分式类型的结论可知它收敛.

②$\int_n^{n+1}\mathrm{e}^{-\sqrt{x}}\mathrm{d}x<\mathrm{e}^{-\sqrt{n}}=\left(\dfrac{1}{\mathrm{e}}\right)^{\sqrt{n}}$，由等比类型的结论可知它收敛.

9.3 另一特殊级数：交错项级数

交错项级数是指级数的奇数项与偶数项的符号相反的级数，也就是项的正负交替出现的级数，标志是$(-1)^n$，$(-1)^{n+1}$. 对于交错项级数$\sum\limits_{n=0}^{\infty}(-1)^n a_n$，其中$a_n>0$，如果满足

①级数收敛的必要条件$\lim\limits_{n\to\infty}a_n=0$；②数列$\{a_n\}$单调减，则交错项级数$\sum\limits_{n=0}^{\infty}(-1)^n a_n$收敛.

9.4 绝对收敛和条件收敛

绝对收敛不是绝对值收敛，是指原级数100%收敛.

如果一个级数的项的绝对值构成的正项级数收敛，则原级数100%收敛，称原级数绝对收敛；而条件收敛是指原级数收敛，但是它的项的绝对值构成的正项级数却发散.

例13 判断下列级数是绝对收敛还是条件收敛或者发散.

①$\sum\limits_{i=1}^{\infty}\dfrac{\sin\dfrac{i\pi}{3}}{i^2}$；②$\sum\limits_{i=1}^{\infty}(-1)^{i-1}\sin\dfrac{x}{i}(x>0)$；③$\sum\limits_{i=1}^{\infty}(-1)^{i-1}\dfrac{k}{i-\ln i}(k>0)$.

解：①因为$\left|\dfrac{\sin\dfrac{i\pi}{3}}{i^2}\right|<\dfrac{1}{i^2}$，而级数$\sum\limits_{i=1}^{\infty}\dfrac{1}{i^2}$收敛，故$\sum\limits_{i=1}^{\infty}\left|\dfrac{\sin\dfrac{i\pi}{3}}{i^2}\right|$收敛，原级数绝对收敛；

②因为$\lim\limits_{n\to\infty}\dfrac{\sin\dfrac{x}{i}}{\dfrac{x}{i}}=1$，而级数$\sum\limits_{i=1}^{\infty}\dfrac{x}{i}$发散，故$\sum\limits_{i=1}^{\infty}\sin\dfrac{x}{i}$发散，而原级数收敛，故原级数条件收敛；

③因为$\lim\limits_{n\to\infty}\dfrac{\sin\dfrac{k}{i-\ln i}}{-\dfrac{k}{\ln i}}=1$，而级数$\sum\limits_{i=1}^{\infty}\dfrac{k}{\ln i}$发散，故$\sum\limits_{i=1}^{\infty}\sin\dfrac{k}{i-\ln i}$发散，而原级数收敛，

故原级数条件收敛.

例 14 判断下列级数是绝对收敛还是条件收敛.

①$\sum_{i=1}^{\infty}(-1)^{i-1}\frac{k+i}{i^2}(k>0)$；②$\sum_{i=2}^{\infty}\sin\left(i\pi+\frac{1}{\ln n}\right)$；③$\sum_{i=2}^{\infty}\frac{(-1)^i}{(i+(-1)^i)^p}(p>0)$.

解：①$\sum_{i=1}^{\infty}(-1)^{i-1}\frac{i}{i^2}=\sum_{i=1}^{\infty}(-1)^{i-1}\frac{1}{i}$是条件收敛，而$\sum_{i=1}^{\infty}(-1)^{i-1}\frac{k}{i^2}$绝对收敛，故$\sum_{i=1}^{\infty}(-1)^{i-1}\frac{k+i}{i^2}(k>0)$ 条件收敛.

②$\sum_{i=2}^{\infty}\sin\left(i\pi+\frac{1}{\ln n}\right)=\sum_{i=2}^{\infty}(-1)^i\sin\left(\frac{1}{\ln n}\right)$，而 $\sin\left(\frac{1}{\ln n}\right)$ 等价于$\frac{1}{\ln n}$，故级数$\sum_{i=2}^{\infty}\sin\left(i\pi+\frac{1}{\ln n}\right)$条件收敛.

③ 当$i\geqslant 2$时，$\frac{1}{(i+(-1)^i)^p}$等价于$\frac{1}{i^p}$，故当$p>1$时$\sum_{i=2}^{\infty}\frac{(-1)^i}{(i+(-1)^i)^p}$绝对收敛；而当$1\geqslant p>0$时$\sum_{i=2}^{\infty}\frac{(-1)^i}{(i+(-1)^i)^p}$条件收敛.

例 15 若级数$\sum_{i=1}^{\infty}a_i^2$收敛，判断级数$\sum_{i=1}^{\infty}\frac{(-1)^i|a_i|}{\sqrt{i^2+k}}(k>0)$是否绝对收敛.

解：因为$\frac{|a_i|}{\sqrt{i^2+k}}\leqslant\frac{1}{2}\left(a_i^2+\frac{1}{i^2+k}\right)$，而级数$\sum_{i=1}^{\infty}a_i^2$，$\sum_{i=1}^{\infty}\frac{1}{i^2+k}$收敛，故$\sum_{i=1}^{\infty}\frac{(-1)^i|a_i|}{\sqrt{i^2+k}}$绝对收敛.

9.5 幂级数

幂级数存在性的三个核心问题：收敛半径、收敛区间、收敛域.

幂级数$\sum_{i=1}^{\infty}a_k(x-x_0)^k$是以$x_0$为中心的幂级数，若对称中心在原点，则它的形式为$\sum_{i=1}^{\infty}a_kx^k$，它的项是变量$x$的幂函数，其结果也是一个函数，称为和函数.

求幂级数的收敛半径，用明天除以今天的绝对值，看将来，小于1.

数学表达式为

$$\lim_{n\to\infty}\left|\frac{a_{n+1}x^{n+1}}{a_nx^n}\right|<1.$$

求出变量x的范围，也就是该幂级数的收敛区间，该区间的长度的一半即为收敛半径，区间端点单独代入原幂级数考查其敛散性，收敛的区间端点和收敛区间的并集即为收敛域.

例 16 求下列函数项级数的收敛半径、收敛区间与收敛域.

①$\sum\limits_{n=1}^{\infty}\dfrac{(-1)^{n-1}}{2n-1}\left(\dfrac{1-x}{1+x}\right)^n$；②$\sum\limits_{n=1}^{\infty}(-1)^{n-1}\dfrac{3^nx^n}{\sqrt{n}}$；③$\sum\limits_{n=1}^{\infty}(-1)^{n-1}\dfrac{x^n}{2^nn^n}$；

④$\sum\limits_{n=1}^{\infty}\dfrac{nx^{2n-1}}{(-3)^n+2^n}$.

解：① $\lim\limits_{n\to\infty}\left|\dfrac{\dfrac{1}{2n+1}\left(\dfrac{1-x}{1+x}\right)^{n+1}}{\dfrac{1}{2n-1}\left(\dfrac{1-x}{1+x}\right)^{n}}\right|=\left|\dfrac{1-x}{1+x}\right|<1$，可得 $x>0$，故该级数的收敛区间为 $(0,\ +\infty)$，收敛半径为 ∞，当 $x=0$ 时，原级数为 $\sum\limits_{n=1}^{\infty}\dfrac{(-1)^{n-1}}{2n-1}$，为交错项级数，收敛，故收敛域为 $[0,\ +\infty)$.

② $\lim\limits_{n\to\infty}\left|\dfrac{\dfrac{3^{n+1}}{\sqrt{n+1}}x^{n+1}}{\dfrac{3^n}{\sqrt{n}}x^n}\right|=|3x|<1\Rightarrow|x|<\dfrac{1}{3}$. 故该级数的收敛区间为 $\left(-\dfrac{1}{3},\ \dfrac{1}{3}\right)$，收敛半径为 $\dfrac{1}{3}$，当 $x=-\dfrac{1}{3}$ 时，原级数为 $-\sum\limits_{n=1}^{\infty}\dfrac{1}{\sqrt{n}}$ 发散，当 $x=\dfrac{1}{3}$ 时，原级数为 $\sum\limits_{n=1}^{\infty}(-1)^{n-1}\dfrac{1}{\sqrt{n}}$，为收敛的交错项级数，故收敛域为 $\left(-\dfrac{1}{3},\ \dfrac{1}{3}\right]$.

③ $\lim\limits_{n\to\infty}\left|\dfrac{\dfrac{x^{n+1}}{2^{n+1}(n+1)^{n+1}}}{\dfrac{x^n}{2^nn^n}}\right|=0<1$，故 $x\in\mathbf{R}$，故该级数的收敛区间为 $\mathbf{R}$，收敛半径为 ∞，收敛域为 $\mathbf{R}$.

④ $\lim\limits_{n\to\infty}\left|\dfrac{\dfrac{(n+1)x^{2n+3}}{(-3)^{n+1}+2^{n+1}}}{\dfrac{nx^{2n+1}}{(-3)^n+2^n}}\right|=\dfrac{x^2}{3}<1$，故 $|x|<\sqrt{3}$，故该级数的收敛区间为 $(-\sqrt{3},\ \sqrt{3})$，收敛半径为 $\sqrt{3}$. 当 $x=\pm\sqrt{3}$ 时，原级数为 $\pm\sum\limits_{n=1}^{\infty}\dfrac{3n3^n}{(-3)^n+2^n}$ 发散，故收敛域为 $(-\sqrt{3},\ \sqrt{3})$.

例 17 求下列函数项级数的收敛域.

①$\sum\limits_{n=1}^{\infty}\dfrac{1}{1+x^n}$；②$\sum\limits_{n=1}^{\infty}\dfrac{\ln(1+n)}{n^x}$；③$\sum\limits_{n=1}^{\infty}\dfrac{(-1)^{n-1}}{(n^2+2n+3)^x}$；④$\sum\limits_{n=1}^{\infty}\dfrac{n}{(-3)^n+2^n}x^{2n+1}$.

解：① 由级数收敛的必要条件知 $|x|>1$，而此时 $\dfrac{1}{1+x^n}$ 等价于 $\dfrac{1}{x^n}$，级数 $\sum\limits_{i=1}^{\infty}\dfrac{1}{x^n}$ 收敛，故级数 $\sum\limits_{n=1}^{\infty}\dfrac{1}{1+x^n}$ 的收敛域为 $(-\infty,\ -1)\cup(1,\ +\infty)$.

② 对比模式 $\sum_{n=1}^{\infty}\frac{1}{n^p}$，当它收敛时，$p>1$，知 $x>1$. 而当 $x=1$ 时，此级数 $\sum_{n=1}^{\infty}\frac{\ln(1+n)}{n}$ 发散. 故 $\sum_{i=1}^{\infty}\frac{\ln(1+n)}{n^x}$ 的收敛域为 $(1,\ +\infty)$.

③ 对比模式 $\sum_{n=1}^{\infty}\frac{(-1)^n}{n^p}$，当它收敛时，$p>0$，知 $x>0$. 故 $\sum_{n=1}^{\infty}\frac{(-1)^{n-1}}{(n^2+2n+3)^x}$ 的收敛域为 $(0,\ +\infty)$.

④ 因为 $\lim_{n\to\infty}\left|\frac{\frac{n+1}{(-3)^{n+1}+2^{n+1}}x^{2n+3}}{\frac{n}{(-3)^n+2^n}x^{2n+1}}\right|=\frac{x^2}{3}<1$，故级数 $\sum_{n=1}^{\infty}\frac{n}{(-3)^n+2^n}x^{2n+1}$ 的收敛区间为 $(-\sqrt{3},\ \sqrt{3})$，而当 $x=\pm\sqrt{3}$ 时，此级数均发散，故收敛域为 $(-\sqrt{3},\ \sqrt{3})$.

例 18 已知级数 $\sum_{n=1}^{\infty}a_nx^n$ 的收敛半径为 3，求 $\sum_{n=1}^{\infty}na_n(x-1)^{n+1}$ 的收敛区间.

解：级数 $\sum_{n=1}^{\infty}a_nx^n$ 的收敛半径为 3，故 $|x-1|<3$，得级数 $\sum_{n=1}^{\infty}na_n(x-1)^{n+1}$ 的收敛区间为 $(-2,\ 4)$.

例 19 设 $\sum_{n=1}^{\infty}n(a_n-a_{n-1})=s\neq 0$，$\lim_{n\to\infty}na_n=a$，判断级数 $\sum_{n=1}^{\infty}a_n$ 的收敛与发散.

解：$\lim_{n\to\infty}n(a_n-a_{n-1})=\lim_{n\to\infty}na_n-\lim_{n\to\infty}(n-1)a_{n-1}-\lim_{n\to\infty}a_{n-1}=a-a-\lim_{n\to\infty}a_{n-1}=s$，

所以 $\lim_{n\to\infty}a_{n-1}=-s\neq 0$，故级数 $\sum_{n=1}^{\infty}a_n$ 发散.

例 20 正项数列 a_n，b_n 满足 $\frac{a_{n+1}}{a_n}\leqslant\frac{b_{n+1}}{b_n}$，证明：如果 $\sum_{n=1}^{\infty}b_n$ 收敛，则 $\sum_{n=1}^{\infty}a_n$ 收敛；而如果 $\sum_{n=1}^{\infty}a_n$ 发散，则 $\sum_{n=1}^{\infty}b_n$ 发散.

证明：因为 $\frac{a_{n+1}}{a_n}\frac{a_n}{a_{n-1}}\frac{a_{n-1}}{a_{n-2}}\cdots\frac{a_2}{a_1}\leqslant\frac{b_{n+1}}{b_n}\frac{b_n}{b_{n-1}}\frac{b_{n-1}}{b_{n-2}}\cdots\frac{b_2}{b_1}$，故 $\frac{a_{n+1}}{a_1}\leqslant\frac{b_{n+1}}{b_1}$，所以如果 $\sum_{n=1}^{\infty}b_n$ 收敛，则 $\sum_{n=1}^{\infty}a_n$ 收敛；而如果 $\sum_{n=1}^{\infty}a_n$ 发散，则 $\sum_{n=1}^{\infty}b_n$ 发散.

例 21 设函数 $f(x)$ 在区间 $[-1,\ 1]$ 上有定义，在 $x=0$ 的邻域内有二阶连续导数，且 $\lim_{x\to 0}\frac{f(x)}{x}=0$，证明：级数 $\sum_{n=1}^{\infty}f\left(\frac{1}{n}\right)$ 绝对收敛.

证明：因为 $\lim_{x\to 0}\frac{f(x)}{x}=0$，所以 $f(x)=0(x)$，故当 n 充分大时，$f\left(\frac{1}{n}\right)=0\left(\frac{1}{n}\right)$，从而级数 $\sum_{n=1}^{\infty}\left|f\left(\frac{1}{n}\right)\right|$ 收敛，故 $\sum_{n=1}^{\infty}f\left(\frac{1}{n}\right)$ 绝对收敛.

9.6 傅里叶级数

傅里叶级数是将一个周期函数展成整数频率函数和的形式，也就是 $\cos nx$，$\sin nx$，$n=$

0，1，2，3，… 的线性组合形式.

傅里叶级数在这里主要涉及它的收敛函数、展式系数与展式，傅里叶级数的偶、奇周期性延拓.

周期为 2π 的函数 $f(x)$ 的傅里叶展式：

$$f(x)=\frac{a_0}{2}+\sum_{k=1}^{\infty}(a_k\cos kx+b_k\sin kx),$$

其中，

$$a_k=\frac{1}{\pi}\int_{-\pi}^{\pi}f(x)\cos kx\mathrm{d}x,\quad n=0,\ 1,\ 2,\ \cdots$$

$$b_k=\frac{1}{\pi}\int_{-\pi}^{\pi}f(x)\sin kx\mathrm{d}x,\quad n=1,\ 2,\ \cdots$$

周期为 $2l$ 的函数 $f(x)$ 的傅里叶展式：

$$f(x)=\frac{a_0}{2}+\sum_{k=1}^{\infty}\left(a_k\cos\frac{k\pi}{l}x+b_k\sin\frac{k\pi}{l}x\right),$$

其中，

$$a_k=\frac{1}{l}\int_{-l}^{l}f(x)\cos\frac{k\pi x}{l}\mathrm{d}x,\ n=0,\ 1,\ 2,\ \cdots$$

$$b_k=\frac{1}{l}\int_{-l}^{l}f(x)\sin\frac{k\pi x}{l}\mathrm{d}x,\ n=1,\ 2,\ \cdots$$

注意：① 半周期函数的奇、偶延拓，也就是将原函数先做另外半个周期的延展，变成奇函数或者偶函数，然后将它展成正弦函数和余弦函数.

② 原函数在分段点的结果和展式在分段点的收敛结果可能出现不一致，展式在分段点的收敛结果为此点原函数的左右极限的和的一半，即$\dfrac{f(x_-)+f(x_+)}{2}$.

例 22 设函数 $f(x)=\pi x+x^2 x\in(-\pi,\ \pi)$ 的傅里叶级数为

$$\frac{1}{2}a_0+\sum_{n=1}^{\infty}(a_n\cos nx+b_n\sin nx),\ 求系数\ b_3.$$

解：由傅里叶展式的形式知原函数的周期为 2π，

故 $b_3=\dfrac{1}{\pi}\displaystyle\int_{-\pi}^{\pi}(\pi x+x^2)\sin 3x\mathrm{d}x=\dfrac{2\pi}{3}.$

例 23 设 $f(x)=\begin{cases}-1, & -\pi<x\leqslant 0,\\ 1+x^2, & 0<x<\pi\end{cases}$ 为周期为 2π 的周期函数，求其对应的傅里叶级数在 $x=\pi$ 处的收敛值.

解：傅里叶展式在分段点的收敛结果为此点原函数的左右极限的和的一半，故傅里叶级数在 $x=\pi$ 处的收敛值为

$$\frac{f(\pi_-)+f(\pi_+)}{2}=\frac{2+\pi^2}{2}.$$

例 24 将函数 $f(x)=2+|x|\ (-1\leqslant x\leqslant 1)$ 展成周期为 2 的傅里叶级数，并据此求级数 $\displaystyle\sum_{n=1}^{\infty}\frac{1}{n^2}$.

解：原函数为偶函数，故傅里叶展式中的 $b_n=0$，$a_n=2\int_0^{\pi}(2+x)\cos n\pi \mathrm{d}x=-\dfrac{4}{n^2\pi^2}$，故 $2+|x|=\dfrac{5}{2}+\sum\limits_{n=1}^{\infty}-\dfrac{4}{n^2\pi^2}\cos n\pi x$，令 $x=0$，则有 $\sum\limits_{n=1}^{\infty}\dfrac{1}{n^2}=\dfrac{\pi^2}{8}$.

9.7 级数求和与级数展开

级数的求和与求展式的基本方法概括为三大技巧与一套公式.

三大技巧为逐项求导、逐项求积分、转化为常微分方程求解.

一套公式为五大类函数的泰勒展式. 把它们作为基本的操作公式(俗称套公式).

求展式的方法为套公式，结合求导与不定积分.

例 25 求下列函数的幂级数展式：① 将函数 $\dfrac{1}{x}$ 展开成 $(x-3)$ 的幂级数；

② 将 $f(x)=\ln(3x-x^2)$ 在 $x=1$ 处展开为幂级数.

解：① 直接套用公式 $\dfrac{1}{1-x}=\sum\limits_{n=0}^{\infty}x^n(|x|<1)$，用含有 $(x-3)$ 的某个形式替代公式中的 x 即可. 有

$$\frac{1}{x}=\frac{1}{3+(x-3)}=\frac{1}{3}\frac{1}{1-\dfrac{-(x-3)}{3}}=\frac{1}{3}\sum_{n=0}^{\infty}\frac{(x-3)^n}{(-3)^n}(|x-3|<3).$$

② 方法一，直接套用公式 $\ln(1-x)=\sum\limits_{n=1}^{\infty}\dfrac{x^n}{n}(|x|<1)$，用含有 $(x-1)$ 的某个形式替代公式中的 x 即可，故

$$\begin{aligned}f(x)&=\ln(3x-x^2)=\ln[2-((x-1)^2-(x-1))]=\ln[2-((x-1)^2-(x-1))]\\&=\ln2+\ln\left[1-\frac{(x-1)^2-(x-1)}{2}\right]\\&=\ln2+\sum_{n=1}^{\infty}\frac{((x-1)^2-(x-1))^n}{n},\ (|(x-1)^2-(x-1)|<1);\end{aligned}$$

方法二，求导与积分法

$$\begin{aligned}f'(x)&=\frac{3-2x}{3x-x^2}=\frac{1}{x}-\frac{1}{3-x}=\frac{1}{1+(x-1)}-\frac{1}{4}\frac{1}{1-\dfrac{(x-1)}{4}}\\&=\sum_{n=0}^{\infty}(x-1)^n-\frac{1}{4}\sum_{n=0}^{\infty}\frac{(x-1)^n}{4^n}.\end{aligned}$$

然后两边同时对 x 积分，有

$f(x)=\sum\limits_{n=1}^{\infty}\dfrac{(x-1)^n}{n}-\dfrac{1}{4}\sum\limits_{n=0}^{\infty}\dfrac{(x-1)^{n+1}}{4^n(n+1)}+c$，又 $f(1)=\ln2$，故 $c=\ln2$，所以

$f(x)=\sum\limits_{n=1}^{\infty}\dfrac{(x-1)^n}{n}-\dfrac{1}{4}\sum\limits_{n=0}^{\infty}\dfrac{(x-1)^{n+1}}{4^n(n+1)}+\ln2$，$(|x-1|<1)$.

注意：表面上看，两个结果不一样，其实本质是一样的.

特别留心不定积分中的常数 c 的确定.

例 26 分别求下列级数的和函数.

①$\sum_{n=1}^{\infty} nx^{n-1}$；②$\sum_{n=1}^{\infty} n^2x^{n-1}$；③$\sum_{n=1}^{\infty} \frac{x^{n+1}}{n}$；④$\sum_{n=1}^{\infty} \frac{x^{n+1}}{n!}$.

解：①方法一，观察形式，套用公式$\frac{1}{1-x}=\sum_{n=0}^{\infty} x^n$，两边同时对 x 求导(右边为逐项求导)有$\frac{1}{(1-x)^2}=\sum_{n=1}^{\infty} nx^{n-1}$.

方法二，通过在原级数上积分，将系数分子中的 n“吸”走(即使用幂函数的积分特点$\int nx^{n-1}\mathrm{d}x=x^n+c$)，具体为：令$f(x)=\sum_{n=1}^{\infty} nx^{n-1}$，两边同时对 x 积分(右边为逐项积分)有$\int f(x)\mathrm{d}x=\sum_{n=1}^{\infty}\int nx^{n-1}\mathrm{d}x$，即$\int f(x)\mathrm{d}x=\sum_{n=1}^{\infty} x^n=\frac{x}{1-x}+c$，两边同时对 x 求导得 $f(x)=\left(\frac{x}{1-x}\right)'=\frac{1}{(1-x)^2}$.

② 方法一，观察形式，套用公式$\frac{1}{1-x}=\sum_{n=0}^{\infty} x^n$，两边同时对 x 求导(右边为逐项求导)有$\frac{1}{(1-x)^2}=\sum_{n=1}^{\infty} nx^{n-1}$，两边乘以$\frac{x}{(1-x)^2}=\sum_{n=1}^{\infty} nx^n$，然后再两边同时对 x 求导(右边为逐项求导)有$\frac{1+x}{(1-x)^3}=\sum_{n=1}^{\infty} n^2x^{n-1}$.

注意类比第一小题，发现二者的差异，确定对系数中的分子 n 与 n^2 的差异性处理，甚至可以推广到其他次方的处理.

方法二，通过在原级数上积分，将系数分子中的 n“吸”走，平方需要“吸”两次(即使用幂函数的积分特点$\int nx^{n-1}\mathrm{d}x=x^n+c$)，具体为：令$f(x)=\sum_{n=1}^{\infty} n^2x^{n-1}=\sum_{n=1}^{\infty}(n+1)nx^{n-1}-\sum_{n=1}^{\infty} nx^{n-1}$，两边同时对 x 积分(右边为逐项积分)有

$$p(x)=\int f(x)\mathrm{d}x=\sum_{n=1}^{\infty}\int(n+1)nx^{n-1}\mathrm{d}x-\sum_{n=1}^{\infty}\int nx^{n-1}\mathrm{d}x$$
$$=\sum_{n=1}^{\infty}(n+1)x^n-\sum_{n=1}^{\infty}x^n+c=\sum_{n=1}^{\infty}(n+1)x^n-\frac{x}{1-x}+c,$$

两边同时对 x 积分(右边为逐项积分)有

$$\int p(x)\mathrm{d}x=\sum_{n=1}^{\infty}\int(n+1)x^n\mathrm{d}x-\int\frac{x}{1-x}\mathrm{d}x+cx+c_1$$

$$=\frac{x^2}{1-x}+x+\ln|1-x|+cx+c_1,$$

两边同时对 x 连续两次求导得 $f(x)=\frac{1+x}{(1-x)^3}$.

③ 方法一，观察形式，套用公式 $-\ln|1-x|=\sum_{n=1}^{\infty}\frac{x^n}{n}$，得到 $\sum_{n=1}^{\infty}\frac{x^{n+1}}{n}=-x\ln|1-x|$.

或者套用公式 $\frac{1}{1-x}=\sum_{n=1}^{\infty}x^{n-1}$，两边同时对 x 积分(右边为逐项积分)有 $-\ln|1-x|=\sum_{n=1}^{\infty}\frac{x^n}{n}$，再两边同时乘以 x 即可.

方法二，通过在原级数上求导，将系数分母中的 n 消去(即使用幂函数的求导特点 $(x^n)'=nx^{n-1}$)，具体为：令 $f(x)=\sum_{n=1}^{\infty}\frac{x^{n+1}}{n}$，两边首先除以 x，两边同时对 x 求导(右边为逐项求导)有 $\frac{xf'(x)-f(x)}{x^2}=\sum_{n=1}^{\infty}x^{n-1}=\frac{1}{1-x}$，即得到一阶线性非齐次微分方程 $f'(x)=\frac{1}{x}f(x)=\frac{x}{1-x}$，且满足条件 $f(0)=0$，解得

$$f(x)=\sum_{n=1}^{\infty}\frac{x^{n+1}}{n}=-x\ln|1-x|.$$

特别说明，在 $\sum_{n=1}^{\infty}\frac{x^{n+1}}{n}=-x\ln|1-x|$，两边同时取极限，有 $\lim_{x\to-1}\sum_{n=1}^{\infty}\frac{x^{n+1}}{n}=\lim_{x\to-1}(-x\ln|1-x|)$，得到 $\sum_{n=1}^{\infty}\frac{(-1)^{n+1}}{n}=\ln 2$.

④ 套用公式 $e^x=\sum_{n=0}^{\infty}\frac{x^n}{n!}$，得到 $\sum_{n=1}^{\infty}\frac{x^{n+1}}{n!}=xe^x-x$.

例 27 验证函数 $y(x)=\sum_{n=0}^{\infty}\frac{x^{3n}}{(3n)!}$，$x\in(-\infty,\infty)$，满足微分方程 $y''+y'+y=e^x$，并求幂级数 $\sum_{n=0}^{\infty}\frac{x^{3n}}{(3n)!}$ 的和函数.

解：$\lim_{n\to\infty}\left|\frac{x^{3n+3}(3n)!}{x^{3n}(3n+3)!}\right|=0$，所以收敛域为 $x\in(-\infty,\infty)$.

$y'(x)=\sum_{n=1}^{\infty}\frac{3n\cdot x^{3n-1}}{(3n)!}=\sum_{n=1}^{\infty}\frac{x^{3n-1}}{(3n-1)!}$，$y''(x)=\sum_{n=1}^{\infty}\frac{(3n-1)\cdot x^{3n-2}}{(3n-1)!}=\sum_{n=1}^{\infty}\frac{x^{3n-2}}{(3n-2)!}$，

所以，$y''+y'+y=\sum_{n=0}^{\infty}\frac{x^{3n}}{(3n)!}+\sum_{n=1}^{\infty}\frac{x^{3n-1}}{(3n-1)!}+\sum_{n=1}^{\infty}\frac{x^{3n-2}}{(3n-2)!}=\sum_{n=0}^{\infty}\frac{x^n}{n!}=e^x$，

求微分方程的初值问题 $\begin{cases}y''+y'+y=e^x,\\ y(0)=1,\\ y'(0)=0,\end{cases}$

通解为 $y(x)=e^{-\frac{1}{2}x}\left(c_1\cos\frac{\sqrt{3}}{2}x+c_2\sin\frac{\sqrt{3}}{2}x\right)+\frac{e^x}{3}$，

由初始条件，解得 $c_1=\frac{2}{3}$，$c_2=0$，

所以和函数 $\sum_{n=0}^{\infty}\frac{x^{3n}}{(3n)!}=\frac{2}{3}e^{-\frac{1}{2}x}\cos\frac{\sqrt{3}}{2}x+\frac{e^x}{3}$.

求级数的和的一般流程为将级数转化为幂级数或者傅里叶级数，在这两类级数的收敛域内，根据级数形式，让自变量取值，即可得到所需结果.

例 28 求级数$\sum\limits_{n=2}^{\infty}\frac{1}{(n^2-1)2^n}$.

解：令$f(x)=\sum\limits_{n=2}^{\infty}\frac{1}{(n^2-1)}x^n$，

$$f(x)=\sum_{n=2}^{\infty}\frac{1}{(n+1)}x^n+\sum_{n=2}^{\infty}\frac{1}{(n-1)}x^n=\frac{-\ln|1-x|-x-\frac{x^2}{2}}{x}-x\ln|1-x|,$$

则$\sum\limits_{n=2}^{\infty}\frac{1}{(n^2-1)2^n}=f\left(\frac{1}{2}\right)=\frac{5}{2}\ln 2-\frac{5}{4}$.

9.8 无穷限非正常积分与级数的关系

9.8.1 收敛性的相通性

两个核心类型的比较：

(1) 分式类型$\int_1^{+\infty}\frac{1}{x^p}\mathrm{d}x$的收敛发散特性：

当$p>1$时，无穷限积分收敛；当$p=1$时，无穷限积分发散；当$p<1$时，无穷限积分发散；

分式类型$\int_0^1\frac{1}{x^p}\mathrm{d}x$的收敛发散特性：

当$p>1$时，无穷限积分发散；当$p=1$时，无穷限积分发散；当$p<1$时，无穷限积分收敛；

(2) 等比类型$\int_1^{+\infty}q^x\mathrm{d}x$的收敛发散特性：

当$|q|<1$时，无穷限积分收敛；当$|q|=1$时，无穷限积分发散；当$|q|>1$时，无穷限积分发散；

将以上两个积分模块与级数相应模块比较，发现它们对参数的收敛性的依赖是完全一致的.

9.8.2 相互转化性

定积分与级数的互换等价互相转化规则(也是连续与离散的互相转化规则)：

$$x\leftrightarrow a+\frac{b-a}{n}i;\ \mathrm{d}x\leftrightarrow\frac{b-a}{n}\int_a^b\leftrightarrow\lim_{n\to\infty}\sum_{i=1}^{\infty}.$$

所以正常积分$\int_a^b f(x)\mathrm{d}x$与类级数$\lim\limits_{n\to\infty}\sum\limits_{i=1}^{\infty}f\left(a+\frac{b-a}{n}i\right)\frac{b-a}{n}$等价，

因此无穷限积分$\int_a^{+\infty}f(x)\mathrm{d}x$与级数$\lim\limits_{n\to\infty}\sum\limits_{i=1}^{\infty}f(a+i)$具备相同的收敛发散特性. 原因当然

是当 $n \to \infty$ 时，$\dfrac{\infty - a}{n} \to 1$，步长变为 1，特别地，对于级数形式的分数类型 $\lim\limits_{n\to\infty}\sum\limits_{i=1}^{\infty}\dfrac{1}{(a+i)^p}$ 有：

当 $p>1$ 时，级数收敛；当 $p=1$ 时，级数发散；当 $p<1$ 时，级数发散，完全等同于分式类型 $\int_1^{+\infty}\dfrac{1}{x^p}\mathrm{d}x$ 的收敛发散特性.

这样的例子还有很多，读者可以细心体会.

练 习 九

一、单项选择题.

(1) 级数的部分和数列有界是该级数收敛的(　　).

A. 充分条件　　B. 必要条件

C. 充要条件　　D. 既非充分又非必要条件

(2) 若级数 $\sum\limits_{n=1}^{\infty}u_n$ 收敛，$\sum\limits_{n=1}^{\infty}v_n$ 发散，则对于 $\sum\limits_{n=1}^{\infty}(u_n \pm v_n)$ 来说，结论(　　)成立.

A. 级数收敛　　B. 级数发散

C. 其敛散性不定　　D. 上述诸结论均不正确

(3) 若级数 $\sum\limits_{n=1}^{\infty}a_n$ 收敛，则级数 $\sum\limits_{n=1}^{\infty}a_n^2$ 是(　　).

A. 一定绝对收敛　　B. 一定条件收敛

C. 一定发散　　D. 可能收敛也可能发散

(4) 设级数 $\sum\limits_{n=1}^{\infty}(a_n+b_n)$ 收敛，则(　　).

A. $\sum\limits_{n=1}^{\infty}a_n$，$\sum\limits_{n=1}^{\infty}b_n$ 中至少有一个收敛

B. $\sum\limits_{n=1}^{\infty}a_n$，$\sum\limits_{n=1}^{\infty}b_n$ 要么均收敛，要么均发散

C. $\sum\limits_{n=1}^{\infty}a_n$，$\sum\limits_{n=1}^{\infty}b_n$ 均收敛

D. $\sum\limits_{n=1}^{\infty}|a_n+b_n|$ 收敛

(5) 设级数 $\sum\limits_{n=1}^{\infty}u_n$ 收敛，则必收敛的级数为(　　).

A. $\sum\limits_{n=1}^{\infty}(-1)^n\dfrac{u_n}{n}$　　B. $\sum\limits_{n=1}^{\infty}u_n^2$

C. $\sum\limits_{n=1}^{\infty}(u_{2n-1}-u_{2n})$　　D. $\sum\limits_{n=1}^{\infty}(u_n+u_{n+1})$

(6) 设 $u_n=(-1)^n\ln\left(1+\dfrac{1}{\sqrt{n}}\right)$，则级数(　　).

A. $\sum_{n=1}^{\infty} u_n$，$\sum_{n=1}^{\infty} u_n^2$ 均收敛　　B. $\sum_{n=1}^{\infty} u_n$，$\sum_{n=1}^{\infty} u_n^2$ 均发散

C. $\sum_{n=1}^{\infty} u_n$ 收敛，$\sum_{n=1}^{\infty} u_n^2$ 发散　　D. $\sum_{n=1}^{\infty} u_n$ 发散，$\sum_{n=1}^{\infty} u_n^2$ 收敛

二、判别下列级数的敛散性.

(1) $\sum_{n=1}^{\infty} \frac{\ln n}{n^{3/4}}$；(2) $\sum_{n=1}^{\infty} \frac{(n+1)!}{2^n}$；(3) $\sum_{n=1}^{\infty} \frac{3^n}{(2n+1)!}$；

(4) $\sum_{n=1}^{\infty} \frac{1}{n}(\sqrt{n+1}-\sqrt{n-1})$.

三、求下列级数的收敛域.

(1) $\sum_{n=1}^{\infty} \frac{1}{n^n}x^n$；(2) $\sum_{n=1}^{\infty} n2^{n+1}x^{2n-1}$；(3) $\sum_{n=1}^{\infty} n!\ (x-1)^n$；(4) $\sum_{n=1}^{\infty} \frac{\ln(n+1)}{n+1}x^{n+1}$.

四、求幂级数的和函数.

(1) $\sum_{n=0}^{\infty} \frac{n^2+1}{2^n n!}x^n$；(2) $\sum_{n=0}^{\infty} (-1)^n \frac{n+1}{(2n+1)!}x^{2n+1}$.

五、求级数 $\sum_{n=0}^{\infty} \frac{(-1)^n(n^2-n+1)}{2^n}$ 的和.

六、设级数 $\sum_{n=1}^{\infty} a_n$，$\sum_{n=1}^{\infty} b_n$ 都收敛，且 $a_n \leqslant u_n \leqslant b_n (n=1, 2, \cdots)$，证明：级数 $\sum_{n=1}^{\infty} u_n$ 也收敛.

七、将 $f(x)=\ln(3x-x^2)$ 在 $x=1$ 处展开为幂级数.

八、求 $y=x^6 e^x$ 在 $x=0$ 处的十阶导数.

习题答案或提示

练　习　一

一、(1) 1　(2)x^2-2x-1　(3)$(5,\ -1,\ -2)/\sqrt{30}$　(4)13

(5) $-2x-2y+z-9=0$　(6)$(-30,\ 22,\ -11)$；$\arcsin\left(\frac{\sqrt{14}}{42}\right)$　(7) $\sqrt{14}$　(8)24

二、(1)A　(2) B　(3)C　(4)C　(5)A

三、(1) 解：已知 AC 中点在 y 轴上，知 $C(4,\ y,\ 2)$，又 BC 中点在 XOY 平面上，知 $y=-5$，所以 $C(4,\ -5,\ 2)$.

(2) 解：直线方向为$(2,\ -1,\ 2)$，平面法向为$(1,\ -1,\ 2)$，故它们成角的正弦为 $\sin\theta=\frac{5}{3\sqrt{6}}$，故 $\theta=\arcsin=\frac{5}{3\sqrt{6}}$.

(3) 解：直线方向为$(0,\ 1,\ 1)$，则过点 $M_0(3,\ -1,\ 2)$，以$(0,\ 1,\ 1)$为法向的平面为 $y+z-1=0$，它与直线 L 的交点为$\left(1,\ \frac{-1}{2},\ \frac{3}{2}\right)$，故所求距离为$\frac{3\sqrt{2}}{2}$.

(4) 解：在平面 XOY 上的投影为：$\begin{cases}z=0,\\x^2+y^2=2;\end{cases}$ 在平面 XOZ 上的投影为：$\begin{cases}z=4-x^2,\\x^2\leqslant 2,\\y=0;\end{cases}$ 在平面 YOZ 上的投影为：$\begin{cases}z=2+y^2,\\x=0.\end{cases}$

(5) 证明：$\boldsymbol{a}+\boldsymbol{b}$ 与 $\boldsymbol{c}$ 平行，知 $\boldsymbol{a}+\boldsymbol{b}=\lambda\boldsymbol{c}$，同理 $\boldsymbol{c}+\boldsymbol{b}=\mu\boldsymbol{a}$，两式相减得到：$(1+\mu)\boldsymbol{b}=(1+\lambda)\boldsymbol{c}$，故 $\lambda=-1$. 从而 $\boldsymbol{a}+\boldsymbol{b}+\boldsymbol{c}=0$.

(6) 解：$|\boldsymbol{x}|=|\boldsymbol{a}+\lambda\boldsymbol{b}|=50\lambda^2+24\lambda+3$，当 $|\boldsymbol{x}|$ 最小时，$\lambda=-\frac{6}{25}$，这时，$\boldsymbol{xb}=50\lambda+12=0$，故 $\boldsymbol{x}\perp\boldsymbol{b}$.

(7) 证明：设平面上任意一点为 $D(x,\ y,\ z)$，则向量 $\boldsymbol{AD}$，$\boldsymbol{BD}$，$\boldsymbol{CD}$ 的混合积为 0，即可得结论.

(8) 解：在平面 XOY 上的投影为：$\begin{cases}z=0,\\x^2+y^2+x+y=0.\end{cases}$

练 习 二

一、(1) 解：$\lim\limits_{x\to+\infty}\sqrt{x}(\sqrt{x+1}-\sqrt{x})=\lim\limits_{x\to+\infty}\dfrac{\sqrt{x}}{\sqrt{x+1}+\sqrt{x}}=1.$

(2) 解：$\lim\limits_{n\to\infty}\left(\dfrac{1}{1\cdot 2}+\dfrac{1}{2\cdot 3}+\cdots+\dfrac{1}{n(n-1)}\right)=\lim\limits_{n\to\infty}\left(1-\dfrac{1}{n}\right)=1.$

(3) 解：$\lim\limits_{x\to+\infty}x[\ln(1+2x)-\ln(2x)]=\lim\limits_{x\to+\infty}x\ln\left(1+\dfrac{1}{2x}\right)=\lim\limits_{x\to+\infty}x\cdot\dfrac{1}{2x}=\dfrac{1}{2}.$

(4) 解：$\lim\limits_{n\to\infty}\left(\dfrac{\sqrt[n]{a}+\sqrt[n]{b}}{2}\right)^n=\lim\limits_{n\to\infty}\left\{\left(1+\dfrac{\sqrt[n]{a}+\sqrt[n]{b}-2}{2}\right)^{\frac{2}{\sqrt[n]{a}+\sqrt[n]{b}-2}}\right\}^{\frac{\sqrt[n]{a}+\sqrt[n]{b}-2}{2}\times n}$

$$=\mathrm{e}^{\lim\limits_{n\to\infty}\frac{\sqrt[n]{a}+\sqrt[n]{b}-2}{2}\times n}=\mathrm{e}^{\lim\limits_{x\to0^+}\frac{a^x+b^x-2}{2x}}=\mathrm{e}^{\lim\limits_{x\to0^+}\frac{a^x\ln a+b^x\ln b}{2}}=ab.$$

(5) 解：$\lim\limits_{x\to\infty}\left(1+\dfrac{a}{x}\right)^{\frac{x}{b}}=\lim\limits_{x\to\infty}\left\{\left(1+\dfrac{a}{x}\right)^{\frac{x}{a}}\right\}^{\frac{a}{b}}=\mathrm{e}^{\frac{a}{b}}.$

(6) 解：$|\sin n!|\leqslant 1$，故$\lim\limits_{x\to\infty}\dfrac{\sqrt[3]{n^2}\sin n!}{n+1}=0.$

(7) 解：$\lim\limits_{x\to0}(\cos 2x)^{\frac{1}{x^2}}=(\cos x-1)^{\frac{1}{x^2}}=\lim\limits_{x\to0}\left\{(1+\cos x-1)^{\frac{1}{\cos x-1}}\right\}^{\frac{\cos x-1}{x^2}}=\mathrm{e}^{-1/2}.$

(8) 解：$\lim\limits_{x\to\infty}\dfrac{x-\sin 2x}{2x+\sin 3x}=\lim\limits_{x\to\infty}\dfrac{1-\sin 2x/x}{2+\sin 3x/x}=\dfrac{1}{2}.$

(9) 解：$\lim\limits_{x\to0}\dfrac{x-\sin 2x}{2x-\sin 3x}=\lim\limits_{x\to0}\dfrac{x-2x}{2x-3x}=1.$

(10) 解：

$$原式=\lim_{t\to0}\frac{(1-\sqrt{1+t})(1-\sqrt[3]{1+t})}{1+\cos(\pi+\pi t)}=\lim_{t\to0}\frac{(1-\sqrt{1+t})(1-\sqrt[3]{1+t})}{1-\cos(\pi t)}=\lim_{t\to0}\frac{\frac{t}{2}\times\frac{t}{3}}{\frac{(\pi t)^2}{2}}=\frac{1}{3\pi^2}.$$

(11) 解：原式$=\lim\limits_{x\to0}\dfrac{\sqrt{1+(\cos x-1)}-\sqrt[3]{1+(\cos x-1)}}{x^2}=\lim\limits_{x\to0}\dfrac{\frac{1}{6}(\cos x-1)}{x^2}=-\dfrac{1}{12}.$

(12) 解：令 $xy=t$，$\lim\limits_{\substack{x\to0\\y\to0}}\dfrac{xy}{3-\sqrt{xy+9}}=\dfrac{1}{3}\lim\limits_{t\to0}\dfrac{t}{1-\sqrt{1+t/9}}=-3.$

(13) 解：令 $x=r\cos\theta$，$y=r\sin\theta$，$\lim\limits_{\substack{x\to0\\y\to0}}\dfrac{x^2\sin y}{x^2+y^2}=\lim\limits_{r\to0}\dfrac{r^2\sin(r\sin\theta)}{r^2}=0.$

(14) 解：令 $x=r\cos\theta$，$y=r\sin\theta$，$\lim\limits_{\substack{x\to0\\y\to0}}(x^2+y^2)^{2x^2y^2}=\lim\limits_{r\to0}r^{4r^4\sin^2\theta\cos^2\theta}=1.$

二、解：

(1) $\lim\limits_{x\to\infty}f(x)=1$，故 $a=0$，$b=1$，$\lim\limits_{x\to1}f(x)=\lim\limits_{x\to1}\dfrac{x^2+cx+d}{x^2+x-2}=\lim\limits_{x\to1}\dfrac{2x+c}{2x+1}=0$，故 $c=-2$，

$1+c+d=0\Rightarrow d=1.$

（2）此题为$\frac{\infty}{\infty}$，$\lim\limits_{x\to\infty}\left(\frac{x^2+1}{x+1}-ax-b\right)=\lim\limits_{x\to\infty}\frac{x^2+1-ax^2-bx-ax-b}{x+1}=\frac{1}{2}$，故 $a=1$，$a+b=-\frac{1}{2}\Rightarrow b=-\frac{3}{2}$.

（3）此题为$\frac{0}{0}$，$\lim\limits_{x\to1}\frac{\sin^2(x-1)}{x^2+ax+b}=\lim\limits_{x\to1}\frac{(x-1)^2}{x^2+ax+b}=1$，故 $a=-2$，$b=1$.

三、解：$\lim\limits_{x\to0_-}\frac{f(x)}{x^2}=\lim\limits_{x\to0_-}\frac{2(1-\cos x)}{x^2}=1$，$\lim\limits_{x\to0_+}\frac{f(x)}{x^2}=\lim\limits_{x\to0_+}\frac{x^2+x^3}{x^2}=1$，故$\lim\limits_{x\to0}\frac{f(x)}{x^2}=1$.

四、解：设 $b=\max(a_1,a_2,\cdots,a_k)$，使用两边夹，$b=\lim\limits_{n\to\infty}\sqrt[n]{b^n}\leqslant\lim\limits_{n\to\infty}\sqrt[n]{a_1^n+a_2^n+\cdots+a_k^n}\leqslant\lim\limits_{n\to\infty}\sqrt[n]{kb^n}=b$.

五、解：使用两边夹，$2=\lim\limits_{x\to0}x\frac{2}{x}\leqslant\lim\limits_{x\to0}x\left[\frac{2}{x}\right]\leqslant\lim\limits_{x\to0}\left(\frac{2}{x}+1\right)=2$.

六、解：$x_2=\frac{3}{2}$，$x_n=2-\frac{1}{1+x_{n-1}}$，不妨设 $x_n\geqslant x_{n-1}$，则 $x_{n+1}=2-\frac{1}{1+x_n}\geqslant2-\frac{1}{1+x_{n-1}}=x_n$，故数列为单调增数列，且有上界2，极限存在，$x=\lim\limits_{n\to\infty}x_n=2-\frac{1}{1+\lim\limits_{n\to\infty}x_{n-1}}=2-\frac{1}{1+x}\Rightarrow x=\frac{\sqrt{5}+1}{2}$.

七、解：首先证明数列单调减，有下界，极限存在，$x_{n+1}\geqslant\frac{1}{2}\times2\sqrt{x_n\times\frac{a}{x_n}}=\sqrt{a}$，也就是从第一项开始 $x_n\geqslant\sqrt{a}$，$x_{n+1}-x_n=\frac{1}{2}\frac{a-x_n^2}{x_n}\leqslant0$，故 $x_n\leqslant x_{n-1}$，则 $x=\lim\limits_{n\to\infty}x_{n+1}=\frac{1}{2}\lim\limits_{n\to\infty}\left(x_n+\frac{a}{x_n}\right)\Rightarrow x=\frac{1}{2}\left(x+\frac{a}{x}\right)\Rightarrow x=\sqrt{a}$.

八、解：$\lim\limits_{x\to0_-}\frac{2^{\frac{1}{x}}-1}{2^{\frac{1}{x}}+1}=-1$，而$\lim\limits_{x\to0_+}\frac{2^{\frac{1}{x}}-1}{2^{\frac{1}{x}}+1}=1$，故在 $x=0$ 处不连续.

九、解：$f(x)=\lim\limits_{n\to\infty}\frac{1-x^{2n}}{x^{2n}+1}=\begin{cases}-1, & |x|>1,\\0, & |x|=1,\\1, & |x|<1,\end{cases}$ 故函数在点 $x=\pm1$ 处均跳跃间断，属于第一类.

十、解：$\lim\limits_{x\to\frac{\pi}{2}}\frac{\cos x}{\left(x-\frac{\pi}{2}\right)(x+1)}=\frac{1}{\frac{\pi}{2}+1}$，故函数在 $x=\frac{\pi}{2}$ 处可去间断，属于第一类，而在 $x=1$ 处$\lim\limits_{x\to\frac{\pi}{2}}\frac{\cos x}{\left(x-\frac{\pi}{2}\right)(x+1)}=\infty$，无穷间断，属于第二类.

十一、解：(1) $\{(x,y):y^2=2x\}$. (2) $\{(0,0)\}$.

十二、(1)B (2)B (3)A

练 习 三

一、(1)3 (2)12m/s (3)$(\alpha-\beta)f'(a)$ (4)$\frac{\sqrt{5}}{5}$ (5)$\frac{2xg(\arctan x^2)}{1+x^4}$

(6)$\arctan\left(\frac{3x-2}{3x+2}\right)^2\frac{12}{(3x+2)^2}$ (7)$318\times 12^4e^2$

(8)$f''(\sin x^2)(\cos x^2)^2-f'(\sin x^2)\sin x^2$ (9)(1, 2), (2, 3), (3, 4)

(10)$3f'(x_0)$ (11)$x\sin\ln x+x\cos\ln x$ (12) -1 (13)0.6, $8\mathrm{d}x+10\mathrm{d}y$

二、(1)D (2)C (3)C (4)D (5)C (6)C

三、(1) 解：函数$f(x)$在$x=0$处连续，故$a=f(0)=\lim\limits_{h\to 0}f(h)=\lim\limits_{h\to 0}\frac{g(h)}{h}=g'(0)$,

$$f'(0)=\lim_{h\to 0}\frac{f(0+h)-f(0)}{h}=\lim_{h\to 0}\frac{\frac{g(h)}{h}-g'(0)}{h}=\lim_{h\to 0}\frac{g(h)-hg'(0)}{h^2}$$

$$=\lim_{h\to 0}\frac{g'(h)-g'(0)}{2h}=\frac{g''(0)}{2}.$$

(2) 解：$\lim\limits_{x\to 0}\frac{x^2}{xe^x-\sin x}=\lim\limits_{x\to 0}\frac{x^2}{x(1+x)-x}=1.$

(3) 解：因为$\lim\limits_{x\to 0}\frac{f(x)}{x}=f'(0)=0$，所以$\lim\limits_{x\to 0}\left(1+\frac{f(x)}{x}\right)^{\frac{1}{x}}=\lim\limits_{x\to 0}\left(1+\frac{f(x)}{x}\right)^{\frac{x}{f(x)}\cdot\frac{f(x)}{x^2}}=e^{\lim\limits_{x\to 0}\frac{f(x)}{x^2}}=$

$e^{\lim\limits_{x\to 0}\frac{f'(x)}{2x}}=e^2.$

(4) 解：$\lim\limits_{n\to\infty}n\left[f\left(x+\frac{1}{n},\ y\right)-f(x,\ y)\right]=\lim\limits_{n\to\infty}\frac{f\left(x+\frac{1}{n},\ y\right)-f(x,\ y)}{\frac{1}{n}}=\frac{\partial f(x,\ y)}{\partial x}.$

(5) 解：$f(x,\ 0,\ 1)=x^2$，故$f_{xx}(0,\ 0,\ 1)=2$；$f(x,\ 0,\ z)=zx^2$，故$f_{xz}(1,\ 0,\ 2)=2x\Big|_{x=1}=2$；$f(x,\ 0,\ z)=zx^2$，故$f_{zzx}(2,\ 0,\ 1)=0$.

(6) 解：因为$y=x^3\sin x=x^3\left(1-\frac{1}{3!}x^3+\frac{1}{5!}x^5+\cdots\right)$，故$y^{(6)}(0)=-120$.

(7) 证明：由拉格朗日中值定理知$f'(\xi)=\frac{f(b)-f(a)}{b-a}$，由柯西中值定理知$\frac{f'(\eta)}{2\eta}=\frac{f(b)-f(a)}{b^2-a^2}$，故$\frac{f'(\eta)}{2\eta}=\frac{f'(\xi)}{a+b}$.

(8) 证明：令$p(x)=f(x)+x^2-bx-c$，则$p(\alpha)=f(\alpha)+\alpha^2-b\alpha-c=f(\alpha)=0$，同理$p(\beta)=0$，$p(\eta)=0$，故$\exists\tau\in(\alpha,\ \eta)$，有$p'(t)=0$；故$\exists\zeta\in(\eta,\ b)$，有$p'(\zeta)=0$，故$\exists\xi\in(\alpha,\ b)$，有$p''(\xi)=0$，即$f''(\xi_\ )=-2$.

(9) 证明：$f\left(\frac{a+b}{2}\right)=f(a)+f'(a)\left(\frac{a+b}{2}-a\right)+\frac{f''(\tau)}{2}\left(\frac{a+b}{2}-a\right)^2$，$\tau\in\left(a,\ \frac{a+b}{2}\right)$，

$f\left(\frac{a+b}{2}\right)=f(b)+f'(b)\left(\frac{a+b}{2}-b\right)+\frac{f''(\varsigma)}{2}\left(\frac{a+b}{2}-a\right)^2$，$\varsigma\in\left(\frac{a+b}{2},\ b\right)$，

$|f(a)-f(b)|=\frac{(a-b)^2}{4}\left|\frac{f''(\tau)-f''(\varsigma)}{2}\right|$，

即$\frac{4|f(a)-f(b)|}{(a-b)^2}\leqslant\frac{|f''(\tau)|+|f''(\varsigma)|}{2}\leqslant\max\{|f''(\tau)|,\ |f''(\varsigma)|\}$，

取$|f''(\xi)|=\max\{|f''(\tau)|,\ |f''(\varsigma)|\}$即可.

(10) 解：令$f\left(\frac{1}{a}\right)=\ln\frac{1}{a}-1$，则$f'(x)=\frac{1}{x}-a=0$，零点为$x=\frac{1}{a}$，当$x\in\left(0,\ \frac{1}{a}\right)$时，

$f'(x)>0$，$f(x)$单调增加；

当$x\in\left(\frac{1}{a},\ +\infty\right)$时，$f'(x)<0$，$f(x)$单调减少；又$f(0_+)=-\infty$，$f(+\infty)=-\infty$，

故最大值为$f\left(\frac{1}{a}\right)=-\ln a-1$，当$a>\frac{1}{\mathrm{e}}$时，方程无实数根；当$0<a<\frac{1}{\mathrm{e}}$时，方程

有两个实数根；当$a=\frac{1}{\mathrm{e}}$时，方程仅有一个实数根.

(11) 解：$\frac{\partial u}{\partial x}=\frac{\partial u}{\partial \varepsilon}\frac{\partial \varepsilon}{\partial x}+\frac{\partial u}{\partial \eta}\frac{\partial \eta}{\partial x}=\frac{\partial u}{\partial \varepsilon}+2x\frac{\partial u}{\partial \eta}$，$\frac{\partial u}{\partial y}=\frac{\partial u}{\partial \varepsilon}\frac{\partial \varepsilon}{\partial y}+\frac{\partial u}{\partial \eta}\frac{\partial \eta}{\partial y}=2y\frac{\partial u}{\partial \eta}$，

故$y\frac{\partial u}{\partial x}-x\frac{\partial u}{\partial y}=y\frac{\partial u}{\partial \varepsilon}=0$，$\frac{\partial u}{\partial \varepsilon}=0$.

(12) 解：$\frac{\partial z}{\partial x}=\frac{\partial u}{\partial x}\mathrm{e}^{ax+y}+au(x,\ y)\mathrm{e}^{ax+y}$，$\frac{\partial z}{\partial y}=\frac{\partial u}{\partial y}\mathrm{e}^{ax+y}+u(x,\ y)\mathrm{e}^{ax+y}$，

$\frac{\partial^2 z}{\partial x\partial y}=\frac{\partial^2 u}{\partial x\partial y}\mathrm{e}^{ax+y}+\frac{\partial u}{\partial x}\mathrm{e}^{ax+y}+a\frac{\partial u}{\partial y}\mathrm{e}^{ax+y}+au(x,\ y)\mathrm{e}^{ax+y}$，

故上式左边$=(a-1)\frac{\partial u}{\partial y}\mathrm{e}^{ax+y}=0$，即$a=1$.

四、证明：(1) 令$f(x)=x\ln a-a\ln x$，则$f'(x)=\ln a-\frac{a}{x}$，又$x>a>\mathrm{e}$，所以$f'(x)>0$，

得$f(b)=b\ln a-a\ln b>f(a)=0$，即$a^b>b^a$.

(2) 令$f(x)=\sin x+\cos x-1-x+x^2$，则$f'(x)=\cos x-\sin x-1+2x$，$f''(x)=-\sin x-\cos x+2>0$，所以$f'(x)>f'(0)=0$，得$f(x)>f(0)=0$，即$\sin x+\cos x>1+x-x^2$.

(3) 令$f(x)=x^p+(1-x)^p-\frac{1}{2^{p-1}}$，则$f'(x)=px^{p-1}-p(1-x)^{p-1}=0$，驻点为$x=\frac{1}{2}$，当

$x\in\left(0,\ \frac{1}{2}\right)$时，$f'(x)<0$，$f(x)$单调减少；

当$x\in\left(\frac{1}{2},\ +\infty\right)$时，$f'(x)>0$，$f(x)$单调增加，

得$f(x) \geqslant f\left(\frac{1}{2}\right)=0$，即$\frac{1}{2^{p-1}} \leqslant x^p+(1-x)^p \leqslant 1$.

练　习　四

一、(1) $y=-\frac{3}{4}\left(x-\frac{6}{5}a\right)+\frac{12a}{5}$　(2) $\arccos\frac{1}{\sqrt{5}}$　(3) 充分　(4) 单调增加　(5) $-\frac{3}{2}$, $\frac{9}{2}$　(6) $y=0$, $x=5$, $x=-1$　(7) -1

二、(1) B　(2) B

三、(1) 证明：令 $F=Ax^2+By^2+Cz^2-D$，则在点(x_0, y_0, z_0)处的切平面的法方向为(Ax_0, By_0, Cz_0)，故切平面方程为

$$Ax_0(x-x_0)+By_0(y-y_0)+Cz_0(z-z_0)=0$$

即

$$Ax_0x+By_0y+Cz_0z=D$$

(2) 解：设切点为(x_0, y_0)，则$k=2ax_0=\frac{1}{x_0}$，即$y_0=ax_0^2=\frac{1}{2}$，$x_0=\sqrt{e}$，所以当它们相切时，$a=\frac{1}{2e}$.

(3) 解：不妨设$f'''(x_0)>0$，则$f''(x)$在某个邻域$u(x_0, \delta)$内为增函数，即

$x\in(x_0-\delta, x_0)$时，$f''(x)<0$，$f''(x)$在此范围内为凸函数，

$x\in(x_0, x_0+\delta)$时，$f''(x)>0$，$f''(x)$在此范围内为凹函数，

故$(x_0, f(x_0))$为函数$y=f(x)$的拐点.

而在邻域$\mathring{u}(x_0, \delta)$内有$f'(x)>0$，故$f(x)$在$u(x_0, \delta)$内为递增函数，所以$x=x_0$不是函数的极值点.

(4) 证明：$f'(x)=3x^2+2ax+b$的零点为$x_1=1$和$x_2=2$，故$a=-\frac{9}{2}$，$b=9$，易证明$f(x_1)$是极大值，$f(x_2)$是极小值.

(5) 解：$\lim\limits_{x\to a}\frac{f(x)-f(a)}{(x-a)^2}=\lim\limits_{x\to a}\frac{f'(x)}{2(x-a)}=-1$，故$f'(a)=0$，$f''(a)=-2$，故$f(x)$在$x=a$处取得极大值.

(6) 证明：令$g(x)=f(x, y, z)-u_0$，则它在点(x_0, y_0, z_0)处切平面的法方向为$(f_x, f_y, f_z)\big|_{(x_0, y_0, z_0)}$，而$\phi(x, y, z)=0$在点$(x_0, y_0, z_0)$处的切平面的法方向为$(\phi_x, \phi_y, \phi_z)\big|_{(x_0, y_0, z_0)}$，令

$$l=f(x, y, z)+\lambda\phi(x, y, z)$$

则

$$l_x=f_x(x, y, z)+\lambda\phi_x(x, y, z)=0$$
$$l_y=f_y(x, y, z)+\lambda\phi_y(x, y, z)=0$$
$$l_z=f_z(x, y, z)+\lambda\phi_z(x, y, z)=0$$

故$(f_x, f_y, f_z)\Big|_{(x_0, y_0, z_0)} = (\phi_x, \phi_y, \phi_z)\Big|_{(x_0, y_0, z_0)}$
从而切平面重合.

练 习 五

一、(1)D (2)A

二、解:(1) 令 $x = t^6$, 则$\int \frac{\sqrt[3]{x} - 1}{\sqrt{x}} dx = \int \frac{t^2 - 1}{t^3} dt^6 = 6\int (t^4 - t^2) dt = \frac{6\sqrt[6]{x^5}}{5} - 2\sqrt{x} + c$;

(2) $\int x\sin 2x dx = \frac{1}{2}\int x d\cos 2x = -\frac{1}{2}x\cos 2x + \frac{1}{2}\int \cos 2x dx$

$= -\frac{1}{2}x\cos 2x + \frac{1}{4}\sin 2x + c$;

(3) $\int \frac{1}{1 - \cos x} dx = \int \frac{1}{2\sin^2 \frac{x}{2}} dx = \int \frac{1}{2}\csc^2 \frac{x}{2} dx = -\cot \frac{x}{2} + c$;

(4) $\int \frac{\ln x}{(1 + x)^2} dx = -\int \ln x d(1 + x)^{-1} = -(1 + x)^{-1}\ln x + \int (1 + x)^{-1} d\ln x$

$= -(1 + x)^{-1}\ln x + \ln \frac{x}{1 + x} + c$;

(5) $\int \frac{e^x(1 + e^x)}{\sqrt{1 - e^{2x}}} dx = \int \frac{1 + e^x}{\sqrt{1 - e^{2x}}} de^x \overset{e^x = t}{=} \int \frac{1 + t}{\sqrt{1 - t^2}} dt$

$= \arcsin t - \sqrt{1 - t^2} + c = \arcsin e^x - \sqrt{1 - e^{2x}} + c$;

(6) $\int \frac{\cos x}{1 + \sin^2 x} dx = \int \frac{1}{1 + \sin^2 x} d\sin x = \arctan \sin x + c$;

(7) $\int \arccos x dx = x\arccos x + \int \frac{x}{\sqrt{1 - x^2}} dx = x\arccos x - \sqrt{1 - x^2} + c$;

(8) $\int \frac{2x - 2}{x^2 + 2x + 5} dx = \int \frac{(x^2 + 2x + 5)'}{x^2 + 2x + 5} dx + \int \frac{-4}{(x + 1)^2 + 4} dx$

$= \ln(x^2 + 2x + 5) - 2\arctan \frac{x + 1}{2} + c$;

(9) 令$\sqrt{x + 1} = t$, $\int e^{\sqrt{x+1}} dx = 2\int te^t dt = 2te^t - 2e^t + c = 2\sqrt{x + 1}e^{\sqrt{x+1}} - 2e^{\sqrt{x+1}} + c$;

(10) 令$\sqrt{x} = t$, $\int \sin\sqrt{x} dx = 2\int t\sin t dt$

$= -2t\cos t + 2\sin t + c = -2\sqrt{x}\cos t\sqrt{x} + 2\sin\sqrt{x} + c$;

(11) 令 $x = \tan t$, $\int \frac{1}{x\sqrt{1 + x^2}} dx = \int \frac{1}{\tan t\sec t} d\tan t = \int \frac{1}{\sin x} dt$

$= \frac{1}{2}\frac{\sqrt{1 + x^2} - 1}{\sqrt{1 + x^2} + 1} + c$;

(12) $\int \frac{\arctan x}{x^2}dx = -\int \arctan x d\frac{1}{x} = -\arctan x\frac{1}{x} + \int \frac{1}{x(1+x^2)}dx$

$= -\arctan x\frac{1}{x} + \ln|x| + \frac{1}{2}\ln(1+x^2) + c;$

(13) $\int \frac{\sin^5 x}{\cos^4 x}dx = -\int \frac{\sin^4 x}{\cos^4 x}d\cos x = -\int\left(1 - \frac{2}{\cos^2 x} + \frac{1}{\cos^4 x}\right)d\cos x$

$= -\cos x - \frac{2}{\cos x} + \frac{1}{3\cos^3 x} + c;$

(14) $\int \frac{\ln(\ln x)}{x\ln x}dx = \int \frac{\ln(\ln x)}{\ln x}d\ln x = \int \ln(\ln x)d\ln(\ln x) = \frac{\ln^2(\ln x)}{2} + c;$

(15) 令 $x = \sin t$，则 $\int \frac{x\arcsin x}{\sqrt{1-x^2}}dx = \int \frac{t\sin t}{\cos t}d\sin t = \int t\sin t dt = -t\cos t + \sin t + c$

$= -\arcsin x\sqrt{1-x^2} + x + c;$

(16) $\int \frac{1-\tan x}{1+\tan x}dx = -\int \tan\left(x - \frac{\pi}{4}\right)dx = \ln\left|\cos\left(x - \frac{\pi}{4}\right)\right| + c;$

(17) $\int \frac{\sin x\cos x}{\sin x + \cos x}dx = -\frac{1}{2\sqrt{2}}\int \frac{\cos 2\left(x + \frac{\pi}{4}\right)}{\sin\left(x + \frac{\pi}{4}\right)}dx$

$= -\frac{1}{2\sqrt{2}}\ln\left|\frac{1+\cos\left(x+\frac{\pi}{4}\right)}{1-\cos\left(x+\frac{\pi}{4}\right)}\right| - \frac{1}{\sqrt{2}}\cos\left(x + \frac{\pi}{4}\right) + c;$

(18) $\int \max\{1, |x|\}dx = \begin{cases} \frac{x^2+1}{2} + c, & x > 1, \\ \frac{-x^2+3}{2} + c, & x < -1, \\ x + c, & |x| \leq 1. \end{cases}$

三、解：因为 $\int f'(e^x+1)de^x = \int(e^{3x}+2)de^x$，所以 $f(e^x+1) = \frac{e^{4x}}{4} + 2e^x + c$，又 $f(1)=0$，

所以 $c=0$，故 $f(x) = \frac{(x-1)^4}{4} + 2x - 1.$

四、解：因为 $\int f(x)F(x)dx = \int \frac{xe^x}{2(1+x)^2}dx$，

所以 $F^2(x) = \int \frac{e^x}{(1+x)}dx - \int \frac{e^x}{(1+x)^2}dx$，

即 $F^2(x) = \frac{e^x}{(1+x)} + c$，又 $F(0)=1$，$F(x) > 0$，所以 $F(x) = \sqrt{\frac{e^x}{(1+x)}}$，所以 $f(x) =$ $\frac{x}{2(1+x)}\sqrt{\frac{e^x}{(1+x)}}.$

练 习 六

一、解：先切 x 轴(D 向 x 轴投影)，在范围 $0 \leqslant x \leqslant a$ 内给定一个 x，计算 y 的范围为：$0 \leqslant y \leqslant a\left(1-\sqrt{\dfrac{x}{a}}\right)^2$，所以累次积分为(先对 y，再对 x 积分)：$\iint\limits_D y\mathrm{d}x\mathrm{d}y = \int_0^a\int_0^{a\left(1-\sqrt{\frac{x}{a}}\right)^2} y\mathrm{d}y\mathrm{d}x = \dfrac{a^2}{2}\int_0^a\left(1+\dfrac{x}{a}-2\sqrt{\dfrac{x}{a}}\right)\mathrm{d}x = \dfrac{13}{12}a^2.$

二、解：由被积分区域的特点，采用极坐标变换：$\dfrac{\pi}{4} \leqslant \theta \leqslant \dfrac{\pi}{2}$，$0 \leqslant \rho \leqslant 1$，

$$\iint\limits_D \sqrt{1-y^2}\mathrm{d}x\mathrm{d}y = \int_{\pi/4}^{\pi/2}\int_0^1 (1-\rho^2\sin^2 x)^{\frac{1}{2}}\rho\mathrm{d}\rho\mathrm{d}\theta = 1-\frac{\sqrt{2}}{2}.$$

三、解：此积分为先切割 x，恢复积分区域为：$y=x^2$，$y=x-2$ 围成，再改为先切割 y，

$$\int_0^1\mathrm{d}x\int_{-\sqrt{x}}^{\sqrt{x}} f(x,\ y)\mathrm{d}y + \int_1^4\mathrm{d}x\int_{x-2}^{\sqrt{x}} f(x,\ y)\mathrm{d}y = \int_{-1}^2\mathrm{d}y\int_{y^2}^{y+2} f(x,\ y)\mathrm{d}x.$$

四、解：此积分为先切割 y，恢复积分区域为：$x^2+y^2=R^2$，$x=0$，$y=x$ 围成，极坐标变换，有

$$\int_0^{\frac{\sqrt{2}R}{2}} \mathrm{e}^{-y^2}\mathrm{d}y\int_0^y \mathrm{e}^{-x^2}\mathrm{d}x + \int_{\frac{\sqrt{2}R}{2}}^R \mathrm{e}^{-y^2}\mathrm{d}y\int_0^{\sqrt{R^2-y^2}} \mathrm{e}^{-x^2}\mathrm{d}x = \int_{\frac{\pi}{4}}^{\frac{\pi}{2}}\mathrm{d}\theta\int_0^R \mathrm{e}^{-r^2}r\mathrm{d}r = \frac{\pi}{8}(\mathrm{e}^{-R^2}-1).$$

五、解：采用柱坐标换元，和被积分函数仅仅缺 z，垂直 z 切片法，

$$\iiint (x^2+y^2)\mathrm{d}x\mathrm{d}y\mathrm{d}z = \int_0^2\iint\limits_{D_z}(x^2+y^2)\mathrm{d}x\mathrm{d}y\mathrm{d}z = \int_0^2\int_0^{2\pi}\int_0^{\sqrt{2z}} r^3\mathrm{d}r\mathrm{d}\theta\mathrm{d}z = \frac{8\pi}{3}.$$

六、解：采用柱坐标换元，和被积分函数仅仅缺 z，垂直 z 切片法，

$$\iint\limits_D xy\mathrm{d}x\mathrm{d}y = \int_0^{2\pi}\int_0^1 [1+r^2\sin\theta\cos\theta + r(\sin\theta+\cos\theta)]r\mathrm{d}r\mathrm{d}\theta = \pi.$$

七、证明：$\iint\limits_{x^2+y^2\leqslant a^2} \mathrm{e}^{-\frac{x^2+y^2}{2}}\mathrm{d}x\mathrm{d}y = 2\pi\int_0^a \mathrm{e}^{-\frac{\rho^2}{2}}\rho\mathrm{d}\rho = \int_0^a \mathrm{e}^{-\frac{t^2}{2}}f(t)\mathrm{d}t.$

八、证明：将区域分成关于坐标轴对称的四部分，使用对称函数在对称区间的性质证明.

九、证明：采用反证法，设 D 上有一点 $(x_0,\ y_0)$，$f(x_0,\ y_0)=A\neq 0$，不妨设 $A>0$，由于函数在 $(x_0,\ y_0)$ 连续，存在邻域 $U((x_0,\ y_0),\ \delta)$，s. t. $f(x_0,\ y_0) > \dfrac{A}{2}$，则

$$\iint\limits_{U((x_0,\ y_0),\ \delta)} f(x,\ y)\mathrm{d}x\mathrm{d}y > \pi A\delta^2 > 0$$，与“恒有”矛盾，结论获证.

十、证明：极坐标换元法：$\begin{cases} x=r\cos\theta, \\ y=r\sin\theta, \end{cases}$ 有

$$\frac{\partial f}{\partial r} = f'_x\cos\theta + f'_y\sin\theta,\ r\frac{\partial f}{\partial r} = f'_x r\cos\theta + f'_y r\sin\theta = xf'_x + yf'_y,$$

$$\lim_{\varsigma\to 0}\frac{-1}{2\pi}\iint\limits_D \frac{xf'_x+yf'_y}{x^2+y^2}\mathrm{d}x\mathrm{d}y = \lim_{\varsigma\to 0}\frac{-1}{2\pi}\int_0^{2\pi}\int_\varsigma^1 \frac{r\frac{\partial f}{\partial r}}{r^2}r\mathrm{d}r\mathrm{d}\theta = \lim_{\varsigma\to 0}\frac{-1}{2\pi}\int_0^{2\pi}\int_\varsigma^1 \frac{\partial f}{\partial r}\mathrm{d}r\mathrm{d}\theta$$

$$= \lim_{\varsigma \to 0} \frac{-1}{2\pi}\int_0^{2\pi} [f(\cos\theta,\ \sin\theta) - f(\varsigma\cos\theta,\ \varsigma\sin\theta)]\mathrm{d}\theta = f(0,\ 0).$$

十一、证明：对变上限求导，证明如下：

$$g'(t) = \int_0^t \mathrm{d}y \int_0^y (y-t)^2 f(x)\mathrm{d}x = \frac{1}{3}\int_0^t (t-x)^3 f(x)\mathrm{d}x.$$

十二、证明：一重积分乘积分化重积分，以及极坐标换元法：

$$\frac{\pi}{2}\int_0^n x\mathrm{e}^{-x^2}\mathrm{d}x = -\frac{\pi}{4}\int_0^n \mathrm{e}^{-x^2}\mathrm{d}(-x^2) = -\frac{\pi}{4}\mathrm{e}^{-x^2}\Big|_0^n = \frac{\pi}{4}(1-\mathrm{e}^{-n^2}).$$

$$\frac{\pi}{2}\int_0^{\sqrt{2}n} x\mathrm{e}^{-x^2}\mathrm{d}x = -\frac{\pi}{4}\int_0^{\sqrt{2}n} \mathrm{e}^{-x^2}\mathrm{d}(-x^2) = -\frac{\pi}{4}\mathrm{e}^{-x^2}\Big|_0^{\sqrt{2}n} = \frac{\pi}{4}(1-\mathrm{e}^{-2n^2}).$$

$$\left[\int_0^n \mathrm{e}^{-x^2}\mathrm{d}x\right]^2 = \int_0^n \mathrm{e}^{-x^2}\mathrm{d}x\int_0^n \mathrm{e}^{-y^2}\mathrm{d}y = \iint_D \mathrm{e}^{-x^2-y^2}\mathrm{d}x\mathrm{d}y,\ D = [0,\ n]\times[0,\ n];$$

$$\frac{\pi}{4}(1-\mathrm{e}^{-n^2}) = \iint_{D_1} \mathrm{e}^{-x^2-y^2}\mathrm{d}x\mathrm{d}y \leqslant \iint_D \mathrm{e}^{-x^2-y^2}\mathrm{d}x\mathrm{d}y \leqslant \iint_{D_2} \mathrm{e}^{-x^2-y^2}\mathrm{d}x\mathrm{d}y = \frac{\pi}{4}(1-\mathrm{e}^{-2n^2}).$$

D_1：$x=0,\ y=0,\ x^2+y^2=n^2$；D_2：$x=0,\ y=0,\ x^2+y^2=2n^2$.

十三、证明：一重积分乘积分化重积分：

$$I = \int_a^b f(x)p(x)\mathrm{d}x\int_a^b g(x)p(x)\mathrm{d}x = \frac{1}{2}\iint_D [f(x)p(x)g(y)p(y) + f(y)p(y)g(x)p(x)]\mathrm{d}x\mathrm{d}y,$$

$$P = \int_a^b p(x)\mathrm{d}x\int_a^b g(x)f(x)p(x)\mathrm{d}x = \frac{1}{2}\iint_D [f(y)p(x)g(y)p(y) + f(x)p(y)g(x)p(x)]\mathrm{d}x\mathrm{d}y,$$

$$P - I = \frac{1}{2}\iint_D [f(y)-f(x)][g(y)-g(x)]p(x)p(y)\mathrm{d}x\mathrm{d}y \geqslant 0.$$

十四、解：先对 a 求导，重积分换序积分.

$$I = \int_0^{\frac{\pi}{2}}\int_1^a \frac{2y\sin^2 x}{\cos^2 x - y^2\sin^2 x}\mathrm{d}y\mathrm{d}x = \int_1^a\int_0^{\frac{\pi}{2}} \frac{2y\sin^2 x}{\cos^2 x - y^2\sin^2 x}\mathrm{d}x\mathrm{d}y = \pi\ \ln\frac{1+a}{2}.$$

十五、解：$I = \int_0^1\int_0^1 \frac{1}{1+x^2y^2}\mathrm{d}y\frac{\mathrm{d}x}{\sqrt{1-x^2}} = \int_0^1\int_0^1 \frac{1}{1+x^2y^2}\frac{\mathrm{d}x}{\sqrt{1-x^2}}\mathrm{d}y = \frac{\pi}{2}\ln(1+\sqrt{2}).$

十六、解：局部找原函数，变重积分，换序求解.

$$I = \int_0^1\int_a^b x^y\mathrm{d}y\sin(-\ln x)\mathrm{d}y = \int_a^b\int_0^1 x^y\sin(-\ln x)\mathrm{d}x\mathrm{d}y = \arctan(1+b) - \arctan(1+a).$$

十七、解：使用对称性：$\iiint_\Omega (zx+xy+yz)\mathrm{d}x\mathrm{d}y\mathrm{d}z = 0$，柱坐标变换积分.

$$\iiint_\Omega (x+y+z)^2\mathrm{d}x\mathrm{d}y\mathrm{d}z = \iiint_\Omega (x^2+y^2+z^2)\mathrm{d}x\mathrm{d}y\mathrm{d}z = \iiint_\Omega z^2\mathrm{d}x\mathrm{d}y\mathrm{d}z + \iiint_\Omega (x^2+y^2)\mathrm{d}x\mathrm{d}y\mathrm{d}z$$

$$= \frac{2\pi}{3} + \pi = \frac{5\pi}{3}.$$

十八、解：使用对称性：$\iiint_\Omega (x^3+y^3)\mathrm{d}x\mathrm{d}y\mathrm{d}z = 0$，柱坐标变换积分，

$$\iiint_\Omega (x^3+y^3+z^3)\mathrm{d}x\mathrm{d}y\mathrm{d}z = \iiint_\Omega z^3\mathrm{d}x\mathrm{d}y\mathrm{d}z = \int_0^1 z^3\mathrm{d}z\iint_{D_{XY}}\mathrm{d}x\mathrm{d}y = \frac{57\pi}{30}.$$

十九、解：将D分成关于y轴对称的区域D_1，D_2，关于x轴对称的区域D_3，D_4四个区域，

$$\iint\limits_D x[1+yf(x^2+y^2)]\mathrm{d}x\mathrm{d}y=\iint\limits_D x\mathrm{d}x\mathrm{d}y+\iint\limits_D xyf(x^2+y^2)=2\iint\limits_{D_3} x\mathrm{d}x\mathrm{d}y=\int_{-1}^{0}\int_{x^3}^{-x^3}x\mathrm{d}x\mathrm{d}y=\frac{-2}{5}.$$

二十、解：由积分区域的对称性，

$$\iint\limits_D \frac{af(x)+bf(y)}{f(x)+f(y)}\mathrm{d}x\mathrm{d}y=\iint\limits_D \frac{af(y)+bf(x)}{f(x)+f(y)}\mathrm{d}x\mathrm{d}y=\frac{1}{2}\iint\limits_D\left[\frac{af(y)+bf(x)}{f(x)+f(y)}=\frac{af(x)+bf(y)}{f(x)+f(y)}\right]\mathrm{d}x\mathrm{d}y.$$

$$=\frac{1}{2}(a+b)S_D=\frac{1}{4}(a+b).$$

练 习 七

一、解：$I=\int_L \frac{y\mathrm{d}x-x\mathrm{d}y}{y^2}+f(xy)(x\mathrm{d}y+y\mathrm{d}x)=\int_L \mathrm{d}\left(\frac{x}{y}\right)+\mathrm{d}F(xy)=\frac{x}{y}+F(xy)\Big|_A^B=-4.$

二、解：在积分曲线内部有被积函数的奇异点(0，0)，所以改变积分的曲线为$ax^2+2bxy+cy^2=1$，先代入，使用格林公式，有

$$I=\int_{ax^2+2bxy+cy=1}-y\mathrm{d}x+x\mathrm{d}y=2\iint\limits_{ax^2+2bxy+cy^2\leqslant 1}\mathrm{d}x\mathrm{d}y=\frac{2\pi}{\sqrt{ac-b^2}}.$$

三、解：方法一，使用封闭曲线的斯托克公式

$$I=-2\iint\limits_{\Sigma}(y+x)\mathrm{d}x\mathrm{d}y+(z+y)\mathrm{d}y\mathrm{d}z+(z+x)\mathrm{d}z\mathrm{d}x=-6\iint\limits_{D_{xy}}(x+y)\mathrm{d}x\mathrm{d}y=4.$$

方法二，对称性，曲线参数化，考虑在xoy平面上的曲线部分

L_1：$x=\cos\theta$，$y=\sin\theta$，$z=0$，代入：$I=3\int_{L_1}y^2\mathrm{d}x-x^2=3\int_0^{\frac{\pi}{2}}(\sin^3\theta+\cos^3\theta)\mathrm{d}\theta=4.$

四、解：方法一，直接螺线参数方程代入：$I=\int_0^{2\pi}\frac{h^3t^2}{8\pi^3}\mathrm{d}t=\frac{h^3}{3}.$

方法二，$N-L$公式，$I=\int_L \mathrm{d}\left(\frac{x^2+y^2+z^2}{3}-xyz\right)=\frac{x^2+y^2+x^2}{3}-xyz\Big|_{(a,0,0)}^{(a,0,h)}=\frac{h^3}{3}.$

五、解：区域非单连通，满足$\frac{\partial P}{\partial y}=\frac{\partial Q}{\partial x}$，存在曲线：$L_1$：$y^2+x^2=1$在积分区域内，

$\int_{L_1}\frac{x\mathrm{d}x+y\mathrm{d}y}{(x^2+y^2)^{3/2}}=\int_{L_1}x\mathrm{d}x+y\mathrm{d}y=0$，积分与路径无关.

六、解：先验证$\frac{\partial P}{\partial y}=\frac{\partial Q}{\partial x}\Leftrightarrow(1-n)(x^2+y^2)=0\Leftrightarrow n=1$. 因此，

当$n\neq 1$时，积分与路径有关；

当$n=1$时，区域不是单连通，曲线L_1：$y^2+x^2=1$在积分区域内，

$\int_L \frac{(x-y)\mathrm{d}x+(x+y)\mathrm{d}y}{(x^2+y^2)^n}=\int_{L_1}(x-y)\mathrm{d}x+(x+y)\mathrm{d}y=2\pi\neq 0$，积分与路径有关.

七、解：使用球坐标变换：$\mathrm{d}s=t^2\sin\varphi\mathrm{d}\theta d\varphi$，$x^2+y^2=t^2\sin^2\varphi$，

$$\iint_{\Sigma}(x^2+y^2)\,\mathrm{d}s=\int_0^{2\pi}\mathrm{d}\theta\int_0^{\frac{\pi}{4}}t^4\sin^3\varphi\,\mathrm{d}\varphi=\frac{(8-5\sqrt{2})\pi t^4}{6}.$$

八、解：使用对称性，曲面代入

$$I=4\pi t^2d^2+(a^2+b^2+c^2)\iint_{\Sigma}x^2\mathrm{d}s=4\pi t^2d^2+\frac{a^2+b^2+c^2}{3}\iint_{\Sigma}(x^2+y^2+z^2)\,\mathrm{d}s$$
$$=4\pi t^2d^2+\frac{4\pi t^4(a^2+b^2+c^2)}{3}.$$

九、解：使用高斯公式，$I=\iiint_{\Omega}z\mathrm{d}x\mathrm{d}y\mathrm{d}z=\int_0^{\frac{\pi}{4}}\mathrm{d}\varphi\int_0^{2\pi}\mathrm{d}\theta\int_0^{\sqrt{2}}r\cos\varphi r^2\sin\varphi\,\mathrm{d}r=\frac{\pi}{2}$.

十、解：封闭的积分区域内还有奇异点(0，0，0)，且$\frac{\partial P}{\partial x}+\frac{\partial Q}{\partial y}+\frac{\partial R}{\partial z}\neq 0$，分开的封闭曲面上下前后依次为$\Sigma_1$，$\Sigma_2$，$\Sigma_3$，$\Sigma_4$，分别曲面代入：

$$I_1=\iint_{\Sigma_1}\frac{r^2\mathrm{d}x\mathrm{d}y}{x^2+y^2+r^2}=\iint_{D_{xy}}\frac{r^2\mathrm{d}x\mathrm{d}y}{x^2+y^2+r^2},$$

$$I_2=\iint_{\Sigma_2}\frac{r^2\mathrm{d}x\mathrm{d}y}{x^2+y^2+r^2}=-\iint_{D_{xy}}\frac{r^2\mathrm{d}x\mathrm{d}y}{x^2+y^2+r^2},\quad I_1+I_2=0;$$

$$I_3=\iint_{D_{zy}}\frac{\sqrt{r^2-y^2}\,\mathrm{d}z\mathrm{d}y}{z^2+r^2}=I_4,\quad I=2I_3=2\int_{-r}^{r}\frac{\mathrm{d}z}{z^2+r^2}\int_{-r}^{r}\sqrt{r^2-y^2}\,\mathrm{d}y=\frac{1}{2}r\pi^2.$$

十一、解：两曲面交线在平面 yOz 内的投影曲线方程为：$\begin{cases}y^2+z^2=z,\\x=0,\end{cases}$ 因此曲面 $x^2=y^2+z^2$ 在平面 yOz 内的投影域为 D_{yz}：$y^2+z^2\leqslant z$，由图形的对称性，面积为：

$$2\iint_{D_{yz}}\sqrt{1+(x'_y)^2+(x'_z)^2}\,\mathrm{d}y\mathrm{d}z=\frac{\sqrt{2}}{2}\pi.$$

练　习　八

一、(1)B　(2)B　(3)B　(4)C　(5)A　(6)D

二、(1)$y=x^2+c$；$y+x^2+3$；$y=x^2+\frac{5}{3}$；$y=x^2+4$.

(2)$y'''-3y''+4y'-2y=0$.

(3)$y=x(ax+b)\mathrm{e}^{2x}$.

三、解：(1)$y\mathrm{d}y=\frac{\mathrm{e}^x}{1+\mathrm{e}^x}\mathrm{d}x$，通解为$\frac{y^2}{2}=\ln(1+\mathrm{e}^x)+c$，所以特解为$\frac{y^2-1}{2}=\ln(1+\mathrm{e}^x)-\ln(1+\mathrm{e})$.

(2) 令 $y=ux$，得 $2u+x\frac{\mathrm{d}u}{\mathrm{d}x}=2\sqrt{u}$，通解为$\sqrt{x}=(x+c)(\sqrt{y}-\sqrt{x})$.

(3) 特征方程为$\rho^3+2\rho^2-15\rho=0$，根为$\rho_1=0$，$\rho_2=3$，$\rho_3=-5$，通解为$y=c_1+c_2\mathrm{e}^{3x}+c_3\mathrm{e}^{-5x}$.

四、解：$f'(x)=3f(x)+3$，即$f(x)=ce^{3x}-1$，又$f(0)=-3$，故$f(x)=-2e^{3x}-1$.

练 习 九

一、(1)B (2) B (3) D (4)B (5)D (6)C

二、解：(1) $\frac{1}{n^{3/4}}\leqslant\frac{\ln n}{n^{3/4}}$，$\sum_{n=1}^{\infty}\frac{1}{n^{3/4}}$发散，故$\sum_{n=1}^{\infty}\frac{\ln n}{n^{3/4}}$发散.

(2) $\lim_{n\to\infty}\left|\frac{\frac{(n+2)!}{2^{n+1}}}{\frac{(n+1)!}{2^{n}}}\right|=\infty>1$，故$\sum_{n=1}^{\infty}\frac{(n+1)!}{2^{n}}$发散.

(3) $\lim_{n\to\infty}\left|\frac{\frac{3^{n+1}}{(2n+3)!}}{\frac{3^{n}}{(2n+1)!}}\right|=0<1$，故$\sum_{n=1}^{\infty}\frac{3^{n}}{(2n+1)!}$收敛.

(4) $\frac{1}{n}(\sqrt{n+1}-\sqrt{n-1})=\frac{2}{n(\sqrt{n+1}+\sqrt{n-1})}$，

故$\sum_{n=1}^{\infty}\frac{1}{n}(\sqrt{n+1}-\sqrt{n-1})$收敛.

三、解：(1) $\lim_{n\to\infty}\left\{\frac{\frac{x^{n+1}}{(n+1)^{n+1}}}{\frac{x^{n}}{n^{n}}}\right|=0<1$，故$\sum_{n=1}^{\infty}\frac{1}{n^{n}}x^{n}$收敛域为**R**.

(2) $\lim_{n\to\infty}\left|\frac{(n+1)2^{n+2}x^{2n+1}}{n2^{n+1}x^{2n-1}}\right|=2x^{2}<1\Rightarrow|x|<\frac{\sqrt{2}}{2}$，故$\sum_{n=1}^{\infty}n2^{n+1}x^{2n-1}$收敛域为$\left(-\frac{\sqrt{2}}{2},\frac{\sqrt{2}}{2}\right)$.

(3) $\lim_{n\to\infty}\left|\frac{(n+1)!\,(x-1)^{n+1}}{n!\,(x-1)^{n}}\right|=\infty\quad|x|<1\Rightarrow x=0$，故$\sum_{n=1}^{\infty}n!\,(x-1)^{n}$收敛域为$\{x\mid x=0\}$.

(4) $\lim_{n\to\infty}\left|\frac{\frac{\ln(x+2)x^{n+2}}{(n+2)}}{\frac{\ln(x+1)x^{n}}{(n+1)}}\right|=|x|<1$，讨论端点，故$\sum_{n=1}^{\infty}\frac{\ln(n+1)}{n+1}x^{n+1}$收敛域为$[-1,1)$.

四、解：(1) $\sum_{n=0}^{\infty}\frac{n^{2}+1}{2^{n}n!}x^{n}=\sum_{n=0}^{\infty}\frac{n(n-1)+n+1}{n!}\left(\frac{x}{2}\right)^{n}$

$=\sum_{n=2}^{\infty}\frac{1}{(n-2)!}\left(\frac{x}{2}\right)^{n}+\sum_{n=1}^{\infty}\frac{1}{(n-1)!}\left(\frac{x}{2}\right)^{n}+\sum_{n=0}^{\infty}\frac{1}{n!}\left(\frac{x}{2}\right)^{n}=\left(\frac{x}{2}\right)^{2}e^{\frac{x}{2}}+\left(\frac{x}{2}\right)e^{\frac{x}{2}}+e^{\frac{x}{2}}$.

(2) $\sum_{n=0}^{\infty}(-1)^{n}\frac{n+1}{(2n+1)!}x^{2n+1}=\frac{1}{2}\sum_{n=0}^{\infty}(-1)^{n}\frac{2n+1+1}{(2n+1)!}x^{2n+1}$

$=\frac{1}{2}\sum_{n=0}^{\infty}(-1)^{n}\frac{1}{2n!}x^{2n+1}+\frac{1}{2}\sum_{n=0}^{\infty}(-1)^{n}\frac{1}{(2n-1)!}x^{2n+1}=\frac{1}{2}x\cos x+\frac{1}{2}\sin x$.

五、解：$\sum_{n=0}^{\infty}[(n+2)(n+1)-4(n+1)+3]x^n=\sum_{n=0}^{\infty}(n+2)(n+1)x^n-4\sum_{n=0}^{\infty}(n+1)x^n+$

$3\sum_{n=0}^{\infty}x^n$

$$=\left(\sum_{n=0}^{\infty}x^{n+2}\right)''-4\left(\sum_{n=0}^{\infty}x^n\right)'+3\sum_{n=0}^{\infty}x^n=\left(\frac{x^2}{1-x}\right)''+4\left(\frac{x}{1-x}\right)'+\left(\frac{3}{1-x}\right)$$

$$=\frac{-2x^2+4x}{(1-x)^3}+\frac{6-2x}{(1-x)^2}+\frac{3}{1-x},$$

令 $x=-\frac{1}{2}$，$\sum_{n=0}^{\infty}\frac{(-1)^n(n^2-n+1)}{2^n}=\frac{130}{27}$.

六、证明：$0\leqslant b_n-u_n\leqslant b_n-a_n$ 而 $\sum_{n=1}^{\infty}(b_n-a_n)$ 收敛，故 $\sum_{n=1}^{\infty}(b_n-u_n)$ 收敛，从而 $\sum_{n=1}^{\infty}u_n=$

$-\sum_{n=1}^{\infty}(b_n-u_n)+\sum_{n=1}^{\infty}b_n$ 收敛.

七、解：$f(x)=\ln[1+(x-1)]-\ln\left(1+\frac{1-x}{2}\right)-\ln2$，

故 $f(x)=-\ln2+\sum_{n=1}^{\infty}(-1)^{n+1}\frac{(x-1)^n}{n}-\sum_{n=1}^{\infty}\frac{(x-1)^n}{2^n n}$.

八、解：$y=x^6\sum_{n=1}^{\infty}\frac{x^n}{n!}$，故在 $x=0$ 处的 10 阶导数为 $y^{(10)}\Big|_{x=0}=\frac{10!}{4!}$.

附录　高等数学参考公式

1. 几个特殊函数

双曲正弦 $\mathrm{sh}x=\dfrac{e^{x}-e^{-x}}{2}$；双曲余弦 $\mathrm{ch}x=\dfrac{e^{x}+e^{-x}}{2}$；

双曲正切 $\mathrm{th}x=\dfrac{e^{x}-e^{-x}}{e^{x}+e^{-x}}$；反双曲正弦 $\mathrm{arcsh}x=\ln\left(x+\sqrt{x^{2}+1}\right)$；

反双曲余弦 $\mathrm{arcch}x=\pm\ln\left(x+\sqrt{x^{2}-1}\right)$；

反双曲余切 $\mathrm{arcth}x=\dfrac{1}{2}\ln\dfrac{1+x}{1-x}$.

2. 两个重要极限

$$\lim_{x\to0}\frac{\sin x}{x}=1;\quad \lim_{x\to\infty}\left(1+\frac{1}{x}\right)^{x}=e=2.71828\cdots$$

3. 函数的求导公式

$(x^{\alpha})'=\alpha x^{\alpha-1}$；$(a^{x})'=a^{x}\ln a\ (a>0)$；$(e^{x})'=e^{x}$；$(\log_{a}^{x})'=\dfrac{1}{\ln a}\dfrac{1}{x}(a>0)$；

$(\ln x)'=\dfrac{1}{x}$；$(\sin x)'=\cos x$；$(\cos x)'=-\sin x$；$(\tan x)'=\sec^{2}x$；$(\cot x)'=-\csc^{2}x$；

$(\sec x)'=\sec x\tan x$；$(\csc x)'=-\csc x\cot x$；$(\arcsin x)'=\dfrac{1}{\sqrt{1-x^{2}}}$；

$(\arccos x)'=-\dfrac{1}{\sqrt{1-x^{2}}}$；$(\arctan x)'=\dfrac{1}{1+x^{2}}$；$(\mathrm{arccot}x)'=-\dfrac{1}{1+x^{2}}$.

4. 函数的常用不定积分公式

$\int x^{\alpha}dx=\dfrac{1}{\alpha+1}x^{\alpha+1}+c(\alpha\neq-1)$；　　$\int x^{-1}dx=\ln|x|+c$；

$\int a^{x}dx=\dfrac{1}{\ln a}a^{x}+c(\alpha>0)$；　　$\int e^{x}dx=e^{x}+c$；

$\int\sin x dx=-\cos x+c$；　　$\int\cos x dx=\sin x+c$；

$\int\tan x dx=-\ln|\cos x|+c$；　　$\int\cot x dx=\ln|\sin x|+c$；

$\int\sec x dx=\ln|\sec x+\tan x|+c$；　　$\int\csc x dx=\ln|\csc x-\cot x|+c$；

$\int\sec^{2}x dx=\tan x+c$；　　$\int\csc^{2}x dx=-\cot x+c$；

$\int \sec x \tan x \mathrm{d}x = \sec x + c$； $\int \csc x \cot x \mathrm{d}x = -\csc x + c$；

$\int \frac{1}{a^2 + x^2}\mathrm{d}x = \frac{1}{a}\arctan\frac{x}{a} + c$； $\int \frac{1}{\sqrt{a^2 - x^2}}\mathrm{d}x = \arcsin\frac{x}{a} + c$；

$\int \frac{1}{\sqrt{x^2 \pm a^2}}\mathrm{d}x = \ln\left(x + \sqrt{x^2 \pm a^2}\right) + c$；

$\int \sqrt{x^2 + a^2}\mathrm{d}x = x\sqrt{x^2 + a^2} + \frac{a^2}{2}\ln\left(x + \sqrt{x^2 + a^2}\right) + c$；

$\int \sqrt{x^2 - a^2}\mathrm{d}x = x\sqrt{x^2 - a^2} + \frac{a^2}{2}\ln\left(x + \sqrt{x^2 - a^2}\right) + c$；

$\int \sqrt{a^2 - x^2}\mathrm{d}x = x\sqrt{a^2 - x^2} + \frac{a^2}{2}\arcsin\frac{x}{a} + c.$

5. 三角函数的有理式积分

$$u = \tan\frac{x}{2};\ \mathrm{d}x = \frac{2\mathrm{d}u}{1 + u^2};\ \sin x = \frac{2u}{1 + u^2};\ \cos x = \frac{1 - u^2}{1 + u^2}.$$

6. 三角函数公式

(1) 诱导公式

函数 / 角	sin	cos	tan	cot
$-\alpha$	$-\sin\alpha$	$\cos\alpha$	$-\tan\alpha$	$-\cot\alpha$
$90° - \alpha$	$\cos\alpha$	$\sin\alpha$	$\cot\alpha$	$\tan\alpha$
$90° + \alpha$	$\cos\alpha$	$-\sin\alpha$	$-\cot\alpha$	$-\tan\alpha$
$180° - \alpha$	$\sin\alpha$	$-\cos\alpha$	$-\tan\alpha$	$-\cot\alpha$
$180° + \alpha$	$-\sin\alpha$	$-\cos\alpha$	$\tan\alpha$	$\cot\alpha$
$270° - \alpha$	$-\cos\alpha$	$-\sin\alpha$	$\cot\alpha$	$\tan\alpha$
$270° + \alpha$	$-\cos\alpha$	$\sin\alpha$	$-\cot\alpha$	$-\tan\alpha$
$360° - \alpha$	$-\sin\alpha$	$\cos\alpha$	$-\tan\alpha$	$-\cot\alpha$
$360° + \alpha$	$\sin\alpha$	$\cos\alpha$	$\tan\alpha$	$\cot\alpha$

(2) 和差角公式

$\sin(\alpha \pm \beta) = \sin\alpha\cos\beta \pm \cos\alpha\sin\beta$；$\cos(\alpha \pm \beta) = \cos\alpha\cos\beta \mp \sin\alpha\sin\beta$；

$\tan(\alpha \pm \beta) = \frac{\tan\alpha \pm \tan\beta}{1 \mp \tan\alpha\tan\beta}.$

(3) 和差化积公式

$\sin\alpha + \sin\beta = 2\sin\frac{\alpha + \beta}{2}\cos\frac{\alpha - \beta}{2}$；$\sin\alpha - \sin\beta = 2\cos\frac{\alpha + \beta}{2}\sin\frac{\alpha - \beta}{2}$；

$\cos\alpha + \cos\beta = 2\cos\frac{\alpha+\beta}{2}\cos\frac{\alpha-\beta}{2}$；$\cos\alpha - \cos\beta = 2\sin\frac{\alpha+\beta}{2}\sin\frac{\alpha-\beta}{2}$.

(4) 倍角公式

$\sin 2\alpha = 2\sin\alpha\cos\alpha$；

$\cos 2\alpha = \cos^2\alpha - \sin^2\alpha = 2\cos^2\alpha - 1 = 1 - 2\sin^2\alpha$；

$\tan 2\alpha = \frac{2\tan\alpha}{1-\tan^2\alpha}$；$\sin 3\alpha = 3\sin\alpha - 4\sin^3\alpha$；$\cos 3\alpha = -3\cos\alpha + 4\cos^3\alpha$；

$\tan 3\alpha = \frac{3\tan\alpha - \tan^3\alpha}{1 - 3\tan^2\alpha}$.

(5) 半角公式

$\sin\frac{\alpha}{2} = \pm\sqrt{\frac{1-\cos\alpha}{2}}$；$\cos\frac{\alpha}{2} = \pm\sqrt{\frac{1+\cos\alpha}{2}}$；

$\tan\frac{\alpha}{2} = \pm\sqrt{\frac{1-\cos\alpha}{1+\cos\alpha}} = \frac{1-\cos\alpha}{\sin\alpha} = \frac{\sin\alpha}{1+\cos\alpha}$.

(6) 正弦定理与余弦定理

$\frac{a}{\sin A} = \frac{b}{\sin B} = \frac{c}{\sin C} = 2R$；$c^2 = a^2 + b^2 - 2ab\cos C$；

$S_\Delta = \frac{1}{2}ab\sin C$；$\cos C = \frac{a^2+b^2-c^2}{2ab}$.

(7) 反三角函数性质

$\arcsin x + \arccos x = \frac{\pi}{2}$；$\arctan x + \operatorname{arccot} x = \frac{\pi}{2}$.

7. 高阶导数公式——莱布尼兹(Leibniz)公式

$$(uv)^{(n)} = \sum_{k=0}^{n} C_n^k u^{(n-k)} v^{(k)}$$

$$= u^{(n)}v + nu^{(n-1)}v' + \frac{n(n-1)}{2!}u^{(n-2)}v'' + \cdots + \frac{n(n-1)\cdots(n-k+1)}{k!}u^{(n-k)}v^{(k)} + \cdots + uv^{(n)}.$$

8. 中值定理与导数应用

拉格朗日中值定理：$f(b) - f(a) = f'(\xi)(b-a)$；

柯西中值定理：$\frac{f(b)-f(a)}{g(b)-g(a)} = \frac{f'(\xi)}{g'(\xi)}$.

9. 曲率

弧微分公式：$ds = \sqrt{(dx)^2 + (dy)^2}$ 或 $ds = \sqrt{(dx)^2 + (dy)^2 + (dz)^2}$；

曲率：$k = \left|\frac{d\alpha}{ds}\right| = \frac{|y''|}{\sqrt{(1+y'^2)^3}}$，直线曲率为 0，圆的曲率为常数.

10. 定积分应用相关公式

功：$W = Fs$；

水压力：$F = pA$；

引力：$F = k\dfrac{m_1 m_2}{r^2}$；

函数平均值：$\bar{y} = \dfrac{\int_a^b f(x)\,\mathrm{d}x}{b - a}$；

均方根：$\sqrt{\dfrac{\int_a^b f^2(x)\,\mathrm{d}x}{b - a}}$.

11. 空间解析几何和向量代数

空间两点的距离：$d = \sqrt{(x_2 - x_1)^2 + (y_2 - y_1)^2 + (z_2 - z_1)^2}$；

向量投影：$\mathrm{Proj}_a^b = \dfrac{\boldsymbol{ab}}{|\boldsymbol{a}|} = |\boldsymbol{b}|\cos\alpha = \dfrac{|x_1y_1 + x_2y_2 + x_3y_3|}{\sqrt{x_1^2 + x_2^2 + x_3^2}}$，其中$\boldsymbol{a} = (x_1, x_2, x_3)$，$\boldsymbol{b} = (y_1, y_2, y_3)$；

向量之间的夹角：$\cos\alpha = \dfrac{|x_1y_1 + x_2y_2 + x_3y_3|}{\sqrt{x_1^2 + x_2^2 + x_3^2}\sqrt{y_1^2 + y_2^2 + y_3^2}}$；

点积：$\boldsymbol{ab} = |\boldsymbol{a}||\boldsymbol{b}|\cos\alpha = x_1y_1 + x_2y_2 + x_3y_3$；

叉积：$|\boldsymbol{a}\cdot\boldsymbol{b}| = |\boldsymbol{a}||\boldsymbol{b}|\sin\alpha$，$\boldsymbol{a}\times\boldsymbol{b} = \begin{vmatrix} \boldsymbol{i} & \boldsymbol{j} & \boldsymbol{k} \\ x_1 & x_2 & x_3 \\ y_1 & y_2 & y_3 \end{vmatrix}$；

混合积：$(\boldsymbol{a}\cdot\boldsymbol{b})\boldsymbol{c} = \begin{vmatrix} z_1 & z_2 & z_3 \\ x_1 & x_2 & x_3 \\ y_1 & y_2 & y_3 \end{vmatrix}$，其绝对值表示平行六面体的体积.

12. 空间平面与直线相关公式

平面方程的点法式：$A(x - x_1) + B(y - y_1) + C(z - z_1) = 0$；

平面方程的一般方程：$Ax + By + Cz + D = 0$；

平面方程的截距式方程：$\dfrac{x}{a} + \dfrac{y}{b} + \dfrac{z}{c} = 1$；

点到平面的距离：$d = \dfrac{|Ax_0 + By_0 + Cz_0 + D|}{\sqrt{A^2 + B^2 + C^2}}$；

直线方程的一般方程：$\dfrac{x - x_1}{m} = \dfrac{y - y_1}{n} = \dfrac{z - z_1}{p}$；

直线方程的参数方程：$\dfrac{x - x_1}{m} = \dfrac{y - y_1}{n} = \dfrac{z - z_1}{p} = t$.

13. 多元函数微分法及应用

全微分：$\mathrm{d}z = \dfrac{\partial z}{\partial x}\mathrm{d}x + \dfrac{\partial z}{\partial y}\mathrm{d}y$ 或 $\mathrm{d}w = \dfrac{\partial w}{\partial x}\mathrm{d}x + \dfrac{\partial w}{\partial y}\mathrm{d}y + \dfrac{\partial w}{\partial z}\mathrm{d}z$；

全微分的近似计算公式：$\Delta z = f_x(x, y)\Delta x + f_y(x, y)\Delta y$；

复合求导公式：

当$z=f(u(t), v(t))$时，有$\dfrac{dz}{dt}=\dfrac{\partial z}{\partial u}\dfrac{du}{dt}+\dfrac{\partial z}{\partial v}\dfrac{dv}{dt}$;

当$z=f(u(x, y), v(x, y))$时，有$\dfrac{\partial z}{\partial x}=\dfrac{\partial z}{\partial u}\dfrac{\partial u}{\partial x}+\dfrac{\partial z}{\partial v}\dfrac{\partial v}{\partial x}$;

当$f(x, y)=0$时，有$\dfrac{dy}{dx}=-\dfrac{f_x}{f_y}\quad \dfrac{d^2y}{dx^2}=\dfrac{\partial}{\partial x}\left(-\dfrac{f_x}{f_y}\right)+\dfrac{\partial}{\partial y}\left(-\dfrac{f_x}{f_y}\right)\dfrac{dy}{dx}$;

当$f(x, y, z)=0$时，有$\dfrac{\partial y}{\partial x}=-\dfrac{f_x}{f_y}$;

当$\begin{cases}f(x, y, u, v)=0\\g(x, y, u, v)=0\end{cases}$时，有$J=\dfrac{\partial(f, g)}{\partial(u, v)}=\begin{vmatrix}\dfrac{\partial f}{\partial u} & \dfrac{\partial g}{\partial u}\\ \dfrac{\partial f}{\partial v} & \dfrac{\partial g}{\partial v}\end{vmatrix}$,

$\dfrac{\partial u}{\partial x}=-\dfrac{1}{J}\dfrac{\partial(f, g)}{\partial(x, v)}$; $\dfrac{\partial u}{\partial y}=-\dfrac{1}{J}\dfrac{\partial(f, g)}{\partial(y, v)}$; $\dfrac{\partial v}{\partial x}=-\dfrac{1}{J}\dfrac{\partial(f, g)}{\partial(x, u)}$; $\dfrac{\partial v}{\partial x}=-\dfrac{1}{J}\dfrac{\partial(f, g)}{\partial(x, u)}$.

14. 微分法在几何上的应用

空间曲线$\begin{cases}x=f(t),\\y=g(t),\\z=q(t)\end{cases}$在点$M(x_0, y_0, z_0)$处的切线方程:

$$\frac{x-x_0}{f'(t_0)}=\frac{y-y_0}{g'(t_0)}=\frac{z-z_0}{q'(t_0)};$$

空间曲线$\begin{cases}x=f(t),\\y=g(t),\\z=q(t)\end{cases}$在点$M(x_0, y_0, z_0)$处的法平面方程:

$$f'(t_0)(x-x_0)+g'(t_0)(y-y_0)+p'(t_0)(z-z_0)=0;$$

空间曲线$\begin{cases}f(x, y, z)=0,\\g(x, y, z)=0\end{cases}$在点$M(x_0, y_0, z_0)$处的切向量:

$$\left\{\frac{\partial(f, g)}{\partial(y, z)}, \frac{\partial(f, g)}{\partial(z, x)}, \frac{\partial(f, g)}{\partial(x, y)}\right\};$$

曲面$F(x, y, z)=0$在点$M(x_0, y_0, z_0)$处的切平面方程:

$F_x(x_0, y_0, z_0)(x-x_0)+F_y(x_0, y_0, z_0)(y-y_0)+F_z(x_0, y_0, z_0)(z-z_0)=0$;

曲面$F(x, y, z)=0$在点$M(x_0, y_0, z_0)$处的法线方程:

$$\frac{x-x_0}{F_x(x_0, y_0, z_0)}=\frac{y-y_0}{F_y(x_0, y_0, z_0)}=\frac{z-z_0}{F_z(x_0, y_0, z_0)};$$

曲面$F(x, y, z)=0$在点$M(x_0, y_0, z_0)$处的法方向:

$$(F_x(x_0, y_0, z_0), F_y(x_0, y_0, z_0), F_z(x_0, y_0, z_0)).$$

15. 方向导数与梯度

函数$z=f(x, y)$在点$M(x_0, y_0)$沿着一方向l的方向导数为

$$\frac{\partial f}{\partial l}=\frac{\partial f(x_0, y_0)}{\partial x}\cos\alpha+\frac{\partial f(x_0, y_0)}{\partial y}\cos\beta,$$

其中(cosα, cosβ)为方向 l 的方向余弦.

函数 $w=f(x, y, z)$ 在点 $M(x_0, y_0, z_0)$ 沿着一方向 l 的方向导数为

$$\frac{\partial f}{\partial l}=\frac{\partial f(x_0, y_0, z_0)}{\partial x}\cos\alpha+\frac{\partial f(x_0, y_0, z_0)}{\partial y}\cos\beta+\frac{\partial f(x_0, y_0, z_0)}{\partial z}\cos\gamma,$$

其中(cosα, cosβ, cosγ)为方向 l 的方向余弦.

对应的梯度分别为

$$\mathrm{grad}f=\left(\frac{\partial f(x_0, y_0)}{\partial x}, \frac{\partial f(x_0, y_0)}{\partial y}\right),$$

$$\mathrm{grad}f=\left(\frac{\partial f(x_0, y_0, z_0)}{\partial x}, \frac{\partial f(x_0, y_0, z_0)}{\partial y}, \frac{\partial f(x_0, y_0, z_0)}{\partial z}\right).$$

16. 多元函数的极值及其求法

设 $\frac{\partial f(x_0, y_0)}{\partial x}=0$，$\frac{\partial f(x_0, y_0)}{\partial y}=0$，令 $A=\frac{\partial^2 f(x_0, y_0)}{\partial x^2}$，$B=\frac{\partial^2 f(x_0, y_0)}{\partial x\partial y}$，$C=\frac{\partial^2 f(x_0, y_0)}{\partial y^2}$，$\Delta=AC-B^2$，则当 $\Delta>0$ 时，函数 $z=f(x, y)$ 在点 $M(x_0, y_0)$ 取极值，且 $A<0$ 时，取极大值，而当 $A>0$ 时，取极小值；则当 $\Delta<0$ 时，函数 $z=f(x, y)$ 在点 $M(x_0, y_0)$ 不取极值；则当 $\Delta=0$ 时，函数 $z=f(x, y)$ 在点 $M(x_0, y_0)$ 不一定取极值.

17. 重积分及其应用

曲面 $z=f(x, y)$ 的面积为 $\iint\limits_D\sqrt{1+f_x^2+f_x^2}\,\mathrm{d}x\mathrm{d}y$，

平面薄片的重心：$\bar{x}=\dfrac{\iint\limits_D x\rho(x, y)\,\mathrm{d}x\mathrm{d}y}{\iint\limits_D\rho(x, y)\,\mathrm{d}x\mathrm{d}y}$，$\bar{y}=\dfrac{\iint\limits_D y\rho(x, y)\,\mathrm{d}x\mathrm{d}y}{\iint\limits_D\rho(x, y)\,\mathrm{d}x\mathrm{d}y}$；

空间薄片的重心：

$$\bar{x}=\frac{\iiint\limits_\Omega x\rho(x, y, z)\mathrm{d}x\mathrm{d}y\mathrm{d}z}{\iiint\limits_\Omega\rho(x, y, z)\mathrm{d}x\mathrm{d}y\mathrm{d}z}, \bar{y}=\frac{\iiint\limits_\Omega y\rho(x, y, z)\mathrm{d}x\mathrm{d}y\mathrm{d}z}{\iiint\limits_\Omega\rho(x, y, z)\mathrm{d}x\mathrm{d}y\mathrm{d}z}\bar{z}=\frac{\iiint\limits_\Omega z\rho(x, y, z)\mathrm{d}x\mathrm{d}y\mathrm{d}z}{\iiint\limits_\Omega\rho(x, y, z)\mathrm{d}x\mathrm{d}y\mathrm{d}z};$$

平面薄片对轴转动惯量：$I_x=\iint\limits_D y^2\rho(x, y)\,\mathrm{d}x\mathrm{d}y$，$I_y=\iint\limits_D x^2\rho(x, y)\,\mathrm{d}x\mathrm{d}y$；

空间薄片对轴转动惯量：$I_x=\iiint\limits_\Omega(y^2+z^2)\rho(x, y, z)\mathrm{d}x\mathrm{d}y\mathrm{d}z$，$I_y=\iiint\limits_\Omega(z^2+x^2)\rho(x, y, z)\mathrm{d}x\mathrm{d}y\mathrm{d}z$，$I_z=\iiint\limits_\Omega(x^2+y^2)\rho(x, y, z)\mathrm{d}x\mathrm{d}y\mathrm{d}z$；

平面 XOY 上的薄片对 z 轴上的点 $M(0, 0, a)(a>0)$ 的引力为

$$\left(f\iint\limits_D\frac{x\rho(x, y)}{(x^2+y^2+a^2)^{\frac{3}{2}}}\mathrm{d}x\mathrm{d}y, f\iint\limits_D\frac{y\rho(x, y)}{(x^2+y^2+a^2)^{\frac{3}{2}}}\mathrm{d}x\mathrm{d}y, -fa\iint\limits_D\frac{x\rho(x, y)}{(x^2+y^2+a^2)^{\frac{3}{2}}}\mathrm{d}x\mathrm{d}y\right).$$

18. 柱面坐标和球面坐标

柱面坐标变换 $\begin{cases} x=\rho\cos\theta, \\ y=\rho\sin\theta, \quad dv=dxdydz=\rho d\rho d\theta dz, \\ z=z, \end{cases}$

$$\iiint\limits_{\Omega} f(x, y, z)dxdydz=\iiint\limits_{\Omega} f(\rho\cos x, \rho\sin x, z)\rho d\rho d\theta dz.$$

球面坐标变换 $\begin{cases} x=\rho\sin\varphi\cos\theta, \\ y=\rho\sin\varphi\sin\theta, \quad dv=dxdydz=\rho^2\sin\varphi d\rho d\theta d\varphi, \\ z=\rho\cos\varphi, \end{cases}$

$$\iiint\limits_{\Omega} f(x, y, z)dxdydz=\iiint\limits_{\Omega} f(\rho\sin\varphi\cos x, \rho\sin\varphi\sin x, \rho\cos\varphi)\rho^2\sin\varphi d\rho d\theta d\varphi.$$

19. 曲线积分

第一类曲线积分：平面曲线 l 参数化 $\begin{cases} x=\varphi(t), \\ y=\psi(t), \end{cases}$ 有

$$\int_l f(x, y)ds=\int_a^b f(\varphi(t), \psi(t))\sqrt{\varphi'^2(t)+\psi'^2(t)}dt(a<b);$$

空间曲线 Γ 参数化 $\begin{cases} x=\varphi(t), \\ y=\psi(t), \\ z=\gamma(t), \end{cases}$ 有

$$\int_\Gamma f(x, y, z)ds=\int_a^b f(\varphi(t), \psi(t), \gamma(t))\sqrt{\varphi'^2(t)+\psi'^2(t)+\gamma'^2(t)}dt(a<b).$$

第二类曲线积分：平面曲线 l 参数化 $\begin{cases} x=\varphi(t), \\ y=\psi(t), \end{cases}$ 有

$$\int_l p(x, y)dx=\int_a^b p(\varphi(t), \psi(t))\varphi'(t)dt;$$

空间曲线 Γ 参数化 $\begin{cases} x=\varphi(t), \\ y=\psi(t), \\ z=\gamma(t), \end{cases}$ 有

$$\int_\Gamma f(x, y, z)ds=\int_a^b f(\varphi(t), \psi(t), \gamma(t))\varphi'(t)dt,$$

两类积分互相转化

$$\int_l p(x, y)dx+q(x, y)dy=\int_l (p(x, y)\cos\alpha+q(x, y)\cos\beta)ds,$$

其中 $(\cos\alpha, \cos\beta)$ 为 l 切方向的方向余弦.

$$\int_\Gamma p(x, y, z)dx+q(x, y, z)dy+r(x, y, z)dz=\int_\Gamma (p\cos\alpha+q\cos\beta+r\cos\gamma)ds,$$

其中 $(\cos\alpha, \cos\beta, \cos\gamma)$ 为 Γ 切方向的方向余弦.

20. 曲面积分

第一类曲面积分 $\iint\limits_{\Sigma} P(x, y, z)dS=\iint\limits_{D_{XY}} P(x, y, z(x, y))\sqrt{1+z_x^2+z_y^2}dxdy;$

第二类曲面积分 $\iint\limits_{\Sigma} P(x, y, z)dxdy=\pm\iint\limits_{D_{XY}} P(x, y, z(x, y))dxdy;$

两类积分的互相转化$\iint\limits_{\Sigma}P(x, y, z)\cos\gamma \mathrm{d}S = \iint\limits_{\Sigma}P\mathrm{d}x\mathrm{d}y$.

21. 定积分四大基本公式

牛顿莱布尼兹公式

$$\int_a^b F'(x)\mathrm{d}x = F(x)\big|_a^b = F(b) - F(a).$$

$$\int_{(a,b)}^{(m,n)}\mathrm{d}f(x, y) = \int_{(a,b)}^{(m,n)}\frac{\partial f}{\partial x}\mathrm{d}x + \frac{\partial f}{\partial y}\mathrm{d}y = f(x, y)\big|_{(a,b)}^{(m,n)} = f(m, n) - f(a, b).$$

$$\begin{aligned}\int_{(a,b,c)}^{(m,n,p)}\mathrm{d}f(x, y, z) &= \int_{(a,b,c)}^{(m,n,p)}\frac{\partial f}{\partial x}\mathrm{d}x + \frac{\partial f}{\partial y}\mathrm{d}y + \frac{\partial f}{\partial z}\mathrm{d}z\\ &= f(x, y, z)\Big|_{(a,b,c)}^{(m,n,p)} = f(m, n, p) - f(a, b, c).\end{aligned}$$

格林公式

$$\iint\limits_D\left(\frac{\partial p(x, y)}{\partial x} - \frac{\partial q(x, y)}{\partial y}\right)\mathrm{d}x\mathrm{d}y = \oint_l p(x, y)\mathrm{d}y + q(x, y)\mathrm{d}x.$$

面积公式 $S_D = \iint\limits_D \mathrm{d}x\mathrm{d}y = \frac{1}{2}\oint_l x\mathrm{d}y - y\mathrm{d}x$.

路径无关条件或者全微分条件为$\frac{\partial p(x, y)}{\partial x} = \frac{\partial q(x, y)}{\partial y}$.

高斯公式

$$\iiint\limits_{\Omega}\frac{\partial P(x, y, z)}{\partial x}\mathrm{d}x\mathrm{d}y\mathrm{d}z = \oiint\limits_{\Sigma}P(x, y, z)\mathrm{d}y\mathrm{d}z.$$

散度 $\mathrm{div}v = \frac{\partial P(x, y, z)}{\partial x} + \frac{\partial Q(x, y, z)}{\partial y} + \frac{\partial R(x, y, z)}{\partial z}$.

通量$\iint\limits_{\Sigma}(P(x, y, z)\cos\alpha + Q(x, y, z)\cos\beta + R(x, y, z)\cos\gamma)\mathrm{d}S$.

斯托兹公式

$$\oint_{\Gamma}P(x, y, z)\mathrm{d}x = \iint\limits_{\Sigma}\frac{\partial P(x, y, z)}{\partial z}\mathrm{d}z\mathrm{d}x - \frac{\partial P(x, y, z)}{\partial y}\mathrm{d}x\mathrm{d}y.$$

路径无关条件或者全微分条件为$\frac{\partial P}{\partial y} = \frac{\partial Q}{\partial x}, \frac{\partial P}{\partial z} = \frac{\partial R}{\partial x}, \frac{\partial R}{\partial y} = \frac{\partial Q}{\partial z}$.

旋度 $\mathrm{rot}\boldsymbol{A} = \begin{vmatrix}\boldsymbol{i} & \boldsymbol{j} & \boldsymbol{k}\\ \frac{\partial}{\partial x} & \frac{\partial}{\partial y} & \frac{\partial}{\partial z}\\ P & Q & R\end{vmatrix}$.

22. 麦克劳林公式

$(1 + x)^{\alpha} = C_{\alpha}^0 + C_{\alpha}^1x + C_{\alpha}^1x^2 + \cdots + C_{\alpha}^nx^n + \cdots$($\alpha$ 是实数),

其中, $C_{\alpha}^n = \frac{\alpha(\alpha - 1)(\alpha - 2)\cdots(\alpha - n + 1)}{n(n - 1)(n - 2)\cdots 1}$;

$\frac{1}{1 + x} = 1 - x + x^2 + \cdots + (-1)^{n+1}x^n + \cdots |x| < 1$;

$$\sqrt{1+x}=1+C_{1/2}^{1}x+C_{1/2}^{2}x^{2}+\cdots+C_{1/2}^{n}x^{n}+\cdots=1+\frac{1}{2}x-\frac{1}{8}x^{2}+\cdots$$

$$a^{x}=1+x\ln a+\frac{(\ln a)^{2}}{2!}x^{2}+\cdots+\frac{(\ln a)^{n}}{n!}x^{n}+\cdots(n=0,1,2,\cdots);$$

$$e^{x}=1+x+\frac{1}{2!}x^{2}+\cdots+\frac{1}{n!}x^{n}+\cdots(n=0,1,2,\cdots);$$

$$\ln(x+1)=x-\frac{x^{2}}{2}+\frac{x^{3}}{3}+\cdots+(-1)^{n+1}\frac{x^{n}}{n}+\cdots(n=1,2,\cdots);$$

$$\sin x=x-\frac{1}{3!}x^{3}+\cdots+(-1)^{n+1}\frac{1}{(2n-1)!}x^{2n-1}+\cdots(n=1,2,\cdots);$$

$$\cos x=1-\frac{1}{2!}x^{2}+\cdots+(-1)^{n}\frac{1}{(2n)!}x^{2n}+\cdots(n=0,1,2,\cdots);$$

$$\arctan x=x-\frac{x^{3}}{3}+\frac{x^{5}}{5}-\frac{x^{7}}{7}+\cdots+\frac{(-1)^{n+1}x^{2n-1}}{2n-1}+\cdots(n=1,2,\cdots);$$

$$\mathrm{arc\,cot}x=\frac{\pi}{2}-x+\frac{x^{3}}{3}-\frac{x^{5}}{5}+\frac{x^{7}}{7}+\cdots+\frac{(-1)^{n}x^{2n-1}}{2n-1}+\cdots(n=1,2,\cdots);$$

$$\arcsin x=x-\frac{C_{-1/2}^{1}x^{3}}{3}+\frac{C_{-1/2}^{1}x^{5}}{5}+\cdots+\frac{(-1)^{n+1}C_{-1/2}^{n}x^{2n-1}}{2n-1}+\cdots(n=1,2,\cdots);$$

$$\arccos x=\frac{\pi}{2}-x+\frac{C_{-1/2}^{1}x^{3}}{3}-\frac{C_{-1/2}^{1}x^{5}}{5}+\cdots+\frac{(-1)^{n}C_{-1/2}^{n}x^{2n-1}}{2n-1}+\cdots(n=1,2,\cdots).$$

23. 欧拉公式：$e^{ix}=\cos x+i\sin x$；$\cos x=\dfrac{e^{ix}+e^{-ix}}{2}$；$\sin x=\dfrac{e^{ix}-e^{-ix}}{2i}$.

24. 二阶常系数齐次线性微分方程的通解

齐次二阶常系数微分方程的标准式为 $y''+py'+q=0$.

(1) 求出方程的解 r_1，r_2 的形式.

(2) r_1，r_2 的形式与通解形式.

r_1，r_2 的形式	常系数方程的通解形式
两个不相等实根($p^2-4q>0$)	$y=c_1e^{r_1x}+c_2e^{r_2x}$
两个相等实根($p^2-4q=0$)	$y=(c_1+c_2x)e^{r_1x}$
一对共轭复根($p^2-4q<0$) $r_1=\alpha+i\beta$，$r_2=\alpha-i\beta$ $\alpha=-\dfrac{p}{2}$，$\beta=\dfrac{\sqrt{4q-p^2}}{2}$	$y=e^{\alpha x}(c_1\cos\beta x+c_2\sin\beta x)$

25. 常用不等式

三角不等式

$$|x_1+x_2+\cdots+x_n|\leqslant|x_1|+|x_2|+\cdots+|x_n|.$$

对任意的x，$y \in C$，都有

$$\frac{|x+y|}{1+|x+y|} \leqslant \frac{|x|}{1+|x|} + \frac{|y|}{1+|y|}.$$

Young 不等式：设$p > 1$，$\frac{1}{p}+\frac{1}{q}=1$，$a \geqslant 0$，$b \geqslant 0$，则有

$$ab \leqslant \frac{a^p}{p} + \frac{b^q}{q}.$$

级数形式的 Holder 不等式：设$p > 1$，$\frac{1}{p}+\frac{1}{q}=1$，$x_k$，$y_k \in C$，有

$$\sum_{k=1}^{\infty} |x_k y_k| \leqslant \left[\sum_{k=1}^{\infty} |x_k|^p\right]^{\frac{1}{p}} \left[\sum_{k=1}^{\infty} |y_k|^q\right]^{\frac{1}{q}}.$$

积分形式的 Holder 不等式：设$p > 1$，$\frac{1}{p}+\frac{1}{q}=\frac{1}{r}$，$x_k$，$y_k$都$p$次可积，有

$$\int |x_k y_k| \frac{1}{r} \mathrm{d}t \leqslant \left[\int |x_k|^p \mathrm{d}t\right]^{\frac{1}{p}} \left[\int |y_k|^q \mathrm{d}t\right]^{\frac{1}{q}}.$$

级数形式的 Minkowski 不等式：设$1 < p < \infty$，任意x_k，$y_k \in C$，有

$$\left(\sum_{k=1}^{\infty} |x_k + y_k|^p\right)^{\frac{1}{p}} \leqslant \left[\sum_{k=1}^{\infty} |x_k|^p\right]^{\frac{1}{p}} + \left[\sum_{k=1}^{\infty} |y_k|^p\right]^{\frac{1}{p}}.$$

积分形式的 Minkowski 不等式：设$p \geqslant 1$，x_k，y_k，$x_k + y_k$都p次可积，则有

$$\left(\int |x_k + y_k|^p \mathrm{d}t\right)^{\frac{1}{p}} \leqslant \left[\int |x_k|^p \mathrm{d}t\right]^{\frac{1}{p}} + \left[\int |y_k|^p \mathrm{d}t\right]^{\frac{1}{p}}.$$